计算机基础及办公软件高级应用

（Windows 7＋Office 2010）

主　编　刘福泉
副主编　楼吉林

ZHEJIANG UNIVERSITY PRESS
浙江大学出版社

图书在版编目（CIP）数据

计算机基础及办公软件高级应用：Windows 7＋Office 2010 / 刘福泉主编. —杭州：浙江大学出版社，2015. 8(2016. 7 重印)

ISBN 978-7-308-15105-4

Ⅰ. ①计… Ⅱ. ①刘… Ⅲ. ①Windows 操作系统－高等学校－教材②办公自动化－应用软件－高等学校－教材 Ⅳ. ①TP316. 7②TP317. 1

中国版本图书馆 CIP 数据核字（2015）第 206454 号

计算机基础及办公软件高级应用（Windows 7＋Office 2010）

主　编　刘福泉
副主编　楼吉林

责任编辑　王元新
责任校对　王　波
封面设计　刘依群
出版发行　浙江大学出版社
（杭州市天目山路 148 号　邮政编码 310007）
（网址：http://www.zjupress.com）
排　　版　杭州中大图文设计有限公司
印　　刷　杭州日报报业集团盛元印务有限公司
开　　本　787mm×1092mm　1/16
印　　张　14. 25
字　　数　338 千
版 印 次　2015 年 8 月第 1 版　2016 年 7 月第 2 次印刷
书　　号　ISBN 978-7-308-15105-4
定　　价　35. 00 元

前　言

随着科学技术的发展，计算机的应用得到了普及，特别是在办公领域，运用计算机技术能够成倍提高工作效率和工作质量。针对办公自动化领域开发的软件称为办公软件，在众多的办公软件中，微软公司的 Office 系列软件尤其受到广大用户青睐。

能熟练运用 Office 办公软件实现办公自动化的人才是社会急需的，“计算机二级办公软件高级应用技术”考试顺应了这种社会需求，明确提出了对 Office 办公软件的考核要求。由于计算机技术的升级，目前，“计算机二级办公软件高级应用技术”考试平台软件已由 windows XP＋Office 2003 升级到 Windows 7＋Office 2010。传统的以 windows XP＋Office 2003 作为教学平台的教材，已经不能满足教学的需要。

本书以“计算机二级办公软件高级应用技术”考试为契机，以 Windows 7 和 Office 2010 为软件载体，以培养熟练运用 Office 办公软件实现办公自动化的人才为目的。全书共分为 5 章：

第 1 章 Windows 操作基础和文件操作。简单介绍了计算机相关的科普知识，包括了计算机的历史与分类、键盘和鼠标基本结构与操作；重点介绍了 Windows 7 的基本操作和文件管理。

第 2 章 Internet 网络应用。介绍了 Internet 网络应用，包括了局域网的应用、Internet Explorer 浏览器的使用方法、互联网资源搜索和下载以及收发电子邮件。

第 3 章 Word 2010 高级应用。从 Word 2010 窗口及组成、Word 2010 排版、样式设置以及域和修订几个方面对 Word 2010 的操作技巧进行了详尽的介绍。

第 4 章 Excel 2010 高级应用。围绕 Excel 2010 基本操作、工作簿的管理、Excel 2010 中的公式、Excel 2010 中数组公式的使用、Excel 2010 中函数介绍与应用以及数据管理与分析进行讲解。

第 5 章 PowerPoint 2010 高级应用。介绍了 PowerPoint 2010 的基本操作、PowerPoint 2010 文档的一般制作、修饰与模板、动画与多媒体、幻灯片的放映以及演示文稿的保存与打包。

本书由刘福泉任主编，楼吉林任副主编。具体分工如下：第 1 至第 3 章由楼吉林负责编写，第 4 章由刘福泉负责编写，第 5 章由刘福泉和翟小瑞共同负责编写。全书由刘福泉统稿。在此一并向他们表示衷心感谢!

在编写过程中,我们参阅和借鉴了大量相关书籍和网络资料,在此对相关作者表示衷心的感谢。

由于办公技术的不断发展,本书在内容取舍和阐述上难免存在不足,也因编者水平有限,书中难免存在错漏,敬请广大读者批评指正。

刘福泉

2015 年 7 月

目　　录

第 1 章

Windows 操作基础和文件操作

1.1 计算机的历史与分类

世界上第一台电子计算机于 1946 年 2 月在美国宾夕法尼亚大学诞生，取名为 ENIAC(读作“埃尼克”，即 Electronic Numerical Internal And Calculator 的缩写)，如图 1-1所示。电子计算机的产生和迅速发展是当代科学技术最伟大的成就之一。自 1946 年美国研制的第一台电子计算机 ENIAC 以来，在半个多世纪的时间里，计算机的发展取得了令人瞩目的成就。

图 1-1　第一台计算机 ENIAC

计算机从诞生到现在，已走过了 60 多年的发展历程，在这期间，计算机的系统结构不断发生变化。下面进行具体介绍。

1.1.1 计算机发展简史

电子计算机的发展阶段通常以构成计算机的电子器件来划分，至今已经历了四代，目前正在向第五代过渡。每一个发展阶段在技术上都是一次新的突破，在性能上都是一次质的飞跃。

1. 第一代(1946—1957 年),电子管计算机

1946 年 2 月 15 日,世界上第一台通用数字电子计算机 ENIAC 研制成功,承担开发任务的"莫尔小组"由埃克特、莫克利(见图 1-2)、戈尔斯坦、博克斯 4 位科学家和工程师组成,总工程师埃克特当时年仅 24 岁。这台计算机是个庞然大物,共用了 18000 多个电子管、1500 个继电器,重达 30 吨,占地 170 平方米,每小时耗电 140 千瓦,计算速度为每秒 5000 次加法运算。尽管它的功能远不如今天的计算机,但 ENIAC 作为计算机大家族的鼻祖,开辟了人类科学技术领域的先河,使信息处理技术进入了一个崭新的时代。其主要特征如下:

图 1-2　埃克特(右)和莫克利(左)

(1)电子管元件,体积庞大、耗电量高、可靠性差、维护困难。

(2)运算速度慢,一般为每秒钟 1000～10000 次。

(3)使用机器语言,没有系统软件。

(4)采用磁鼓、小磁芯作为存储器,存储空间有限。

(5)输入/输出设备简单,采用穿孔纸带或卡片。

(6)主要用于科学计算。

当时的编程模式因为采用机器语言,与现代所理解的方式有着很大的不同,如图 1-3 所示。

图 1-3　20 世纪 40 年代在编程

2. 第二代(1958—1964 年),晶体管计算机

1948 年 7 月 1 日,美国《纽约时报》曾用 8 个句子的篇幅,简短地公布了贝尔实验室发明晶体管的消息。它就像 8 颗重磅炸弹,在电脑领域引来一场晶体管革命,电子计算机从此大步跨进了第二代的门槛。晶体管的发明给计算机技术带来了革命性的变化。第二代计算机采用的主要元件是晶体管(见图 1-4),称为晶体管计算机。计算机软件有了较大发展,采用了监控程序,这是操作系统的雏形。第二代计算机有如下特征:

(1)采用晶体管元件作为计算机的器件,体积大大缩小,可靠性增强,寿命延长。

(2)运算速度加快,达到每秒几万到几十万次。

(3)提出了操作系统的概念,开始出现了汇编语言,产生了如 FORTRAN 和 COBOL 等高级程序设计语言与批处理系统。

(4)普遍采用磁芯作为内存储器,磁盘、磁带作为外存储器,容量大大提高。

(5)计算机应用领域扩大,从军事研究、科学计算扩大到数据处理和实时过程控制等领域,并开始进入商业市场。

图 1-4 “点触型”和“面结型”晶体管

美国贝尔实验室于 1954 年研制成功第一台使用晶体管的第二代计算机 TRADIC,如图 1-5 所示。装有 800 只晶体管,仅 100 瓦功率,体积也只有 0.28 立方米。相比采用定点运算的第一代计算机,第二代计算机普遍增加了浮点运算,计算能力实现了一次飞跃。1959 年后,IBM 公司全面推出晶体管化的 7000 系列电脑,以晶体管为主要器件的 IBM 7090 型电脑(见图 1-6),换下了诞生不过一年的 IBM 709 电子管计算机。

图 1-5 第二代计算机 TRADIC

图 1-6 IBM 7090 型电脑

3. 第三代(1965—1969 年),中小规模集成电路计算机

20 世纪 60 年代中期,随着半导体工艺的发展,已制造出了集成电路元件,如图 1-7 所示。集成电路可在几平方毫米的单晶硅片上集成十几个甚至上百个电子元件。计算机开始采用中小规模的集成电路元件,这一代计算机比晶体管计算机体积更小,耗电更少,功能更强,寿命更长,综合性能也得到了进一步提高。其主要特征如下:

(1)采用中小规模集成电路元件,体积进一步缩小,寿命更长。

(2)内存储器使用半导体存储器,性能优越,运算速度加快,每秒可达几百万次。

(3)外围设备开始出现多样化。

(4)高级语言进一步发展。操作系统的出现,使计算机功能更强,提出了结构化程序的设计思想。

(5)计算机应用范围扩大到企业管理和辅助设计等领域。

图 1-7 早期集成电路

IBM 于 1964 年研制出计算机历史上最成功的机型之一 IBM S/360(见图 1-8)。IBM 由于 S/360 的成功,进一步巩固了自己在业界的地位,"蓝色巨人"IBM 几乎成为计算机的代名词。1970 年,IBM 推出 IBM S/370 系列机,采用大规模集成电路取代磁芯进行存储,以小规模集成电路作为逻辑元件,被称为"三代半"计算机。

图 1-8 IBM 的 S/360 和 S/370

4. 第四代(1971 年至今),大规模集成电路计算机

随着 20 世纪 70 年代初集成电路制造技术的飞速发展,产生了大规模集成电路元件,使计算机进入了一个新的时代,即大规模和超大规模集成电路计算机时代。这一时期计算机的体积、重量、功耗进一步减少,运算速度、存储容量、可靠性有了大幅度的提高。其主要特征如下:

(1)采用大规模和超大规模集成电路逻辑元件,体积与第三代相比进一步缩小,可靠性更高,寿命更长。

(2)运算速度加快,每秒可达几千万到几十亿次。

(3)系统软件和应用软件获得了巨大的发展,软件配置丰富,程序设计部分自动化。

(4)计算机网络技术、多媒体技术、分布式处理技术有了很大的发展,微型计算机大量进入家庭,产品更新速度加快。

(5)计算机在办公自动化、数据库管理、图像处理、语言识别和专家系统等各个领域得到应用,电子商务已开始进入家庭,计算机的发展进入到一个新的历史时期。

我国自 1956 年开始研制计算机。第一台计算机于 1958 年研制成功,我国自行研制的第一台晶体管计算机也于 1964 年问世。1971 年又研制成功了集成电路计算机。1985

年研制出第一台 IBM PC 兼容微型机。2001 年我国第一款通用 CPU——“龙芯”芯片研制成功,2002 年推出了完全自主知识产权的“龙腾”服务器。

微型计算机属于第四代计算机,但单从微型机来看,在这 30 多年的发展里又可将它分为 5 个时代。

第一代是自 1971 年开始的 4 位微机,它的芯片集成度为 2000 个晶体管,时钟频率为 1MHz。

第二代是自 1973 年开始的 8 位微机。它的芯片集成度为 4000～9000 个晶体管,时钟频率 4MHz。其典型的产品是 Intel 公司的 8080、Motorola 公司的 M6800 等。

第三代是自 1978 年开始的 16 位微机。芯片集成度为 2 万～7 万个晶体管,时钟频率为 5M～10MHz。典型的产品是 Intel 公司的 8086 及 80286。IBM 公司用这一代芯片研制了 IBMPC、IBMPC/XT 及 IBM PC/AT。

第四代是自 1981 年开始的 32 位微机。芯片的集成度为 10 万～100 万个晶体管。时钟频率 10M～33MHz。用该微处理器制成的微机的性能达到或超过了 20 世纪 70 年代的大、中型计算机。

第五代是自 1993 年开始的 64 位微机。芯片的集成度在 100 万个晶体管以上,并且每年都有不同类型的新产品出现。

1.1.2 计算机的特点

1. 自动运行程序

计算机能在程序控制下自动连续地高速运算。由于采用存储程序控制的方式,因此一旦输入编制好的程序,启动计算机后,就能自动地执行下去直至完成任务。这是计算机最突出的特点。

2. 运算速度快

计算机能以极快的速度进行计算。现在普通的微型计算机每秒可执行几十万条指令,而巨型机则达到每秒几十亿次甚至几百亿次。随着计算机技术的发展,计算机的运算速度还在提高。例如天气预报,由于需要分析大量的气象资料数据,单靠手工完成计算是不可能的,而用巨型计算机只需十几分钟就可以完成。

3. 运算精度高

电子计算机具有以往计算机无法比拟的计算精度,目前已达到小数点后上亿位的精度。

4. 具有记忆和逻辑判断能力

人是有思维能力的。而思维能力本质上是一种逻辑判断能力。计算机借助于逻辑运算,可以进行逻辑判断,并根据判断结果自动地确定下一步该做什么。计算机的存储系统由内存和外存组成,具有存储和“记忆”大量信息的能力,现代计算机的内存容量已达到上百兆甚至几千兆,而外存也有惊人的容量。如今的计算机不仅具有运算能力,还具有逻辑判断能力,可以使用其进行诸如资料分类、情报检索等具有逻辑加工性质的工作。

5. 可靠性高

随着微电子技术和计算机技术的发展,现代电子计算机连续无故障运行时间可达到几十万小时,具有极高的可靠性。例如,安装在宇宙飞船上的计算机可以连续几年时间可靠地运行。计算机应用在管理中也具有很高的可靠性,而人却很容易因疲劳而出错。另外,计算机对于不同的问题,只是执行的程序不同,因而具有很强的稳定性和通用性。用同一台计算机能解决各种问题,应用于不同的领域。

微型计算机除了具有上述特点外,还具有体积小、重量轻、耗电少、维护方便、可靠性高、易操作、功能强、使用灵活、价格便宜等特点。计算机还能代替人做许多复杂繁重的工作。

1.1.3 计算机的应用

进入 20 世纪 90 年代以来,计算机技术作为科技的先导技术之一得到了飞跃发展,超级并行计算机技术、高速网络技术、多媒体技术、人工智能技术等相互渗透,改变了人们使用计算机的方式,从而使计算机几乎渗透到人类生产和生活的各个领域,对工业和农业都有极其重要的影响。计算机的应用范围归纳起来主要有以下 6 个方面。

1. 科学计算

科学计算亦称数值计算,是指用计算机完成科学研究和工程技术中所提出的数学问题。计算机作为一种计算工具,科学计算是它最早的应用领域,也是计算机最重要的应用之一。在科学技术和工程设计中存在着大量的各类数字计算,如求解几百乃至上千阶的线性方程组、大型矩阵运算等。这些问题广泛出现在导弹实验、卫星发射、灾情预测等领域,其特点是数据量大、计算工作复杂。在数学、物理、化学、天文等众多学科的科学研究中,经常遇到许多数学问题,这些问题用传统的计算工具是难以完成的,有时人工计算需要几个月、几年,而且不能保证计算准确,使用计算机则只需要几天、几小时甚至几分钟就可以精确地解决。所以,计算机是发展现代尖端科学技术必不可少的重要工具。

2. 数据处理

数据处理又称信息处理,它是指信息的收集、分类、整理、加工、存储等一系列活动的总称。信息是指可被人类感受的声音、图像、文字、符号、语言等。数据处理还可以在计算机上加工那些非科技工程方面的计算,管理和操纵任何形式的数据资料。其特点是要处理的原始数据量大,而运算比较简单,有大量的逻辑与判断运算。

据统计,目前在计算机应用中,数据处理所占的比重最大。其应用领域十分广泛,如人口统计、办公自动化、企业管理、邮政业务、机票订购、情报检索、图书管理、医疗诊断等。

3. 计算机辅助设计

(1)计算机辅助设计(Computer Aided Design,CAD)是指使用计算机的计算、逻辑判断等功能,帮助人们进行产品和工程设计。它能使设计过程自动化,设计合理化、科学化、标准化,大大缩短设计周期,以增强产品在市场上的竞争力。CAD 技术已广泛应用于建筑工程设计、服装设计、机械制造设计、船舶设计等行业。使用 CAD 技术可以提高设计质量，缩短设计周期，提升设计自动化水平。

(2)计算机辅助制造(Computer Aided Manufacturing，CAM)是指利用计算机通过各种数值控制生产设备，完成产品的加工、装配、检测、包装等生产过程的技术。将 CAD 进一步集成形成了计算机集成制造系统 CIMS，从而实现设计生产自动化。利用 CAM 可提高产品质量，降低成本和劳动强度。

(3)计算机辅助教学(Computer Aided Instruction，CAI)是指将教学内容、教学方法以及学生的学习情况等存储在计算机中，帮助学生轻松地学习所需要的知识。它在现代教育技术中起着相当重要的作用。

除了上述计算机辅助技术外，还有其他的辅助功能，如计算机辅助出版、计算机辅助管理、辅助绘制和辅助排版等。

4. 过程控制

过程控制亦称实时控制，是用计算机及时采集数据，按最佳值迅速对控制对象进行自动控制或采用自动调节。利用计算机进行过程控制，不仅大大提高了控制的自动化水平，而且大大提高了控制的及时性和准确性。

过程控制的特点是及时收集并检测数据，按最佳值调节控制对象。在电力、机械制造、化工、冶金、交通等部门采用过程控制，可以提高劳动生产效率、产品质量、自动化水平和控制精确度，减少生产成本，减轻劳动强度。在军事上，可使用计算机实时控制导弹根据目标的移动情况修正飞行姿态，以准确击中目标。

5. 人工智能

人工智能(Artificial Intelligence，AI)是用计算机模拟人类的智能活动，如判断、理解、学习、图像识别、问题求解等。它涉及计算机科学、信息论、仿生学、神经学和心理学等诸多学科。在人工智能中，最具代表性、应用最成功的两个领域是专家系统和机器人。

计算机专家系统是一个具有大量专门知识的计算机程序系统。它总结了某个领域的专家知识构建了知识库。根据这些知识，系统可以对输入的原始数据进行推理，做出判断和决策，以回答用户的咨询，这是人工智能的一个成功例子。

机器人是人工智能技术的另一个重要应用。目前，世界上有许多机器人工作在各种恶劣环境，如高温、高辐射、剧毒等。机器人的应用前景非常广阔。现在有很多国家正在研制机器人。

6. 计算机网络

把计算机的超级处理能力与通信技术结合起来就形成了计算机网络。人们熟悉的全球信息查询、邮件传送、电子商务等都是依靠计算机网络来实现的。计算机网络已进入到千家万户，给人们的生活带来了极大的方便。

1.1.4　电子计算机的分类

计算机的分类方法很多，下面介绍几种主要的分类方法。

1. 按计算机的工作原理分类

计算机按处理的对象分,可分为模拟计算机、数字计算机和混合式计算机。

模拟计算机所处理的电信号在时间上是连续的(称为模拟量),采用的是模拟技术。

数字计算机所处理的电信号在时间上是离散的(称为数字量),采用的是数字技术。计算机将信息数字化之后具有易保存、易表示、易计算、方便硬件实现等优点,所以数字计算机已成为信息处理的主流。通常所说的计算机都是指电子数字计算机。

混合式计算机是将数字技术和模拟技术相结合的计算机。

2. 按性能规模分类

这里我们按照1989年美国电气和电子工程师协会(IEEE)的科学巨型机委员会对计算机的分类提出的报告,来对计算机的各种类型进行分别介绍。按照这一分类方法,计算机被分成巨型机、小巨型机、主机、小型计算机、工作站、个人计算机6类。现分别介绍如下:

(1)巨型机

巨型机在6类计算机中是功能最强的一种,当然价格也最昂贵,它也被称作超级计算机,具有很高的速度及巨大的容量,能对高品质动画进行实时处理。巨型机的指标通常用每秒多少次浮点运算来表示。20世纪70年代的第一代巨型机每秒为1亿次浮点运算;80年代的第二代巨型机每秒为100亿次浮点运算;90年代研制的第三代巨型机速度已达到每秒万亿次浮点运算。目前的许多巨型机都是采用多处理机结构,用大规模并行处理来提高整机的处理能力。

目前巨型机大多用于空间技术,中、长期天气预报,石油勘探,战略武器的实时控制等领域。生产巨型机的国家主要是美国和日本,俄罗斯、英国、法国、德国也都开发了自己的巨型机。我国在1983年研制了“银河Ⅰ”型巨型机,其速度为每秒1亿次浮点运算。1992年研制了“银河Ⅱ”型巨型计算机,其速度为每秒10亿次浮点运算,1997年推出的“银河Ⅲ”型巨型机是属于每秒百亿次浮点运算的机型,它相当于第二代巨型机,2001年我国又成功推出了“曙光3000”巨型计算机,其速度为每秒4000亿次浮点,2003年12月推出的联想“深腾6800”达到每秒4万亿次浮点,2004年6月推出的“曙光4000A”达到每秒11万亿次浮点,已经进入世界前十名。

(2)小巨型机

小巨型机是由于巨型机性能虽高但价格昂贵,为满足市场的需求,一些厂家在保持或略降低巨型机性能的前提下,大幅度降低价格而形成的一类机型。小巨型机的发展:一是将高性能的微处理器组成并行多处理机系统,二是将部分巨型机的技术引入超小型机使其功能巨型化。目前流行的小巨型机处理速度在每秒250亿次浮点运算,价格只相当于巨型机的十分之一。

(3)主机

主机实际上包括了我们常说的大型机和中型机。这类计算机的特点是具有大容量的内、外存储器和多种类型的I/O通道,能同时支持批处理和分时处理等多种工作方式,最新出现的主机还采用多处理机、并行处理等技术,整机处理速度大大提高,具有很强的处理和管理能力。几十年来，主机系统在大型公司、银行、高等院校及科研院所的计算机应用中一直居统治地位。但随着 PC 局域网的发展，主机系统这种采用集中处理的终端工作模式的系统受到了巨大冲击，特别是现在微型机的性价比大幅上升，客户机/服务器体系结构日益成熟，更是没有了主机系统发挥其特长的空间。但是，在一些需要集中处理大量数据的部门，如银行或某些大型企业仍需主机系统。

(4)小型机

比起主机来，小型机由于结构简单、成本较低、易于使用和维护，更受中、小用户的欢迎。小型机的特征有两类：一类是采用多处理机结构和多级存储系统，另一类是采用精减指令系统。前者是使用多处理机来提高其运算速度。后者是在指令系统中，只将比较常用的指令集用硬件实现，很少使用的、复杂的指令留给软件去完成，这样既提高了运算速度，又降低了价格。

(5)工作站

这里所说的工作站和网络中用作站点的工作站是两个完全不同的概念，这里的工作站是计算机中的一个类型。

工作站实际上是一种配备了高分辨率大屏幕显示器和大容量内、外存储器，并且具有较强数据处理能力与高性能图形功能的高档微型计算机，它一般还有内置网络功能。工作站一般都使用精减指令(RISC)芯片，使用 UNIX 操作系统。目前也出现了基于 Pentium 系列芯片的工作站，这类工作站一般配置 Windows NT 操作系统。由于这一类工作站和传统的使用精减指令(RISC)芯片的高性能工作站还有一定的差距，因此，常把这类工作站称为"个人工作站"，而把传统的高性能工作站称为"技术工作站"。

(6)个人计算机

个人计算机也称作 PC 机，它的核心是微处理器。微处理器在短短的 30 年中已从 4 位、8 位、32 位发展到现在的 64 位。20 世纪 80 年代初，IBM 公司在数年内连续推出了 IBM PC、IBM PC/XT、IBM PC/AT 等机型，形成和巩固了 PC 机的主流系列，许多厂商纷纷推出与 IBM PC 兼容的个人计算机。随着微处理芯片性能的提高，PC 机与兼容机已发展到目前的以 Pentium Ⅳ 为处理器的各种机型，它的性能已超过早年大型机的水平。在这 30 年中，PC 机使用的微处理芯片，平均不到两年集成度增加一倍，处理速度提高一倍，价格却降低一半。今天，PC 机已广泛应用于社会的各个领域，从政府机关到家庭，无所不在。特别值得一提的是，便携式计算机的发展取得了惊人的成绩，性能和台式机已趋于一致，但重量较轻便于随身携带。

3. 按功能和用途分类

计算机按功能和用途分，可分为通用计算机和专用计算机。

通用计算机具有功能强、兼容性强、应用面广、操作方便等优点，通常使用的计算机都是通用计算机。

专用计算机一般功能单一，操作复杂，用于完成特定的工作任务。

1.2 键盘和鼠标基本结构与操作

1.2.1 键盘简介和分区介绍

熟悉键盘操作是操作电脑的基本条件,也是打字的基础知识,初学者必须花费较长的时间来学习键盘操作。键盘的种类繁多,功能不一,按照键盘上键位的多少,可以将键盘分为84键、101键、104键、107键等。目前主流键盘是104键盘与107键盘。

不管键盘的种类怎么样划分,也不管键盘怎么发展更新,键盘的基本键位都不会改变,包括26个字母键、10个数字键、30个特殊符号键、12个功能键等。在用键盘打字时,经常用到的是键盘的26个字母键,因此在练习时应给予必要的重视。

仔细观察可以发现键盘上有密密麻麻的键位,由于键位太多,因此往往初学者会产生一种敬畏心理而望而却步。事实上,键盘的键位分布都是有规律可循的,只要经过一段时间的学习,普通用户都可以熟练操作键盘。下面开始分区学习键盘知识。

键盘上的键位并不是杂乱无序地任意堆放在一起,而是根据不同的功能、不同的特点分类排列。一个完整的键盘可以划分成6个分区,分别是主键盘区、功能键区、光标控制键区、电源控制键区、数字小键盘区、指示键位区,如图1-9所示。

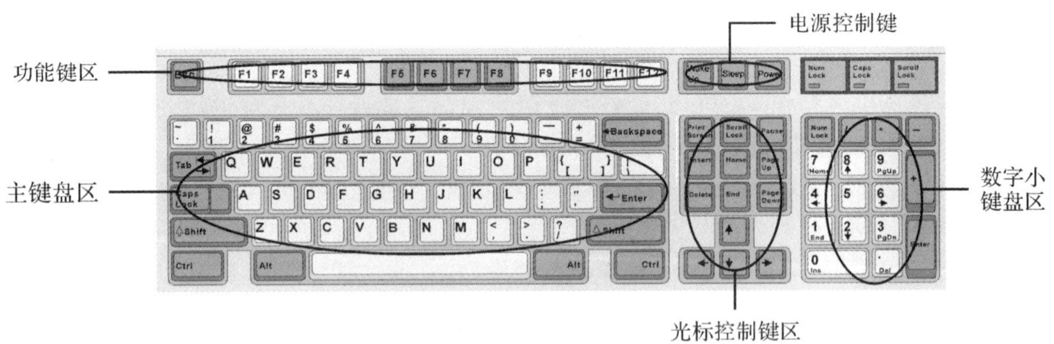

图1-9 键盘功能分区

1. 功能键区

功能键区位于主键盘区的正上方,包括Esc和F1~F12共13个键位构成,如图1-10所示。

图1-10 功能键区

功能键区的各个键位都可以用来执行一些快捷操作,如通常情况下,按Esc表示取消当前正在运行的程序,按下F1键则表示打开帮助文档。

(1)Esc 键

强行退出键，Esc 是英文 Escape 的缩写。它的功能是退出当前环境、返回原功能区。例如，当用户打开了某个功能区后，按 Esc 键可以取消该功能区。

(2)F1～F12 键

在不同的程序软件中，F1～F12 各个键的功能有所不同。主要介绍下 F1～F6 的常用功能：

F1 帮助　　F2 改名　　F3 搜索　　F4 地址　　F5 刷新　　F6 切换

2. 主键盘区

主键盘区也称打字键区，是键盘上最重要的区域，也是用得最频繁的一个区域。它的主要功能是用来录入数据、程序和文字。主键盘区主要由字母键、数字符号键、控制键、标点符号及一些特殊符号键构成，如图 1-11 所示。

图 1-11　主键盘区

主键盘区共有 58 个键位，主要包含英文字母键位、数字和控制键位，其中：

字母键：26 个，从 A～Z。

数字键：10 个，从 0～9。

符号键：22 个键位，但可以录入 32 个常用符号，因为有的键位包含了两种符号。

空格键：1 个，位于主键盘区中最下面一排中间位置，在所有的键位中，空格键键位最长，也最显眼，空格键主要用于在录入时输入空格用，也可以用做中文输入编码确认键。

控制键：13 个，控制键主要是用来完成一些控制操作的键位，包括命令的执行、打开快捷功能区等。熟练使用控制键可以将键盘的功能发挥至极限。

主键盘区共有 13 个控制键位，分别是：

两个 Shift 键、两个 Ctrl 键、两个 Alt 键、一个 Tab 键、一个 Caps Lock 键、两个 Win 键。

各个控制键位的作用如下：

(1)Tab 跳格键

Tab 键也叫跳格键，在文字处理环境下，Tab 键的作用和空格键差不多，只是移动的距离不同。跳格键可实现光标的快速移动，光标移动的距离可由读者自行在软件中设定。如在 Microsoft Word 文字处理软件中，将此距离设置为 25 个字符，那么以后每敲击一下 Tab 键，光标将会向右移动 25 个字符的位置，就相当于插入了 25 个空格。

(2)Caps Lock 键

Caps Lock 键可以更确切地称为大小写字母键锁定状态转换键，因为它只对转换大小写字母起作用，键位标记为Caps Lock(有些键盘标记为Caps)。按下这个键则指示灯区的第二个指示灯会变亮，表示现在处于大写状态了，只按字母键时就会显示大写字母。再按一下Caps Lock键，则对应的指示灯变暗，又回到了小写状态。

(3)Shift键

Shift键又称为上档键，有两个作用：

①按住Shift键后再敲击字母键，就会输入对应的大写字母。

②如果同时按下Shift键和某一个数字键，则显示为对应的上档符号。例如同时按下Shift键和数字键1，则显示为感叹号“!”。

(4)Ctrl键

Ctrl键分为左右两个，功能相同，在不同的软件中有不同的功能定义。Ctrl键必须结合其他的键位才能起作用。

(5)Enter键

Enter键是电脑中应用最为频繁的键位，回车键上面标记“Enter”字样，回车键也称为执行键，意思是按下这个键，系统就会开始执行命令。在文字录入环境中，敲入回车键文档会自动换行。

(6)Back space键

在文字处理环境下，按下Back space键，删除光标左侧的字符，同时光标向左移动。

(7)Win键

现在流行的Windows键盘都有两个Win键，称为系统功能键，任何时候按下这两个键中的任一个都可以打开“开始”功能区。

主键盘上共有11个符号键，符号键都是双排键位，每个键上都有上下两种不同的符号。排在上面的字符称为上排字符，排在下面的字符称为下排字符。要录入符号键的下排字符，直接击打符号键就可以了，但是要录入符号键的上排字符，则需要先按住Shift键，再敲击符号键。

常用的一些快捷键：

Win+D—显示桌面	Win+R—打开“运行	Win+L—屏幕锁定
Win+E—打开计算机	Win+F—搜索文件或文件夹	Win+Tab—项目切换
Delete—删除	Ctrl+C—复制	Ctrl+X—剪切
Ctrl+V—粘贴	Ctrl+A—全选	Ctrl+Z—撤销
Ctrl+S—保存	Alt+F4—关闭	Ctrl+Y—恢复
Alt+Tab—切换	Ctrl+F5—强制刷新	Ctrl+W—关闭
Ctrl+F—查找	Shift+Delete 永久删除	Ctrl+Alt+Del—任务管理
Shift+Tab 反向切换	Ctrl+空格—中英文输入切换	
Ctrl+Shift 输入法切换	Ctrl+Esc—开始功能区	

3. 光标控制键区

光标控制区的位置在主键盘区与数字小键盘区的中间，如图1-12所示，它集合了所有对光标进行操作的键位以及一些页面操作功能键。

光标控制键在软件操作中发挥着重要的作用，需要掌握光标控制键各键位的功能。

(1)Insert 键

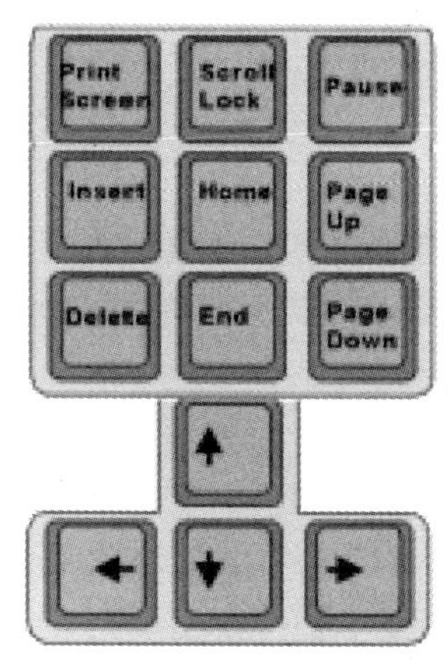

图 1-12　光标控制键区

Insert 键又称为插入键，主要用来在处理文档时设置文档的插入或改写状态。插入键是一个开关键，按一下插入键，系统会将文档转为改写状态，再按一下，系统又会将文档改回插入状态。当系统处于插入状态时，输入的字符插入在光标出现的位置；当系统处于改写状态时，输入字符将改写光标处字符。

(2)Home 键

Home 键称为行首键，在文字处理软件环境下，敲一下 Home 键，可以使光标回到一行的行首。在移动的时候，只是光标移动，而汉字不会动。如果使用 Ctrl+Home 组合键，则会将光标快速移动到文章的开头。

(3)End 键

End 键称为行尾键，End 键的作用与 Home 键的功能相反。在文字处理软件环境下，敲一下这个键，光标将移动到本行行尾。如果敲入 Ctrl+End 组合键，则会将光标快速移动到文章的最后位置。

(4)Page Up 键

Page Up 键称为向上翻页键，在文字编辑环境下，单击此键可以将文档向前翻一页，如果已达到文档最顶端，则此键不起作用。

(5)Page Down 键

Page Down 键称为向下翻页键，在文字编辑环境下，单击此键可以将文档向后翻一页，如果已达到文档最末端，则此键不起作用

(6)Delete 键

Delete 键称为删除键，可以用来删除光标右侧的字符，敲一下删除键，删除右侧字符后光标位置不会改变。

(7)Print Screen 键

Print Screen 称为屏幕打印键，按下该键，将会把当前屏幕上的信息保存于内存中，可以在画图软件及其他的图像处理软件中使用粘贴的方法将图片保存为文件。

(8)Scroll Lock 键

Scroll Lock 键又称为屏幕锁定键，有一些软件会采用相关技术让屏幕自行滚动，按下该键后，将会停止屏幕滚动。

(9)Pause 键

按下该 Pause 键，可以暂停当前正在运行的程序文件。

(10)↑↓→←键

光标移动键共有 4 个，其上标识有上下左右 4 个方向箭头。在编辑文档时，光标移动键应用得非常广泛。除开键盘的光标移动键外，鼠标也可以移动光标。

4. 数字小键盘区

数字小键盘区位于键盘的右下部分，如图 1-13 所示。数字小键盘区共有 17 个键位，主要包括一些数字键和运算符号键。数字小键盘适合经常接触大量数据信息的专业人士使用。数字小键盘的键位作用跟主键盘区的数字键位功能相同。

图 1-13　小键盘区

数字小键盘区有一个 Num Lock 键，叫做数字锁定键。数字锁定键的作用是用来打开与关闭数字小键盘区。按一下 Num Lock 键，指示键位区的 Num Lock 指示灯亮，表明此时数字小键盘区为开启状态，再按下该键，指示灯灭，就表示小键盘已经处于关闭状态了。

1.2.2 鼠标基本操作

在使用鼠标的时候，同样需要一个正确的姿势。手握鼠标的正确方法是：食指和中指分别放置在鼠标的左键和右键上，拇指横向放在鼠标左侧，无名指和小指放在鼠标右侧，拇指与无名指及小指轻轻握住鼠标；手掌心轻轻贴住鼠标后部，手腕自然垂放在桌面上，操作时带动鼠标作平面运动。

在 Windows 操作系统下，鼠标有 5 种基本操作，可以用来实现不同的功能，下面列出了其具体操作及说明。

指向：移动鼠标，将鼠标指针放到某一对象上。

单击：指向目标对象后快速按一下鼠标左键，该操作常用于选择对象。

右击：指向目标对象后快速按一下鼠标右键，该操作常用于打开目标对象的快捷功能区。

双击：指向目标对象后快速按两次左键后松开，该操作常用于打开对象。

拖动：指向目标对象后按住鼠标左键不放，移动鼠标指针到指定位置后再松开，该操作常用于移动对象。

Windows 操作系统中，当用户进行不同的工作、系统处于不同的运行状态时，鼠标指针将会随之变为不同的形状，几种常见的鼠标形状及它们代表的含义如表 1-1 所示。

表 1-1　几种常见的鼠标形状及它们代表的含义

形状	状态	形状	状态	形状	状态	形状	状态
	选择	+	精度选择	↕	调整垂直大小	✥	移动
?	帮助	I	文字选择	↔	调整水平大小	↑	其他选择
	后台		手写		对角线调整 1		链接选择
	忙	⊘	不可用		对角线调整 2		

1.3 Windows 7 的基本操作

Windows 7 的桌面是我们进入操作系统后首先看到的画面，如图 1-14 所示，可以把桌面理解为一个实验室，用户对电脑的操作就相当于在实验室中所做的各种实验。要熟练地操作电脑，就必须先熟悉桌面操作。

图 1-14 Windows 7 桌面

1.3.1 “开始”功能区

“开始”功能区是 Windows 7 中应用得最为频繁的功能区之一，通过开始功能区，几乎可以完成对计算机的所有操作，通常人们使用“开始”功能区启动应用程序，系统中安装的所有应用程序的快捷方式都可以在开始功能区中找到。

单击桌面上的“开始”按钮，可以打开“开始”功能区，如图 1-15 所示。

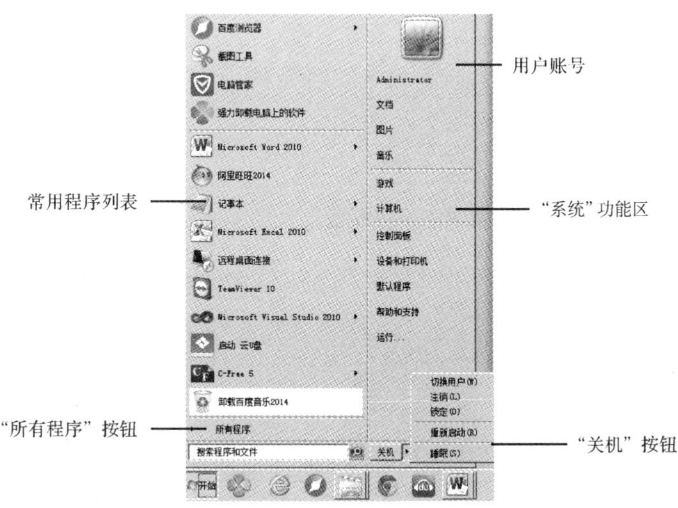

图 1-15 开始功能区

开始功能区中共包含了五个方面的内容，分别是用户账号、常用程序列表、“所有程序”按钮、“系统”功能区、“关机”按钮。

1. 用户账号

在开始功能区的顶端显示了当前登录用户的用户名以及图标,用鼠标单击用户图标,可以打开“设置用户图标”窗口,如图 1-16 所示,在这里用户可以进行一系列针对该账户的操作,例如点击“更改图片”,为账户重新设置一个新的代表该账号的图标;点击“更改密码”,重新为该账户设置新密码。

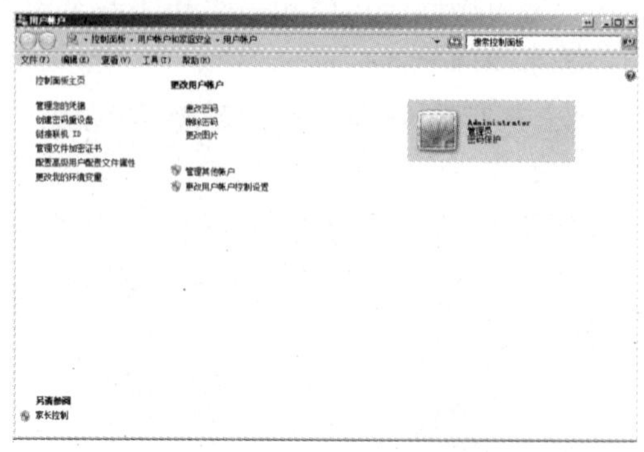

图 1-16 用户账户管理

2. 常用程序列表

“常用程序列表”区域中所列出的都是最近经常使用的程序快捷方式,这是 Windows 7 非常人性化的设计。

3. “所有程序”按钮

单击“所有程序”按钮,将会打开一个子功能区,在此子功能区中,列出了 Windows 7 中安装的所有软件的快捷方式图标,用户可以通过单击快捷方式来启动相应的应用程序。

4. 系统功能区

系统功能区中列出了 Windows 7 中系统自带的一些系统应用程序,例如“计算机”、“控制面板”、“设备与打印机”等。

5. “关机”按钮

“关机”按钮由两部分组成,如图 1-17 所示。

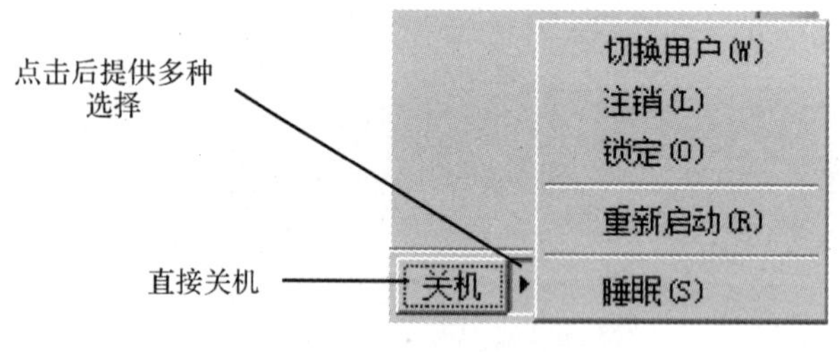

图 1-17 关机按钮

其中点击“关机”按钮后直接关闭 Windows 7 操作系统,单击其后的“▶”按钮,系统将会提供包括“重新启动”在内的多种操作模式,其中“锁定”操作也是常用的操作之一,其意义是当用户暂时离开电脑，又不想他人窥探其工作内容时，即可“锁定”电脑屏幕，再次打开需密码(前提是该用户已设置密码)，当然用户也可以按下“ ”+“L”快捷键实现锁定操作。

6. 任务栏

“任务栏”位于桌面的下部，形状为一横窄条，如图 1-18 所示。任务栏主要由“开始”按钮、快速启动栏、应用程序列表、通知栏等项目组成。

图 1-18 任务栏

“快速启动栏”中集合了一些应用程序快捷方式，只需要用鼠标单击一下“快速启动栏”中的相应按钮，就会将该程序启动；“应用程序列表”中列出了当前用户打开的一些程序的缩略图，不同于以往，“快速启动”和“应用程序列表”现在已经没有明显的区别；“通知栏”中则显示了系统当前的时间、声音、输入法状态等信息。

1.3.2 设置桌面

1. 桌面个性化主题设置

Windows 7 可以选择个性化的主题，设置桌面背景的操作步骤如下：

在桌面空白区域内，单击鼠标右键，选择“个性化”，打开“更改计算机上的视觉效果和声音”窗口，根据需要单击“Aero 主题”中的某一项，例如“中国”，如图 1-19 所示。

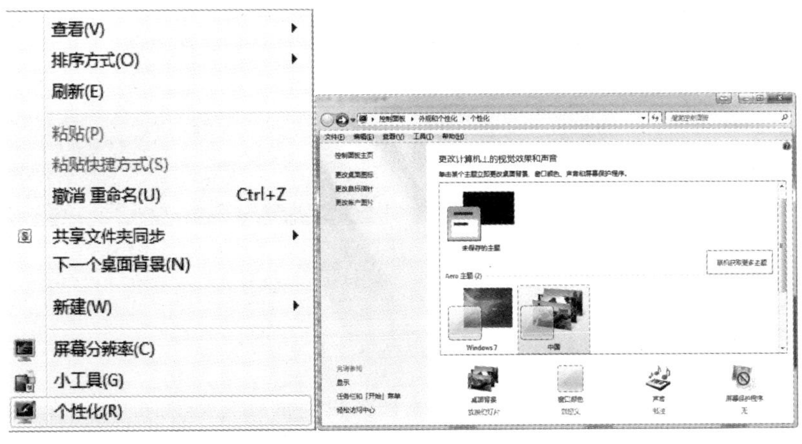

图 1-19 个性化主题设置

如果不喜欢现有主题下的背景图片，单击“桌面背景”，如图 1-20 所示，可以选择该主题下的所有图片，设置变换时间、设置图片填充方式(居中、平铺、拉伸等)。但一般单个主题下很少会去更改这些内容,因为主题设计者一般配置已比较完美。

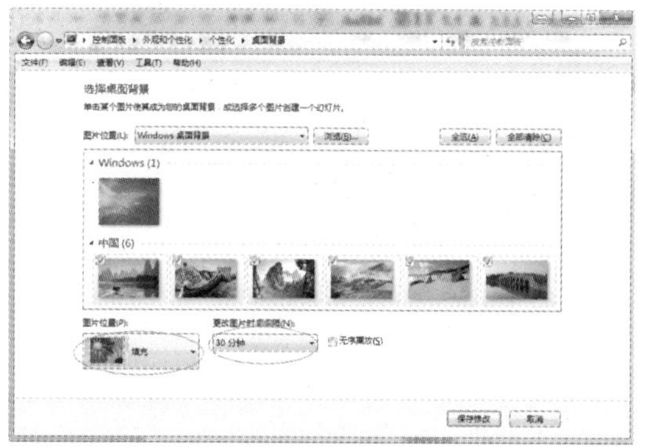

图 1-20 “桌面背景”设置

“联机获取更多主题”,注意图 1-19 第二幅图中方框部分,单击后,即可从网上选择丰富多彩的桌面主题,这些主题由微软公司免费提供,可以让我们的电脑桌面效果大大丰富。单击打开对应网页后的效果如图 1-21 所示,这些主题不仅包含图片,还有声音、窗口颜色配套、屏幕保护程序。

图 1-21 联机主题

下载喜欢的主题后,并不会直接在“更改计算机上的视觉效果和声音”窗口中出现,需要双击下载后的文件,例如笔者下载了“北极光”的主题,双击下载后的文件后,出现如图 1-22所示效果。

有的图片设置为平铺或者拉伸时会出现失真的现象,选择图片时一般要选择接近或者超过屏幕分辨率的图片。

图 1-22　下载并应用主题

2. 屏幕分辨率设置

显示分辨率(屏幕分辨率)是屏幕图像的精密度,是指显示器所能显示的像素有多少。由于屏幕上的点、线和面都是由像素组成的,显示器可显示的像素越多,画面就越精细,同样的屏幕区域内能显示的信息也越多,所以分辨率是个非常重要的性能指标之一。简单说来,同样大小的屏幕,分辨率越高,则可显示内容越多(看起来图像小儿精细),但是每块屏幕的物理分辨率是有上限的,而且越高越贵。

当 Windows 7 系统安装之后,桌面的分辨率都需要调整一下,虽然说即便是不调也没有什么大的关系,但是它并不美观,因此还是调一下比较好的。

首先右击鼠标,找到屏幕分辨率这一选项,点击进入屏幕分辨率进行设置,如图 1-23 所示;然后你就可以看到有一项分辨率,点击你会发现分辨率是在最低的,然后将其调到最高点击确定即可,如图 1-24 所示。

图 1-23　进入“屏幕分辨率”

3. 设置屏幕保护程序

屏幕保护程序是一段屏幕动画,设置屏幕保护程序有两个作用:

当用户在短时间内暂不使用计算机时,可以将计算机的桌面屏蔽,以防止用户的资料被他人看到。

如果长时间不用电脑,启动屏幕保护程序可以保护电脑显示器,避免长时间显示同一画面对显示器的元器件造成损害。

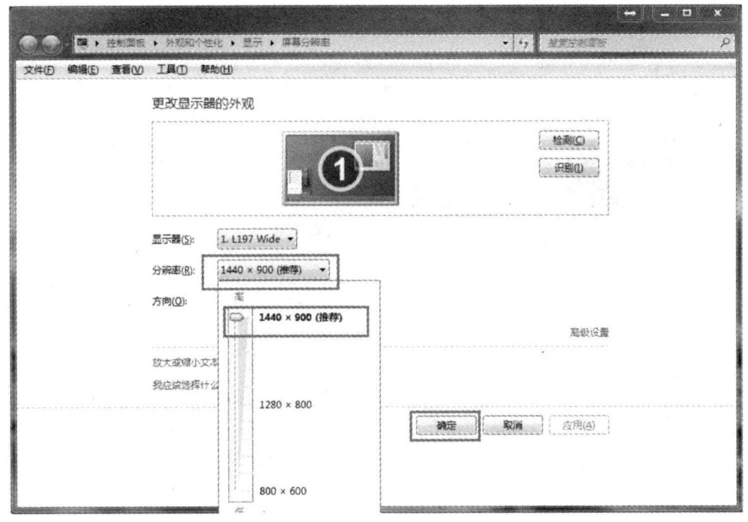

图 1-24 设置分辨率

当用户需要重新使用计算机时,只要移动鼠标或者按键盘任意键便可恢复桌面显示(如果用户设置了屏幕保护程序的密码,则需输入密码后才能取消屏幕保护)。

设置屏幕保护的具体操作步骤如下:

执行“开始”→“控制面板”→“显示”,单击“更改屏幕保护程序”,进入如图 1-25 所示“屏幕保护程序设置”选项卡。

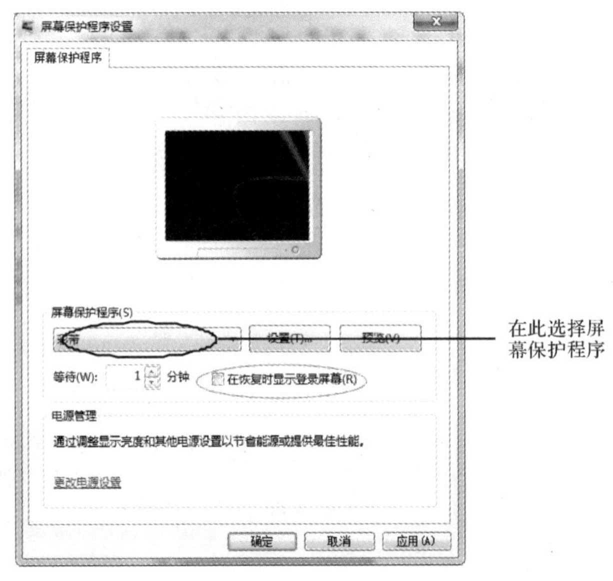

图 1-25 屏幕保护

从“屏幕保护程序”下拉列表框中选择一种屏幕保护程序,在预览窗口中将会显示出效果。用户也可单击“预览”按钮,全屏观看屏保效果,选定合适的屏幕保护程序后,单击“确定”按钮即可。

用户还可以对选定的屏幕保护程序进行参数设置，操作步骤如下：

在如图 1-25 所示的界面中，选定某项屏幕保护程序后，单击“设置”按钮，可以打开屏幕保护程序设置对话框进行设置。

每一种屏幕保护程序的设置项都不同，也可能没有，譬如选择“彩带”屏幕保护程序，再单击“设置”按钮，则没有可显示的内容。

启动屏幕保护程序的系统默认时间是 30 分钟，即 30 分钟内用户没使用过计算机，屏幕保护程序将自动运行。如果用户认为时间过长或过短，可以重新设置等待时间。

如果要为屏幕保护程序加上密码，则需启用“在恢复时显示登录屏幕”复选框。系统进入屏幕保护程序后，若需重新返回桌面，需要输入当前用户或者系统管理员密码。

1.3.3　控制面板

控制面板是对 Windows 7 进行管理控制的中心。它集成了很多专门用于更改 Windows 7 外观和行动的工具，通过这些工具，可以安装新硬件、添加和删除程序、更改屏幕的外观、设置系统用户名及密码等。

1. *启动“控制面板”*

在使用“控制面板”对系统进行设置之前，首先要将“控制面板”打开，操作步骤如下：

执行“开始”→“控制面板”命令，打开“控制面板”窗口，如图 1-26 所示。

图 1-26　打开“控制面板”

控制面板窗格中显示了一些分好类的项目,单击它们可以进入具体设置。如单击“外观和个性化”按钮,则会打开“外观与主题”设置窗口,如图 1-27 所示。

图 1-27 外观与个性化设置

系统默认的控制面板只罗列出了一些控制选项图标,在图 1-27 中下拉选择“小图标”或者“大图标”,可以显示更多,如图 1-28 所示。

图 1-28 控制面板“大图标”视图

2. 设置用户账户

Windows 7 是一个多用户、多任务的操作系统,系统同时可以设置多个用户账户,这样当多个用户使用同一台电脑时,可以保留各自对 Windows 7 环境所做的设置。用户可以在不重新启动电脑而且不关闭当前运行应用程序的前提下,通过“开始”功能区中的“注销”命令,实现不同用户之间的切换。

(1)建立新账户

要想添加使用电脑的新用户,首先得在电脑上为该用户创建一个账户。当然,也可以在进入系统后，再创建新的用户账户，如图 1-29 所示。

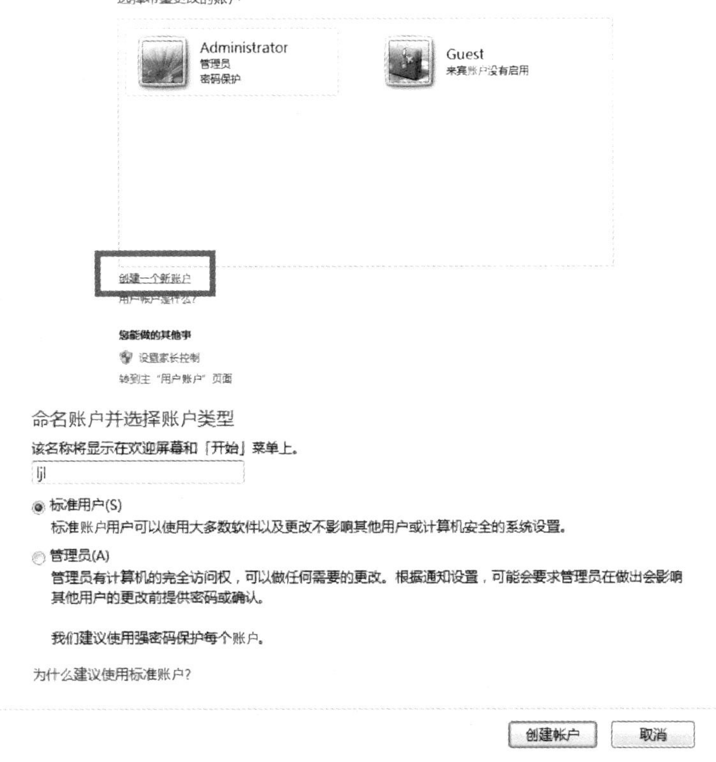

图 1-29　新建用户账户

注意：在安装 Windows 7 时，系统会提示你创建多个账户。

创建新账号的操作步骤如下：

步骤 1：打开"控制面板"窗口。

步骤 2：单击"控制面板"中的"用户账号"图标，打开"用户账号"窗口，如图 1-30 所示。

步骤 3：单击"用户账号"中的"创建一个新账号"链接，打开一个新的窗口。窗口提示为新用户键入名称，在文本框中为新用户键入一个新的名称"ljl"，输入的名称由字符、数字或者其他符号组成，但不能包含空格。

步骤 4：键入名称后，单击"下一步"按钮，出现"选择账号类型"窗口，为所创建的用户选择账户类型，然后单击"创建账户"按钮即可完成新账号创建。下次登录时，新创建的账号会出现在登录界面中。

"计算机管理员"表示创建后的新用户可以用管理员的身份创建、更改和删除账户，还可以更改系统设置。如果选择"标准用户"单选项，创建后的用户可以更改图片、文档和密码，但控制面板中的一些设置不可以访问。

(2)更改账户

创建完用户账户后，还可以对电脑中现有用户账户的名称、图像、类别或密码进行更改，如果具有管理员身份，还可以删除账户。

具体操作步骤如下：

步骤1:打开“用户账号和家庭安全”窗口,在“用户账户”区域中选择“添加或删除用户账户”,如图1-30所示。

控制面板
用户账户和家庭安全
文件(F)
编辑(E)
查看(V)
工具(T)
帮助(H)
控制面板主页
系统和安全
网络和 Internet
硬件和声音
程序
用户账户和家庭安全
外观和个性化
时钟、语言和区域
轻松访问
用户账户
更改账户图片
添加或删除用户账户
更改 Windows 密码
家长控制
为所有用户设置家长控制
Windows CardSpace
管理用于登录到联机服务的信息卡
凭据管理器
管理 Windows 凭据
邮件 (32 位)

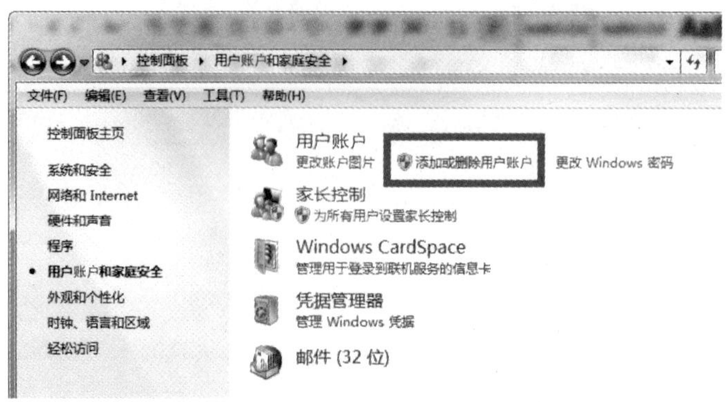

图1-30　账户管理

步骤2:单击要更改的账户名称,弹出如图1-31所示的更改账号窗口,在此窗口中选择要更改的账户属性,再按规则进行相应的修改即可。

更改 ljl 的账户
更改账户名称
创建密码
更改图片
设置家长控制
更改账户类型
删除账户
管理其他账户
ljl
标准用户

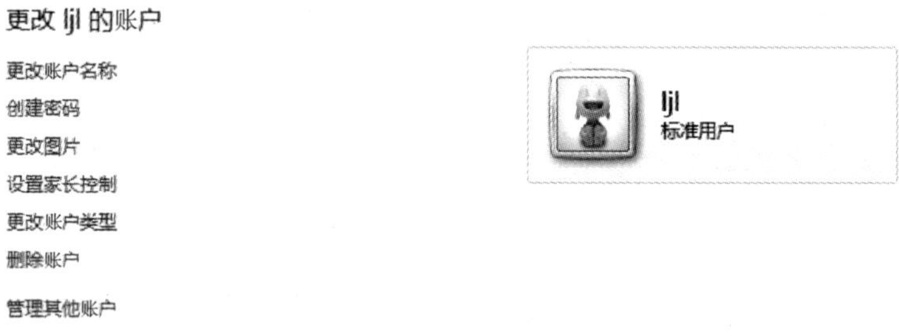

图1-31　更改账户信息

步骤3:单击“创建密码”链接,可以打开为账户创建一个密码的窗口。在密码框中输入密码后,如图1-32所示。单击“创建密码”按钮返回。

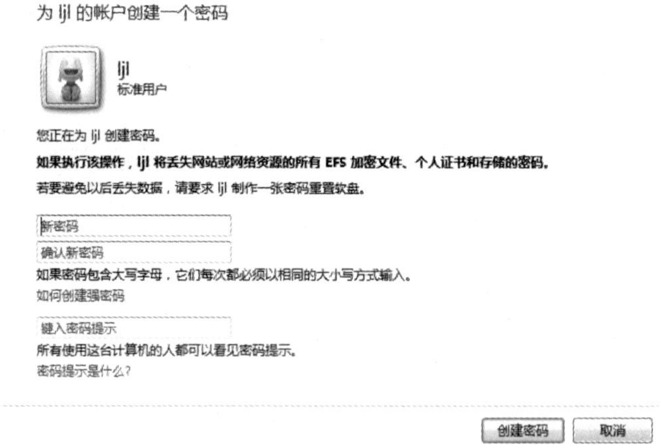

为 ljl 的帐户创建一个密码
ljl
标准用户
您正在为 ljl 创建密码。
如果执行该操作，ljl 将丢失网站或网络资源的所有 EFS 加密文件、个人证书和存储的密码。
若要避免以后丢失数据，请要求 ljl 制作一张密码重置软盘。
新密码
确认新密码
如果密码包含大写字母，它们每次都必须以相同的大小写方式输入。
如何创建强密码
键入密码提示
所有使用这台计算机的人都可以看见密码提示。
密码提示是什么？
创建密码
取消

图1-32　创建密码

3. 鼠标的设置

键盘和鼠标是计算机的最主要输入设备，特别是 Windows 操作系统，由于大部分操作是图形界面操作，所以鼠标在计算机操作中起着不可替代的作用。在“控制面板”中可以对键盘与鼠标进行自定义设置。

我们知道，鼠标在外观和计算机中分别表现为按键和指针。所以，设置鼠标主要指设置鼠标按钮和鼠标移动参数。

设置鼠标的操作步骤是：

步骤 1：打开“控制面板”窗口，如果“控制面板”是按分类视图显示的，则单击浏览器栏中的“切换到经典视图”选项。

步骤 2：单击“鼠标”按钮，打开“鼠标属性”对话框，如图 1-33 所示。

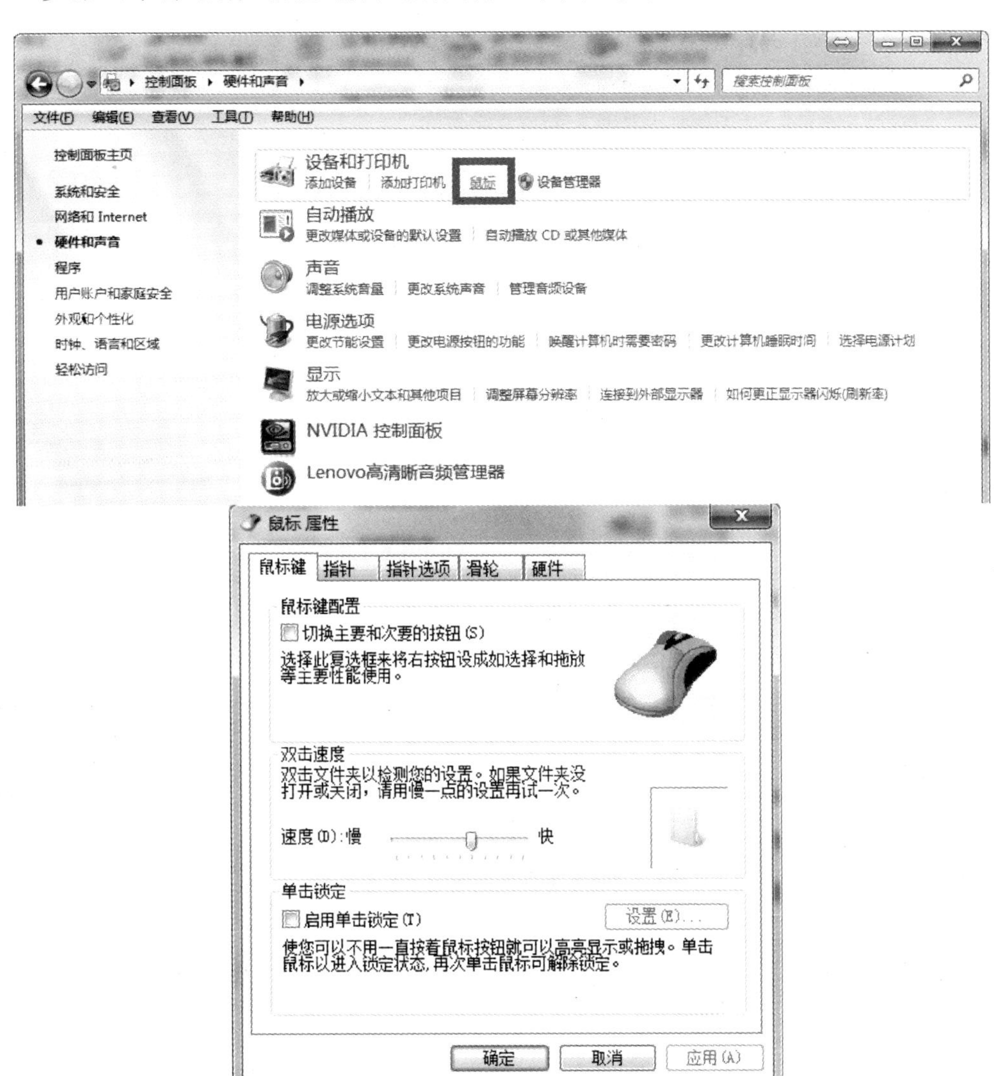

图 1-33　打开鼠标属性

在“鼠标属性”对话框中,可以对鼠标的各项指标进行设置。

(1)单击“鼠标键”选项卡,对鼠标的“击键速度”和其他基本属性进行设置,如图 1-33 所示。

(2)单击“指针”选项卡,可以对鼠标的“指针”性进行设置,如图 1-34 所示。

(3)单击“指针选项”选项卡,可以对鼠标的“移动速度、是否显示移动轨迹”等属性进行设置,如图 1-35 所示。

(4)单击“滑轮”选项卡,可以对鼠标的“滑轮”进行设置,如图 1-36 所示。

(5)单击“硬件”选项卡,可以对鼠标的“硬件”进行设置,如图 1-37 所示。

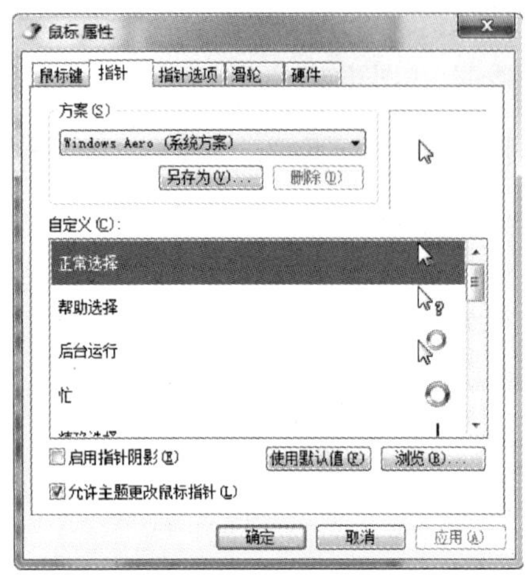

图 1-34　指针

图 1-35　指针选项

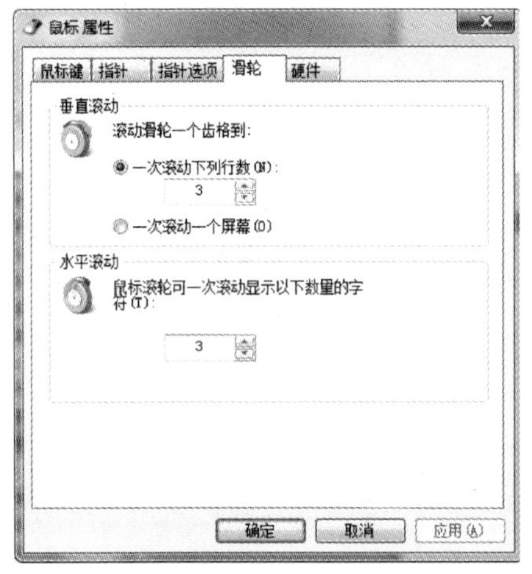

图 1-36　滑轮

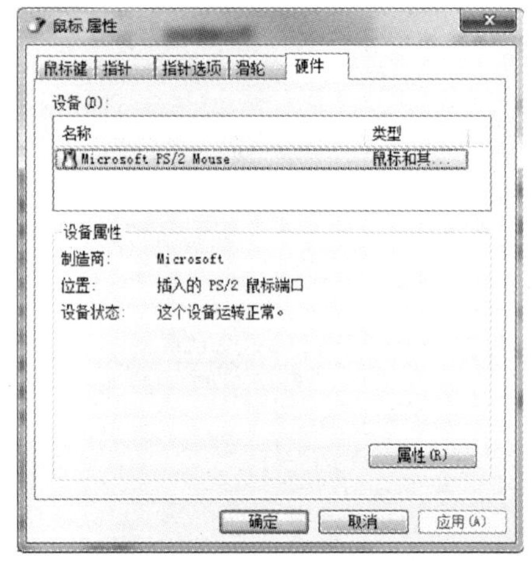

图 1-37　硬件

4. 设置键盘

在 Windows 7 中,键盘是标准和计算机输入设备,用户可以通过设置键盘的属性操作来按用户的要求设置和管理键盘。

设置“键盘”的操作步骤如下:

打开“控制面板”，如果“控制面板”是按小图标视图显示的，打开“键盘”图标，显示如图 1-38 所示的“键盘属性”对话框。

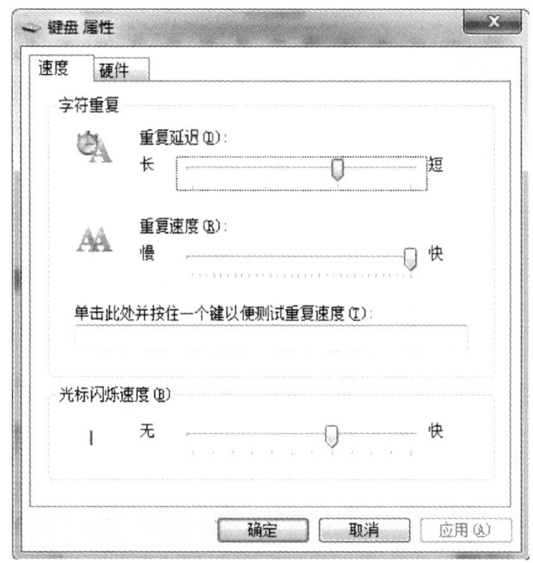

图 1-38 打开键盘属性

在“键盘属性”对话框中，可以进行如下设置：单击“速度”选项卡，在“速度”选项卡中，左右拖动“字符重复”选项区域中的“重复延迟”滑块，可以改变键盘重复输入一个字符的延迟时间，拖动“重复速度”滑块可以改变重复输入字符的输入速度。用户可以在文本框中连续输入同一个字符，测试重复延迟时间和速度，从而选择一种最适合自己的速度。一般来说，将重复的延迟时间调整到最短，将重复的速度调整到最快。

5. 区域与语言选项的设置

在 Windows 7 中，允许用户根据实际情况设置不同的语言、数字格式、货币格式、时间格式和日期格式，以解决由于用户所在的国家和区域不同所带来的不便。

在“控制面板”窗口中的“区域和语言”中可以设置语言、时区、数字格式等。具体设置操作方法如下：

打开“控制面板”，如果“控制面板”是按小图标视图显示的，双击“区域和语言”按钮，打开对话框，如图 1-39 所示。

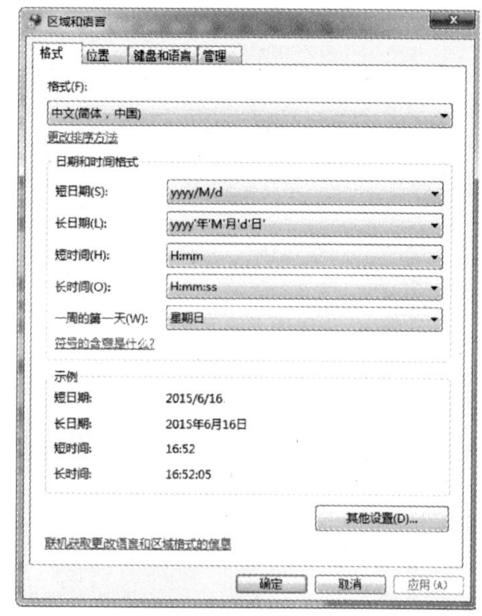

图 1-39　区域和语言

在“位置”选项卡中，用户可根据你自己所处的区域，在下拉列表框中选择，如“中国”。选择了所在国家或地区后，将自动更新系统中有关数字、货币、时间和日期方面的设置，以符合该国家或地区的约定格式，并在“示例”选项区域中显示出标准的格式示例。

单击“格式”选项卡中的“其他设置”按钮，打开“自定义区域选项”对话框，如图 1-40 所示。

在“数字”选项卡中，用户可以选定一个选项并输入一个新值，或从下拉列表框中为该选项选定一个值来更改设置。例如，从“小数位数”后的下拉列表框中选择“2”，则系统在显示数字时小数点后将有 2 位数。

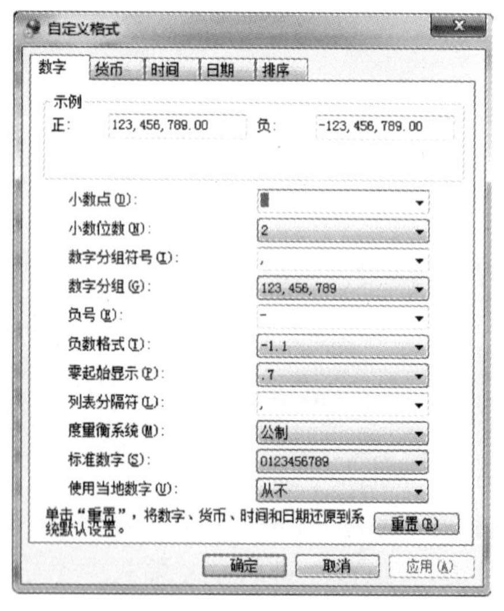

图 1-40　“数字”选项卡

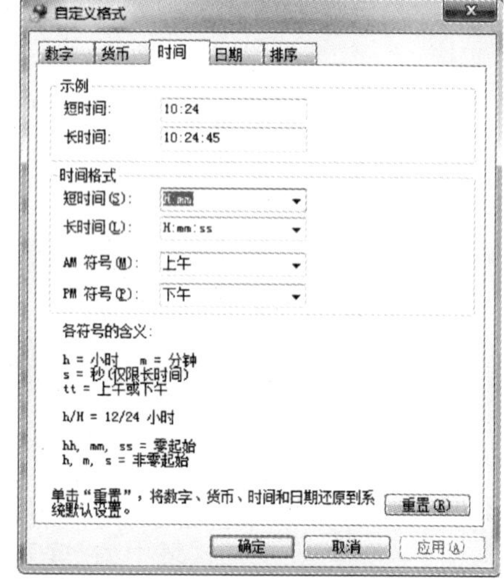

图 1-41　“时间”选项卡

修改设置完成后，单击“应用”按钮，则在“区或和语言选项”对话框中的“示例”选项区域中会显示更改的示例效果。

如果用户想更改系统时间的显示格式，可以在“自定义区域”对话框中单击“时间”选项卡，打开如图 1-41 所示的“时间”选项卡。在“时间”选项卡中，用户可以直接输入时间，或从下拉列表框来选择新的时间格式、时间分隔符、AM 符号、PM 符号的格式。

1.4　文件管理

“计算机”是系统提供的重要的管理工具，通过“计算机”，用户可以查看计算机中的文件、打开应用程序、对文件进行复制与剪切等操作。

打开“开始”功能区，选择“计算机”命令，打开的“计算机”窗口如图 1-42 所示。

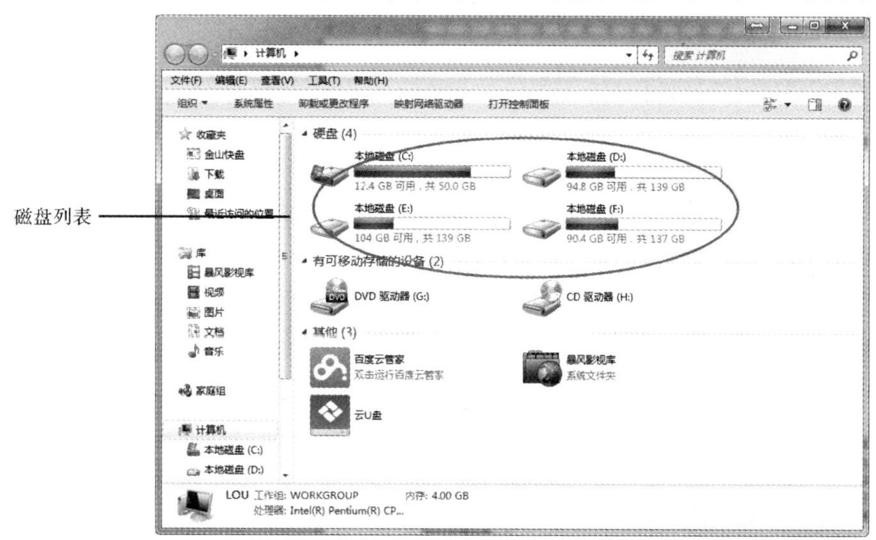

图 1-42　计算机

注意：鼠标双击桌面上“计算机”图标，也可以打开该窗口。

在“计算机”窗口中，用户可以看到计算机中所有的磁盘列表。左侧的窗口中按照常用的途径主要分五大类：“收藏夹”、“库”、“家庭组”、“计算机”和“网络”，其中“家庭组”是“网络”中可信任的部分。“收藏夹”下是一些常用的快捷链接，如“桌面”、“下载”。“库”中则是系统信息资源的分类整理，但是这只局限于存放于默认路径下的资源，如果用户将相关资源放于其他路径，需要通过“添加路径”的方式加入，如图 1-43 所示；在右侧的“硬盘”区域，显示了计算机的本地硬盘，选中某一硬盘时，左侧的窗口还将显示硬盘驱动器的大小、已用空间、可用空间等相关信息。在右侧的“有可移动存储的设备”区域中，显示了计算机中的软驱、光驱等可移动存储设备。随着网络云存储空间的大量涌现，右侧还会出现可用的网络硬盘快捷路径，如“百度云管家”、“云 U 盘”等。“网络”中显示了同一局域网下同一工作组的其他电脑,如果这些网上邻居和你不属于家庭组,那么访问他们一般是要求用户名和密码的,如图 1-44 所示。

图 1-43　添加路径

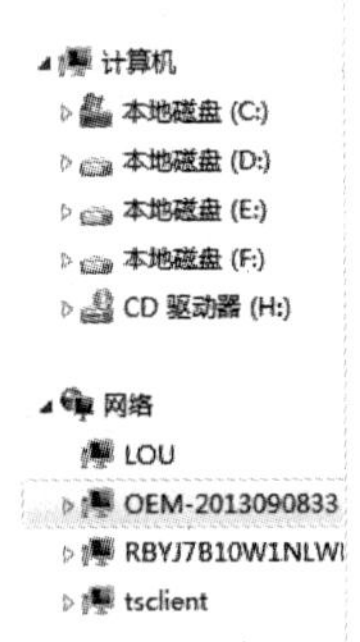

图 1-44　访问网络邻居

1.4.1　浏览硬盘中的文件

双击“计算机”中的硬盘图标,可以打开硬盘,在硬盘文件窗口中,可以双击文件打开文件、启动程序或打开文件夹。单击文件或文件夹时,左侧窗口中将显示文件或文件夹修改的时间及属性等信息。对于 JPG、BMP 等格式的图像文件以及 WEB 页文件,单击选中后还可以预览文件的内容。

双击“计算机”中的移动存储设备区域中的软盘图标或光盘驱动器图标,可以打开软盘或光盘的文件窗口。

1.4.2　查看文件与文件夹

中文 Windows 7 提供了强大的查看文件夹和文件名的功能，用户可以按不同方式显示文件和文件夹，也可以按不同方式排列窗口中的图标。

1. 查看隐藏文件夹

在计算机中，有些文件或文件夹隐藏起来的(用户也可以自己隐藏文件)，如果需要显示隐藏文件或文件夹中，需要取消窗口中的隐藏选项。

设置显示隐藏文件的操作步骤是：

(1)打开“开始”→“控制面板”(小图标)。

(2)执行“文件夹选项”，打开“文件夹选项”对话框，如图 1-45 所示。

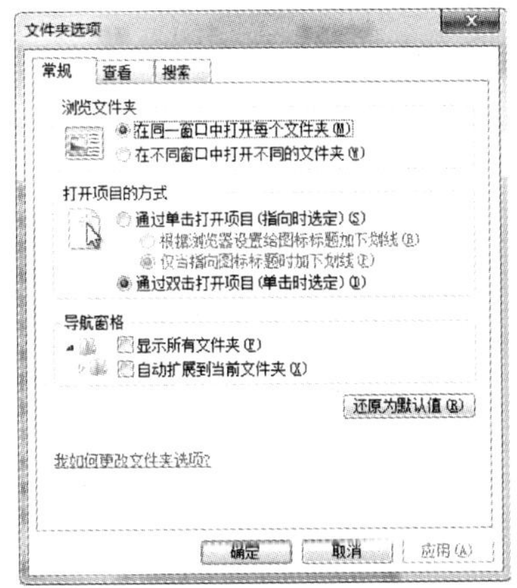

图 1-45　打开“文件夹选项”

(3)单击“查看”选项卡，在“高级设置”栏中选择“显示所有文件”，如图 1-46 所示。

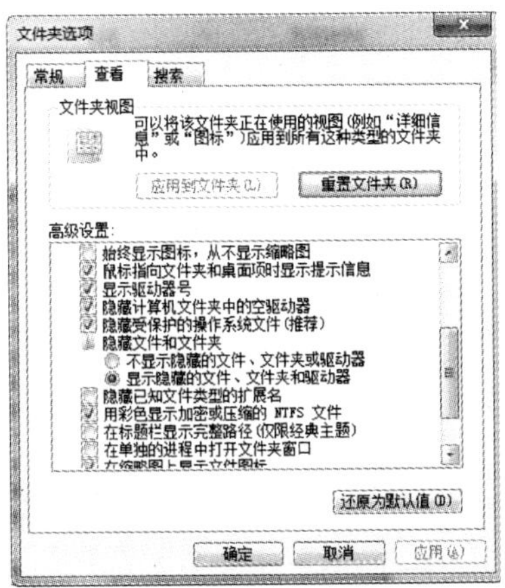

图 1-46　设置文件和文件夹是否隐藏

(4)单击“确定”按钮完成设置，此时在“计算机”中即可显示隐藏的文件。

2. 按"列表"方式显示文件和文件夹

中文 Windows 7 默认以"平铺"方式显示文件和文件夹,右键单击打开"计算机"功能区条中的"查看"功能区,就可以看到其中的"平铺"命令前有一个圆点,如图 1-47 所示。

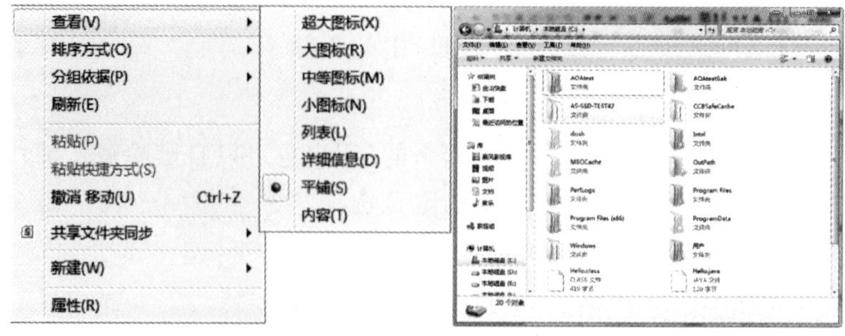

图 1-47 设置平铺显示

在中文 Windows 7 中,还可以按列表方式显示文件或文件夹,这种显示方式可以在窗口中查看到较多内容的文件或文件夹。具体操作方法如下:

(1)打开"计算机"。

(2)打开"查看"功能区,在该功能区中单击"列表"命令,如图 1-48 所示。

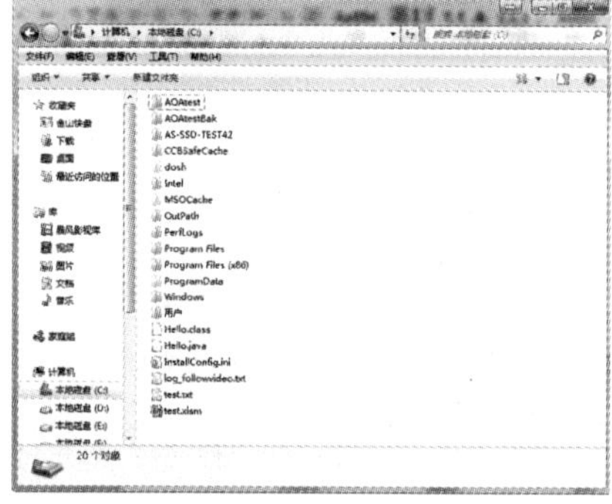

图 1-48 列表视图

(3)在该功能区中还可以选择"中等图标、详细信息"等显示方式,如图 1-49 所示。

图 1-49 其他的显示方式

3. 文件和文件夹在窗口中的排列

在"计算机"窗口中,文件和文件夹可以以不同的排列方式排列在窗口。具体操作方法如下：

(1)打开“计算机”。

(2)右键单击，执行“排序方式”命令，弹出子功能区如图 1-50 所示。

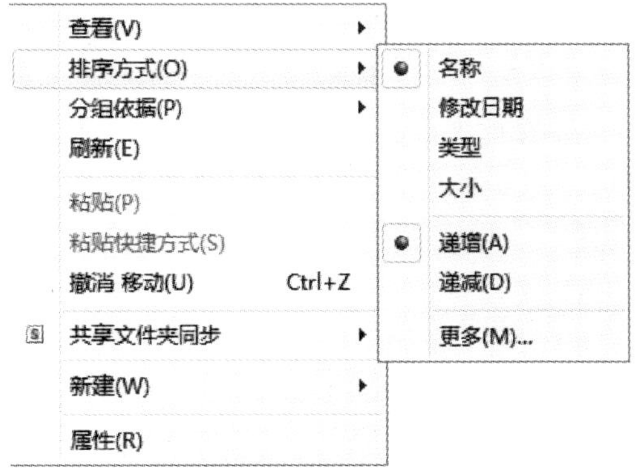

图 1-50　排序方式

(3)在子功能区中，用户可以选择四种排列图标的方式：“名称”、“修改日期”、“类型”、“大小”，并可以选择“递增”、“递减”。还可以选择下面的“分组依据”，对内容分类查看，但这一般使用不多。

1.4.3　选定文件和文件夹

在计算机中，如果用户想要移动、复制或删除文件，首先得选中对象，“先选中后操作”是文件与文件夹管理的首要原则。为了使用户能够快速选择文件和文件夹，Windows 7 系统提供了多种文件和文件夹选择方法。

(1)选择单个文件：在文件夹窗口中单击要操作的对象即可。

(2)全部选定：如果用户需要选择文件夹窗口中的所有文件，可以执行“编辑”→“全选”命令，如图 1-51 所示，当然一般会使用快捷方式 Ctrl＋A，更为便捷。

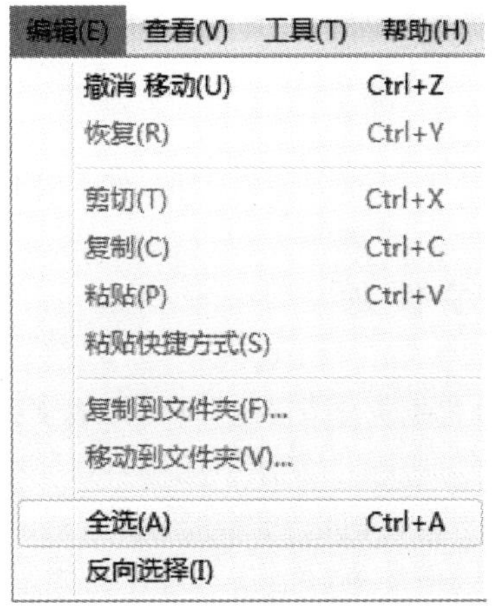

图 1-51　全选

注意:按快捷键 Ctrl+A 可以全选文件,全部选定不能选定包含隐藏属性的文件与文件夹。

(3)连续选定:用户如果需要选择图标排列连续的多个文件和文件夹,可以选按下 Shift 键,并先后单击第一个文件或文件夹图标和最后一个文件或文件夹图标。

(4)不连续选定:如果用户选择文件夹窗口中的不连续文件和文件夹,可以先按 Ctrl 键,然后单击要选择的文件或文件夹图标。

1.4.4 新建文件夹

新建文件夹是 Windows 操作系统中的经常性操作。

在"计算机"中创建新文件夹的具体操作步骤如下:

进入"计算机"中的某一个需要创建新文件夹的文件夹。

执行"文件"→"新建"→"文件夹"命令,可以在指定的位置新建一个文件夹,其缺省的名字为"新建文件夹",如图 1-52 所示。

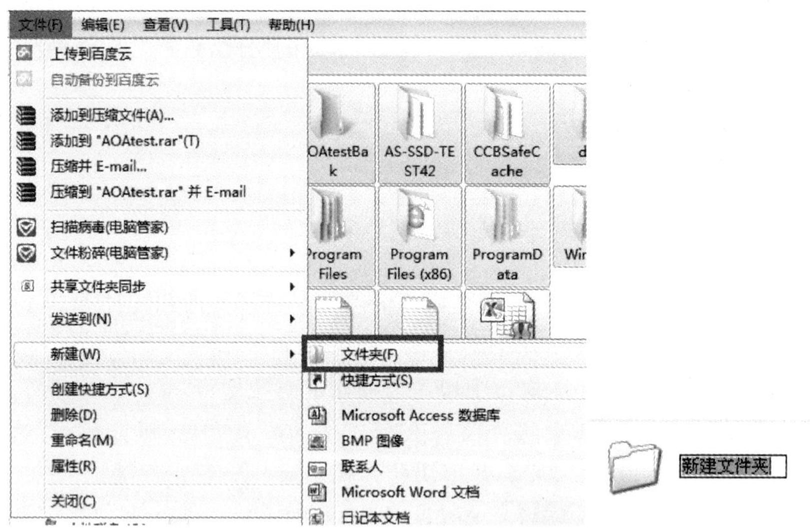

图 1-52 新建文件夹

在文件夹名称编辑框中,输入新的文件夹名称,然后按回车键即可完成。

1.4.5 重命名文件或文件夹

在"我的电脑"中用户可以根据需要随时更改文件或文件夹的名称。

给文件或文件夹重命名时应遵循以下几个原则:

- 文件名不宜过长,以便于查找记忆。
- 名称要有明确的意义,以便能更好地从名称中体现文件的内容。

重命名文件或文件夹的操作方法如下:

- 在"计算机"中,选定需要重新命名的文件或文件夹。
- 执行"文件"→"重命名"命令,使文件或文件夹名称处于编辑状态。
- 键入新的文件或文件夹名称,然后按回车键即可。

注意:如果文件正被使用,系统将不允许修改文件的名称。

1.4.6 移动、复制与删除文件夹

1. 移动文件或文件夹

移动文件或文件夹是将当前位置的文件或文件夹移到其他位置,在移动之后,原来位置的文件或文件夹将被删除。

移动文件或文件夹的方法有多种,下面介绍使用功能区命令移动的方法。

操作步骤如下:

(1)选定要移动的文件或文件夹,如D盘中的"学习"文件夹,在该图标上单击鼠标右键,在弹出的快捷功能区中选择"剪切"命令,如图1-53所示。

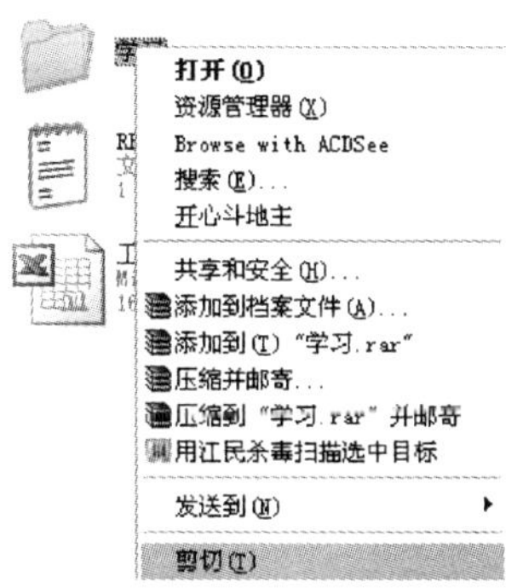

图1-53 右键→"剪切"

注意:按快捷键Ctrl+X也可以快速剪切文件或文件夹。

(2)打开目标文件夹窗口,例如F盘根目录,在窗口的中单击鼠标右键,在弹出的快捷功能区中选择"粘贴"命令。"学习"文件夹就被移动到F盘中了。如图1-54所示。

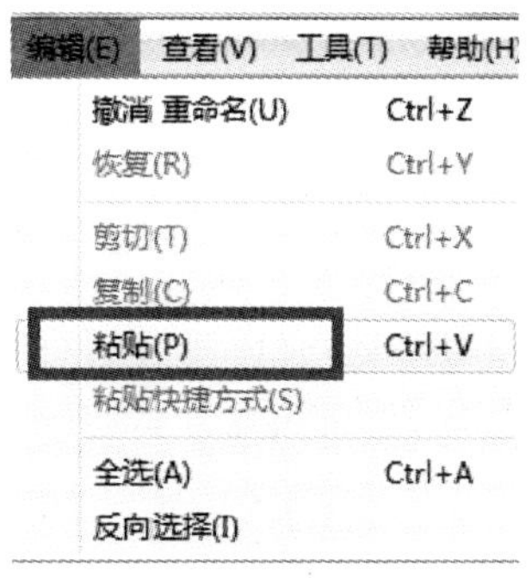

图1-54 选择"编辑"→"粘贴"

注意: 按快捷键 Ctrl+V 可以快速粘贴。

2. 复制文件或文件夹

复制文件是指将文件复制到另一个位置,跟剪切不同,复制操作不会将原文件删除,而是在完成操作后仍保留原有文件。复制文件可以通过上例所述的快捷功能区方式来完成,也可以通过功能区栏中的命令来完成。

复制文件或文件夹的操作方法如下:

在计算机中选择要复制的文件或文件夹,执行"编辑"→"复制"命令或按快捷键 Ctrl+C。

打开要复制到的目的文件夹,执行"编辑"→"粘贴"命令或按快捷键 Ctrl+V,完成复制操作。

3. 删除文件或文件夹

对于计算机中不再使用的文件或文件夹,应该将其删除以节省硬盘空间,在 Windows 7 操作系统的"计算机"中可以方便地删除文件或文件夹。

具体操作步骤如下:

(1)打开"计算机",找到要删除的文件或文件夹,如要删除 F 盘的"学习"目录,则需要打开 F 盘。

(2)单击鼠标右键,在弹出的快捷功能区中选择"删除"命令,即可删除文件,如图 1-55所示。

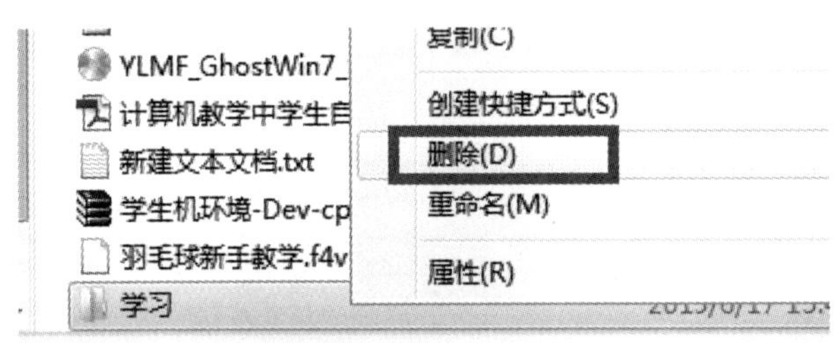

图 1-55 右键→"删除"

注意: 选中文件或文件夹后,直接按 Delete 键也可以删除。

用户在删除文件或文件夹时,如果按 Delete 键的同时按下 Shift 键,或者按住 Shift 键并将对象拖到回收站时,系统则弹出永久删除对象的确认对话框。这时用户如果单击"是"按钮,将会永久删除文件,而且不能够恢复。

1.4.7 设置文件或文件夹属性

在中文 Windows 7 操作系统中,用户可以查看文件或文件夹的属性信息,可以将文件设为隐藏,让别人不能浏览该文件,也可以将文件设置为共享,使用局域网的用户都能享有该资源,还可通过属性查看文件或文件夹的大小、修改时间和设置文件为只读属性等。

设置文件或文件夹的常规属性，可以按以下操作步骤进行：

步骤 1：从“计算机”中，选定要设置属性的文件或文件夹，单击鼠标右键，从弹出的快捷功能区中选择“属性”命令，打开文件属性对话框，如图 1-56 所示。

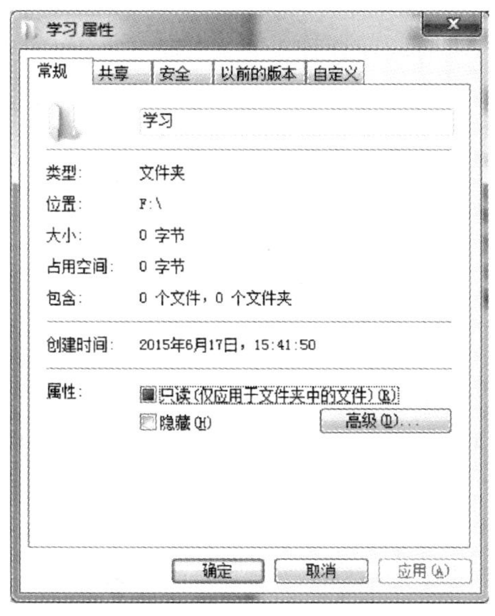

图 1-56 文件或文件夹属性

步骤 2：系统默认打开的是“常规”选项卡，通过“常规”选项卡，用户可以查看到文件夹的类型、位置、大小和创建时间等信息。在对话框的“属性”区域中，用户可以将文件夹设置为“只读”或“隐藏”属性。

步骤 3：单击对话框中的“共享”选项卡，打开“共享”选项卡。在这里用户可以将文件夹设置为共享属性，共享后网络中的其他计算机便可访问该文件夹。不同于以往的 Windows 系统，Windows 7 的共享还涉及用户以及对应的共享给对方的操作权限，如图 1-57所示。

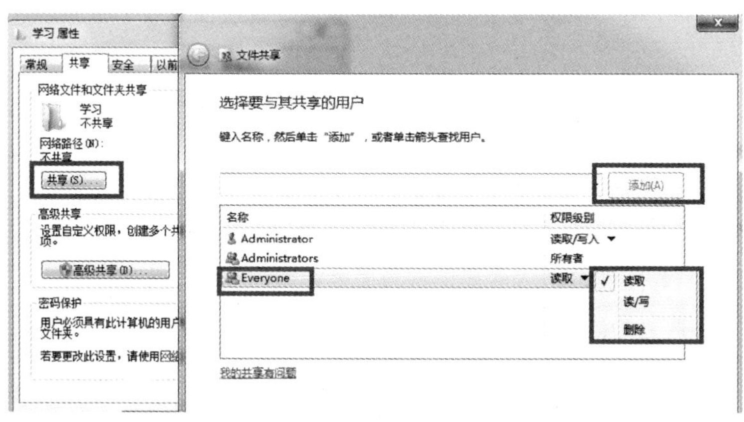

图 1-57 设置共享

1.4.8 “回收站”的使用与管理

Windows 操作系统中设置了一个非常实用的回收站，回收站存放的都是用户删除的一些文件，系统将这些文件临时存放在回收站中，当用户再需要这些删除文件时，可以通过回收站将这些文件恢复。

1. 恢复删除文件

用户如果需要从“回收站”中还原由于意外所删除的文件，则需要在清空“回收站”之前进行还原操作。

注意：如果已经清空了“回收站”，那么“回收站”中所包含的所有垃圾文件都被永久性地删除了，用户便不可能再恢复文件。

把文件从“回收站”中还原的具体操作方法如下：

(1)在桌面上双击“回收站”图标，打开“回收站”窗口，如图 1-58 所示，这时可以看到回收站中所有的垃圾文件。用户可以在“回收站”窗口看到被删除文件的大小、删除时间等信息，但不能双击打开或运行文件。

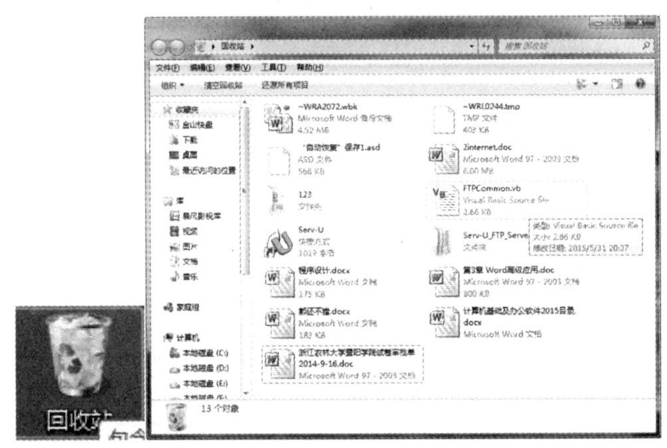

图 1-58 回收站

(2)选中要还原的单个、部分或全部文件，执行“文件”→“还原”命令，即可将该文件还原，如图 1-59 所示。

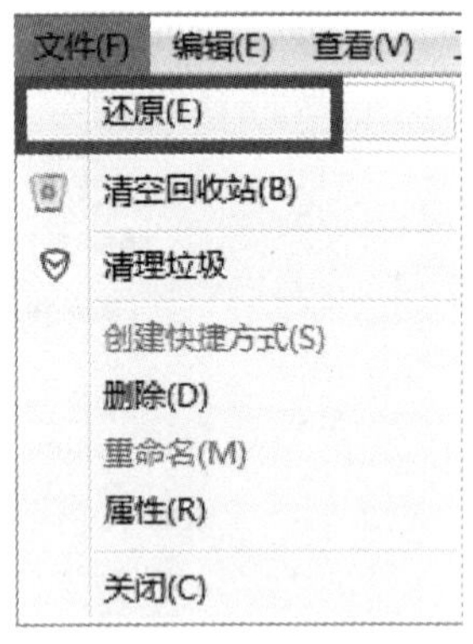

图 1-59 还原文件

文件还原后，会自动恢复至原来存放的位置，而回收站的文件将会被删除。

2. 永久删除文件

如果用户“回收站”中存储的垃圾文件多了，仍会像被删除以前一样，占用着一定的磁盘空间。从事实上说，这些放在“回收站”的文件，仍然放在用户的硬盘上，只是除了“回收站”以外，其他的浏览工具对它是隐藏的。

要真正从硬盘上删除文件，需要清空“回收站”。如果清空了“回收站”，则删除的信息不能再恢复。

清空“回收站”，具体操作步骤如下：

步骤 1：打开“回收站”窗口。

步骤 2：确定窗口中只列出了想永久删除的文件，因为执行了永久删除文件就不可能再恢复了。

步骤 3：执行“文件”→“清空回收站”命令。

步骤 4：在弹出的确认对话框中，选择“是”。

注意：在“回收站”中选中文件，按 Delete 键删除的文件也是永久性删除操作。

3. 设置“回收站”

用户可以对“回收站”的一些属性进行设置，如设置文件存放的区域、是否永久删除文件等，具体操作步骤如下：

步骤 1：在桌面上用鼠标右键单击“回收站”图标，在弹出的快捷功能区中选择“属性”命令，打开如图 1-60 所示的“回收站属性”对话框。

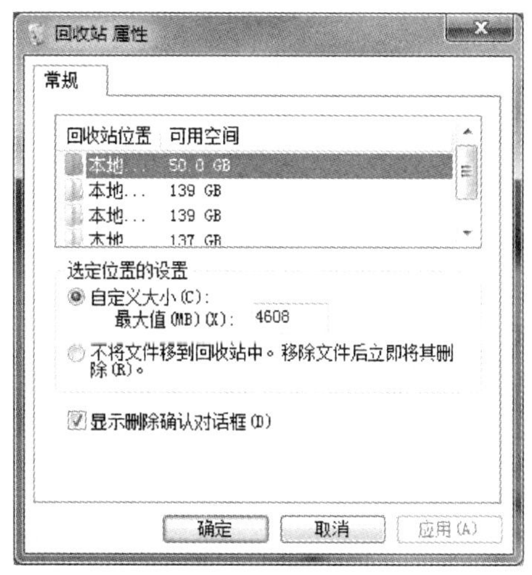

图 1-60　设置回收站

步骤 2：在“回收站属性”对话框中，可以对回收站的属性进行设置。

- 如果用户只有一个本地硬盘，或者有多个硬盘，但希望为每个驱动器使用同样的设置，则可以在“全局”选项卡上选择“所有驱动均使用同一设置”单选框。
- 如果要停用“回收站”，使所有文件立刻被永久地删除，可选中“不将文件移到回收站中。移除文件后立即将其删除”复选框。注意，如果选择了该选项，就等于去掉了删除文件的安全网。
- 可以按照每个驱动器的百分比为“回收站”设置最大的空间。
- 选中“显示删除确认对话框”复选框中的选项，则不再显示通常提示的“确实要删除××吗？”的对话框。

第 2 章

Internet 网络应用

2.1 局域网的应用

局域网(Local Area Network,LAN)是指范围在几百到几千米内办公楼群或校园内的计算机相互连接所构成的计算机网络。计算机局域网被广泛应用于连接校园、工厂以及机关的个人计算机或工作站,以利于个人计算机或工作站之间共享资源(如打印机、扫描仪)和数据通信。局域网区别于其他网络主要体现在以下 3 个方面:网络所覆盖的物理范围、网络所使用的传输技术、网络的拓扑结构。

组建局域网最重要的目的是实现资源共享,下面将介绍如何通过局域网来实现文件共享、磁盘共享和打印机共享。

2.1.1 文件共享

文件共享是局域网的主要应用之一,当对文件实现共享后,可以通过局域网任意操作对方计算机中的文件。设置文件共享的操作步骤如下:

步骤 1:在需要共享的文件夹上单击鼠标右键,在弹出的快捷功能区中选择“共享”命令,弹出“共享设置”对话框如图 2-1 所示。

共享文件时不能直接共享单个文件,只能通过对文件所在的文件夹进行共享来实现文件的共享。

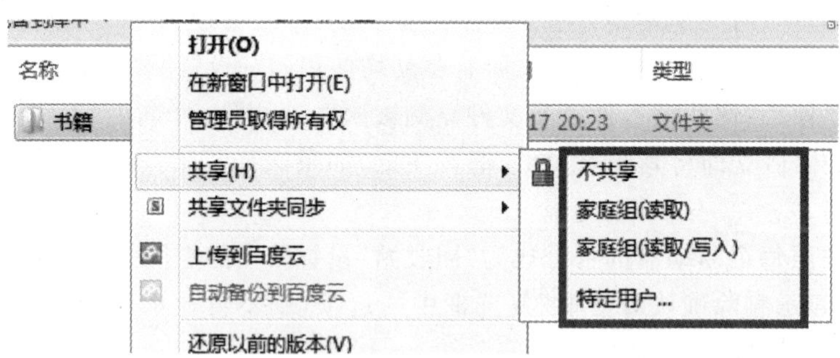

图 2-1 选择“共享”

步骤 2:共享文件。

将鼠标移至"共享"按钮,在扩展的下拉功能区中,可以选择"家庭组",或者选择"特定用户..."，"家庭组"是信任度较高的共享类型,而对于其他信任度不高的情况而言,则应该使用用户特定共享类型。

譬如希望非"家庭组"用户能访问该文件夹(只读访问),先在下拉功能区中选择"Everyone"用户(这个用户代表所有用户),如图 2-2 所示。然后单击"添加",当该用户被添加后,然后在对应的用户后面选择相应的"权限级别",如"读取"、"读/写"等,如图 2-3 所示。

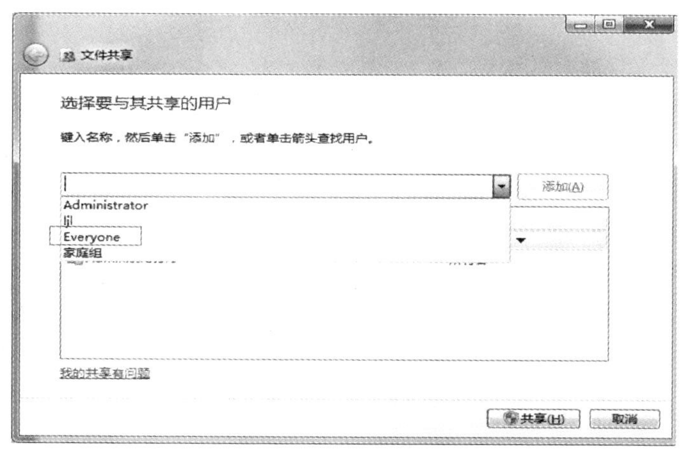

图 2-2 选择用户

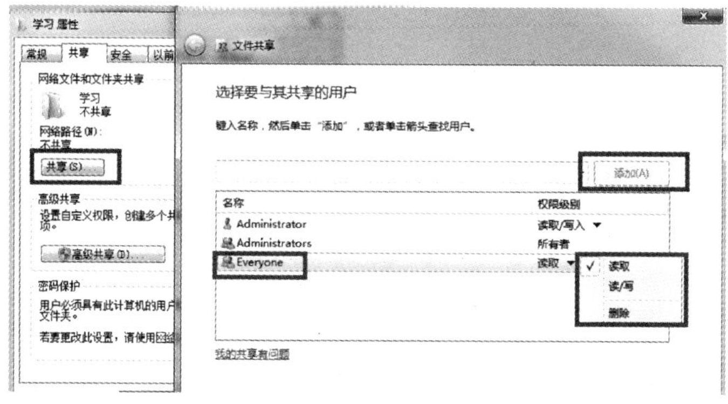

图 2-3 设置该用户权限

如果你允许别的网络用户对共享文件进行修改,那么选择"删除",不过这样安全性就大大降低了,网络用户可以直接删除你的共享文件。

步骤 3:单击"确定"关闭对话框,现在对文件的共享设置已经成功,但是直观看来该文件夹没有任何变化,即你无法直接看出该文件是否被共享了,这是不安全的。

可以通过两种方式来检查本机共享的内容:①单击桌面上"网络"图标,找到本机,双击打开后,即能显示如图 2-4 所示的内容;②在控制面板中,找到"计算机管理",打开其中的"共享文件夹",可以查看到本机所有共享的文件夹,如图 2-5 所示。其中"计算机管理"位于"控制面板"→"管理工具"中。

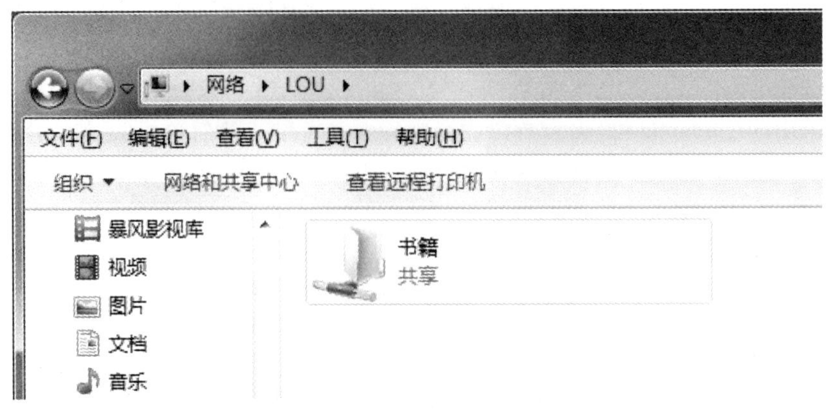

图 2-4 通过"网络"查找本机共享资源

图 2-5 查看共享文件夹

2.1.2 磁盘共享

磁盘共享是指将硬盘中的某个分区或者光驱、软驱进行共享。设置磁盘共享后就不必为局域网的每台机器都配上光驱和软驱了。

下面以共享计算机中 DVD 光驱为例介绍如何进行磁盘共享。

操作步骤如下:

步骤 1:打开"计算机",在要共享的"DVD 驱动器"上单击鼠标右键,选择"共享和安全"命令,弹出如图 2-6 所示对话框。

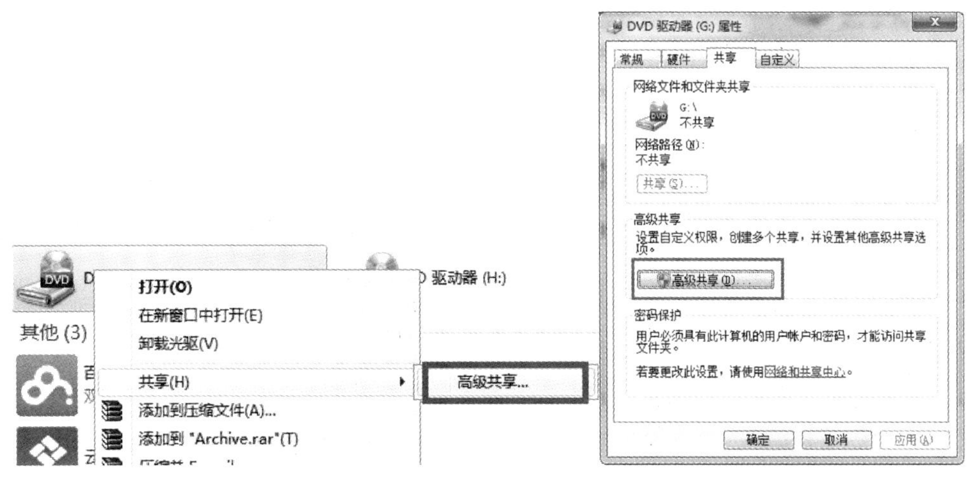

图 2-6　选择“DVD 驱动器”共享

步骤 2：单击“高级共享”，勾选“共享此文件夹”，可以重命名共享，设置可使用的该光驱的用户数量。然后单击“权限”按钮，为该共享资源选择用户，修改用户所拥有的权限，如图 2-7 所示。

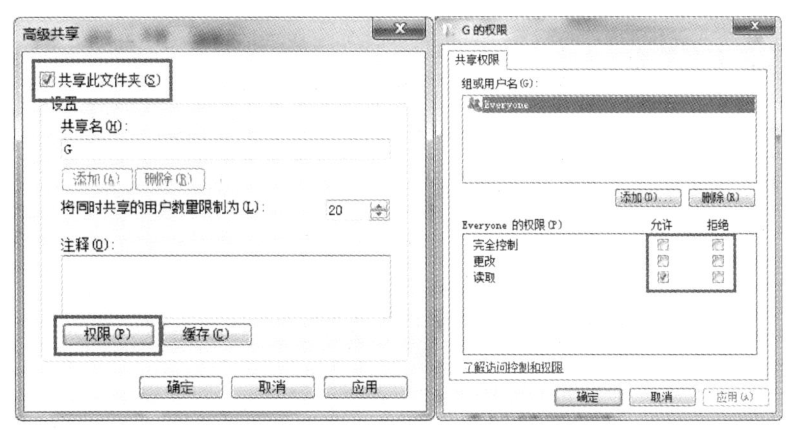

图 2-7　共享 DVD 驱动器，设置权限

“共享名”是指对方计算机在访问共享资源时看到的对方计算机的名字。

2.1.3　打印机共享

局域网内还有一个非常重要的功能就是实现打印机的共享，有了打印机共享，整个局域网用户只需要一台打印机就可以满足要求了。只要设置了打印机共享，局域网内的任何用户都可以直接打印文档。设置打印机共享必须在安装有打印机的主机上进行。

1. 设置打印机共享

设置打印机共享的操作步骤如下：

步骤 1：打开“开始”功能区，选择“设备和打印机”命令，弹出相关的窗口，如图 2-8 所示。

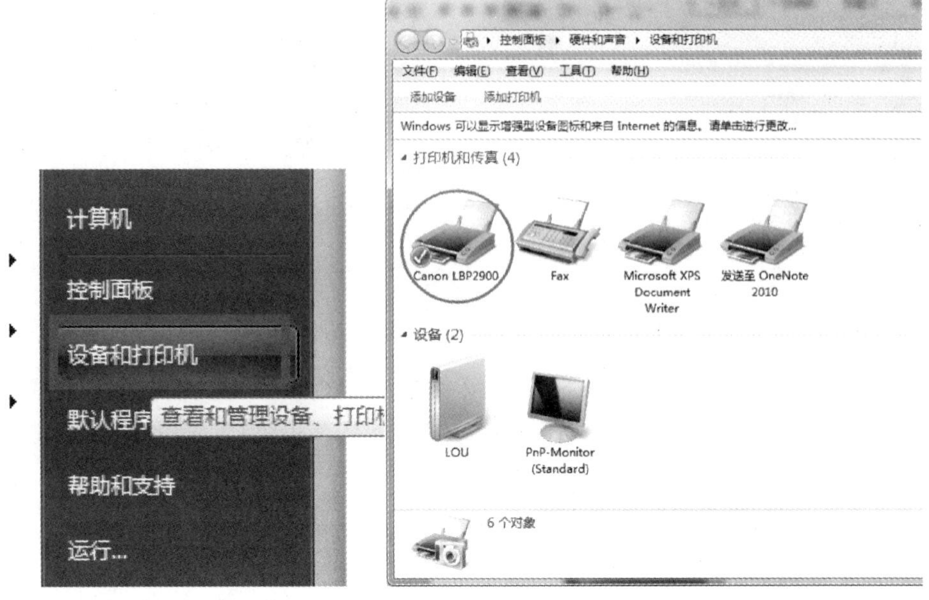

图 2-8 选择“设备和打印机”

步骤 2：用鼠标右键单击要准备共享的打印机，在弹出的快捷功能区中选择“打印机属性”命令，弹出打印机的属性对话框，选择“共享”选项卡，勾选“共享这台打印机”，然后为共享命名，如图 2-9 所示。

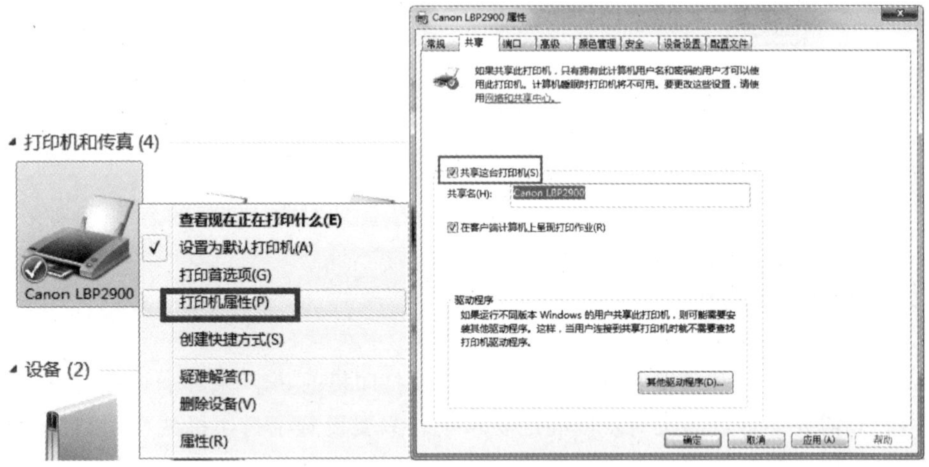

图 2-9 共享选择的打印机

步骤 3:单击“确定”按钮,就完成了打印机共享的设置。但是局域网用户依然不能访问这台打印机,原因是相比较以前的 Windows 操作系统,Windows 7 有更多的安全性考虑,没有用户名和密码无法访问用户所共享的资源。有两种途径可以解决这一问题:①开放账户“Guest”,找到“控制面板”→“管理工具→“计算机管理”中的“本地用户和组”,将其中的“Guest”用户启用,如图 2-10 所示。这是比较危险的一种方式,如果局域网过大的话,很容易被人攻击并被控制。②禁用“Guest”用户,并专门为资源共享开设一个“标准用户”,如第一章中用户管理所示,让其他局域网用户通过该用户名和密码登录,这相对安全得多,如图 2-11 所示。

图 2-10　启用“Guest”账户

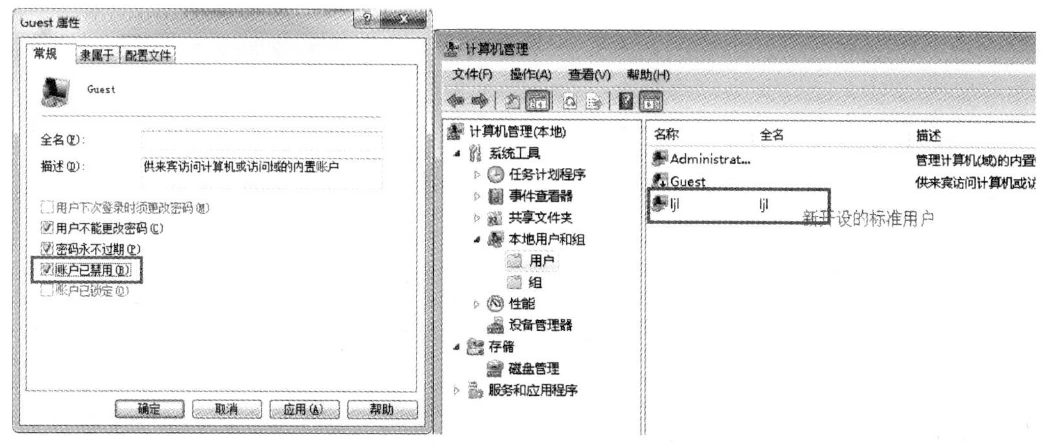

图 2-11　禁用“Guest”用户,新建用于共享的用户

2. 使用“共享打印机”

打印机共享后,别的人要想使用主机上的打印机,还必须先安装该打印机,下面开始讲述如何在别的机器上使用共享打印机。操作步骤如下:

步骤 1:单击“开始”功能区,选择“设备和打印机”命令,在打开的窗口上面选择“添加

打印机”命令,如图 2-12 所示。在弹出的“添加打印机”窗口中,选择“添加网络、无线或 Bluetooth 打印机”,如图 2-13 所示。

图 2-12 添加打印机

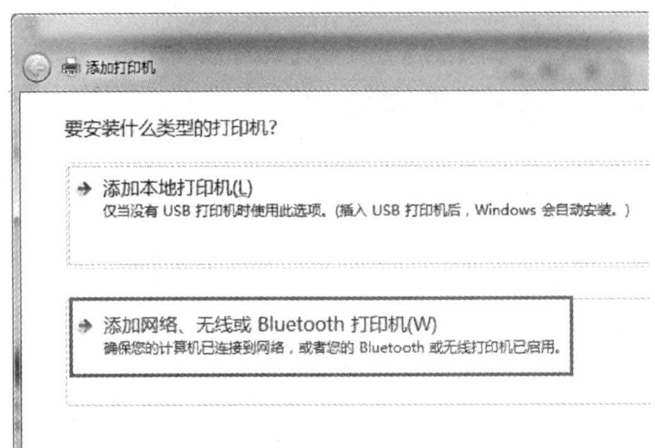

图 2-13 选择“添加网络打印机”

步骤 2:单击“下一步”按钮后,在窗口中选择“网络打印机或连接到另一台计算机的打印机”。

步骤 3:单击“下一步”按钮,选择搜索到打印机,如图 2-14 所示,然后点击“下一步”完成后续安装。

图 2-14 选择搜索到的打印机

注意： 如果你知道连接打印机的电脑在局域网上的名字和打印机的共享名，你可以选择“我需要的打印机不在列表中”，或者直接在 IE 浏览器“名称”栏中输入打印机，其格式是“//提供打印服务的主机 IP/打印机共享名”。

2.2 Internet Explorer 浏览器

Internet 上大部分的信息都是以网页呈现给用户的，用户要访问 Internet 资源，必须使用一种“浏览器”软件。浏览器是一种用于获取 Internet 上资源的应用程序，又称为 Web 客户程序，用户可以通过它来查看到万维网中许多重要的信息资源。

随着计算机网络技术的发展，出现了很多浏览器软件，比较著名的软件有“MSN Explorer、Tencent Explorer、Netease Explorer、Internet Explorer”等。Internet Explorer 是由微软（Microsoft）公司开发的基于超文本传输技术的浏览器，经过不断推陈出新，Internet Explorer 已发展到了 11 版本。由于 Internet Explorer 与 Windows 操作系统捆绑，其性能也不错，因此获得了广大用户的青睐，是最主流的浏览器软件。Internet Explorer 浏览器通常简称为 IE。

2.2.1 启动 Internet Explorer

IE 是 Windows 操作系统的捆绑软件，用户在安装 Windows 操作系统时，它会自动安装，因此不用再进行额外安装了，用户打开 Internet Explorer 的操作步骤是：

步骤 1：执行“开始”→“Internet Explorer”命令，如图 2-15 所示。

步骤 2：打开的浏览器外观如图 2-16 所示。

还可以通过以下几种方式启动 IE。

（1）双击桌面上的 Internet Explorer 启动快捷方式图标。

（2）单击任务栏的快速启动区域中 Internet Explorer 小图标，如图 2-17 所示。

（3）选择“开始”功能区中的“Internet Explorer”命令，也可以打开浏览器窗口。

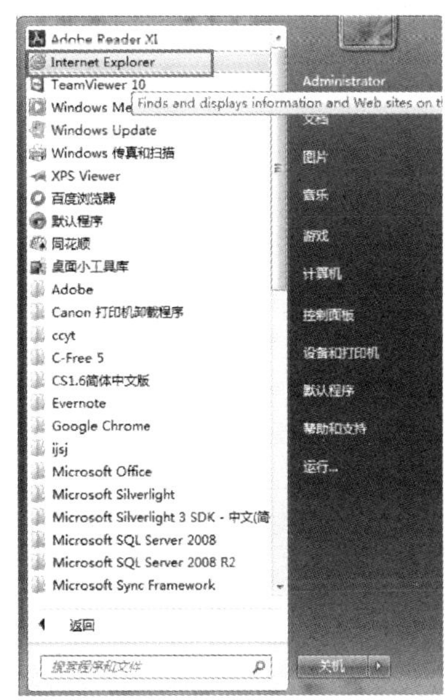

图 2-15 选择“开始”→“Internet Explorer”

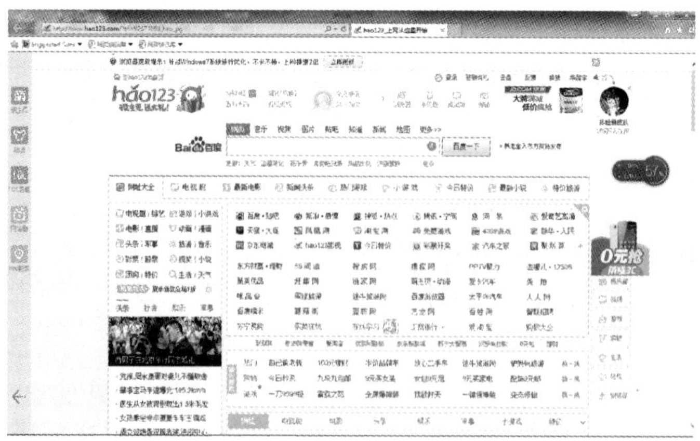

图 2-16 Internet Explorer 浏览器界面

图 2-17 快速启动中的 IE 图标

2.2.2 Internet Explorer 的操作界面

启动 IE 后,展现在我们面前的就是 IE 的主界面,以后浏览网页时都在该页面中进行,Internet Explorer 的窗口主要由功能区栏、工具栏、地址栏、Web 页主窗口和状态栏组成,如图 2-18 所示。

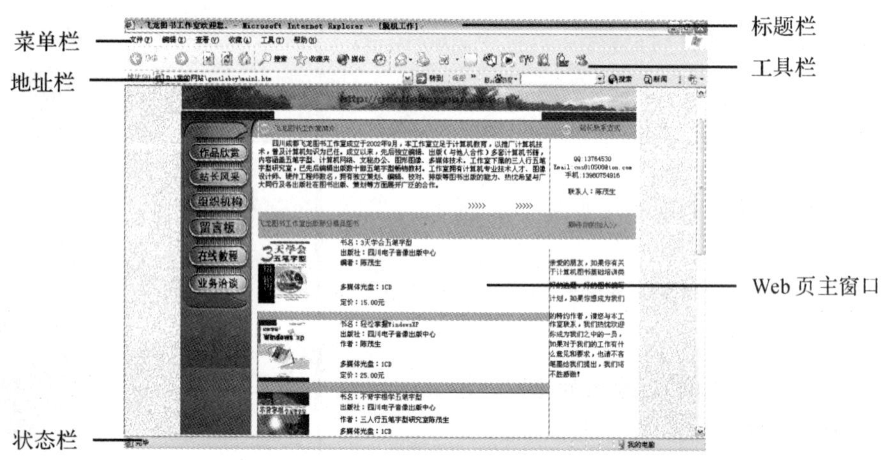

图 2-18 Internet Explorer 浏览器界面

标题栏:标题栏位于窗口的顶部,它的左上角显示了所打开 Web 页的名称,如"微软(中国)有限公司",在标题栏的左边是窗口控制按钮,以此来控制窗口的大小,如图 2-19 所示。

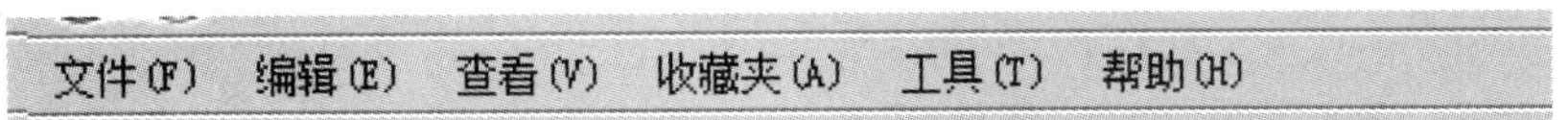

图 2-19　IE 的标题栏

功能区栏：Internet Explorer 的功能区栏有“文件”、“编辑”、“查看”、“收藏夹”、“工具”和“帮助”6 个功能区，如图 2-20 所示。这 6 个功能区包括 Internet Explorer 所有的操作命令，用户对 IE 的所有操作都可以在功能区中完成。

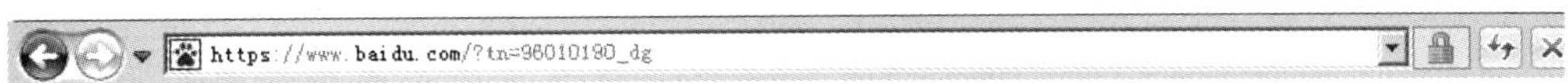

图 2-20　IE 的功能区栏

工具栏：Internet Explorer 工具栏列出了用户在浏览 Web 页所需要的最常用的工具按钮，如“后退”、“前进”、“停止”、“刷新”、“主页”、“搜索”、“收藏夹”、“媒体”、“历史”和“邮件”等按钮，如图 2-21 所示。用户可以根据需要定义工具栏上的按钮种类和个数。

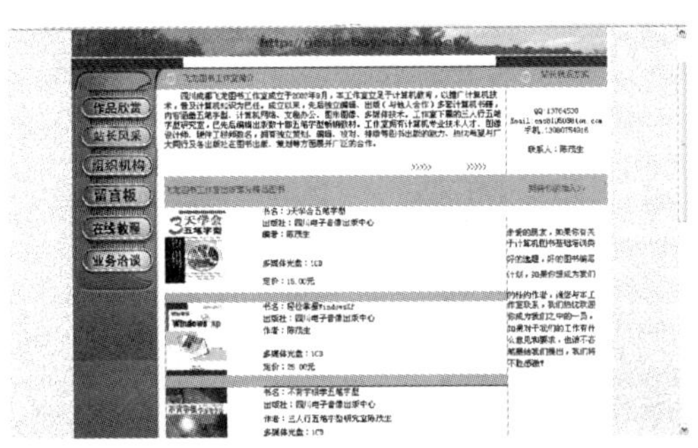

图 2-21　IE 的工具栏

要是用户不知道某种工具按钮的用途，只需将光标移动到按钮上，稍候片刻，系统会给出提示。

地址栏：在工具栏的下方是地址栏，它用来显示用户当前所打开的 Web 页的地址，我们常称地址为网址，如图 2-21 所示。在地址栏的文本框中键入网页地址并按下“Enter”键，Internet Explorer 就会打开相应的 Web 页。用户可以通过地址栏的下拉功能区，快速打开曾经访问过的 Web 站点。

Web 页主窗口：浏览 Web 页的主窗口显示的是 Web 页的信息，用户主要通过它来达到浏览的目的，如图 2-22 所示。如果 Web 页较大，用户可使用主窗口旁边和下边的滚动条来进行浏览。

图 2-22　IE 的主窗口

状态栏：Internet Explorer 的状态栏显示了 Internet Explorer 当前状态的信息，用户通过状态栏，可以查看到 Web 页的打开过程，如图 2-23 所示。

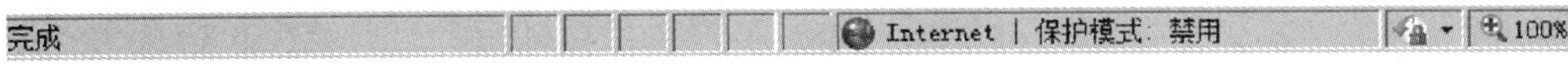

图 2-23　IE 的状态栏

2.2.3 浏览网页

用户要访问的 Web 页站点拥有自己唯一的地址,就相当于现实生活中的门牌号一样。在 Internet 上网站地址的统一形式是 http://www.×××.com。

其中 HTTP 是超文本传输协议,即 Hyper Text Transfer-Protocol 的缩写;WWW 是指 Word Wide Web,表示现在的网站是互联网的一部分,大多数的站点都是以 http://www 作为开头,×××是网站的名称,com 表示网站的类型。

通过地址栏访问一个 Web 页站点是 IE 最通常的做法,具体操作步骤如下:

步骤 1:在地址栏的文本框中输入该 Web 站点的地址,如要访问 163 网站,只需要在地址栏中输入 163 网站的地址 http://www.163.com 即可,如图 2-24 所示。

图 2-24 输入网站地址

步骤 2:按"Enter"键等待网页的出现。Internet Explorer 在打开网页时,右上角闪动的图标表示浏览器正在打开 Web 站点,同时状态栏也会给出打开的进度。

步骤 3:Internet Explorer 会在地址栏的下拉功能区中记录用户曾经打开过的部分 Web 站点地址,如图 2-25 所示。

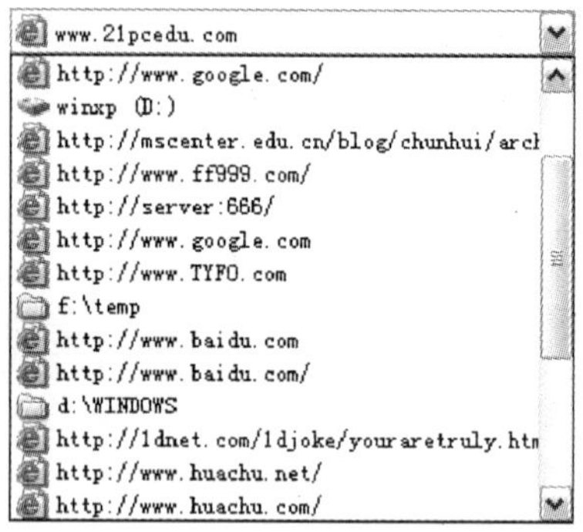

图 2-25 缓存的地址

2.3 互联网资源搜索和下载

2.3.1 网络进行搜索的方式

如果要想在互联网上查找某种资料,可以采用搜索的方式进行查找。使用网络进行搜索的方式有两种:分类目录型搜索和关键词搜索。

分类目录型搜索：把网络中的资源收集起来，由其提供的资源的类型不同而分成不同的目录，一层一层地进行分类，人们要找自己想要的信息可按分类级别进入，就能最后到达目的地，找到自己想要的信息。

关键词搜索：用逻辑组合方式输入各种关键词（Keyword），搜索引擎根据这些关键词寻找用户所需资源的地址，然后根据一定的规则反馈给用户包含此关键字信息的所有网址和指向这些网址的链接。

在使用关键词搜索时，可以通过使用逻辑操作等进行多个关键词查询。搜索引擎中常用的逻辑关系语法有：AND、OR 和 NOT。在填写搜索关键词时，AND（与）还可使用空格、逗号、加号和“&”来表示；OR（或）还可用“/”来表示；NOT（非）还可用惊叹号或减号来表示。

（1）AND：必须同时包含用户的所有关键词才满足要求。

（2）OR：表示前后两个词是“或”的逻辑关系，包含任意一个关键词就满足要求。

（3）NOT：表示不包含的意思。

各种搜索引擎一般都支持以上搜索语法，但各个搜索引擎本身又有各自的特点，在具体功能上有所取舍。例如某些搜索引擎支持同义词模糊匹配。如“计算机”可以匹配“电脑”。因此，在使用搜索引擎时，应该阅读网站提供的帮助信息。

目前，比较著名的搜索引擎有百度搜索引擎与 Google 搜索引擎。

2.3.2　百度搜索引擎

百度是全球最大中文搜索引擎之一，其搜索网站主页地址是 http://www.baidu.com。百度搜索引擎具有以下突出特点：

（1）信息搜索容量大，号称能够搜索 3 亿中文网页。

（2）具备中文搜索自动纠错功能，能够自动纠正用户输入的错别字，并给出提示。

（3）相关搜索功能完善，具备中文人名识别、简繁体中文自动转换、网页预览等实用的技术。

下面介绍使用百度搜索引擎进行信息搜索的一些常用方法。

1. 在指定网站内搜索

在百度这个搜索引擎中，能够支持在某个网站内搜索。在一个网址前加“site:”，可以限制只搜索某个具体网站、网站频道或某域名内的网页。具体的操作步骤如下：

步骤 1：打开 IE，并在 IE 地址栏中键入 http://www.baidu.com，打开百度首页。

步骤 2：在搜索栏中输入“汽车 site:www.china.com”，这表示在 www.china.com 网站内搜索和“汽车”相关的资料。

步骤 3：单击 百度一下 按钮，在其下方就会罗列出许多符合这个搜索条件的信息，如图2-26 所示。

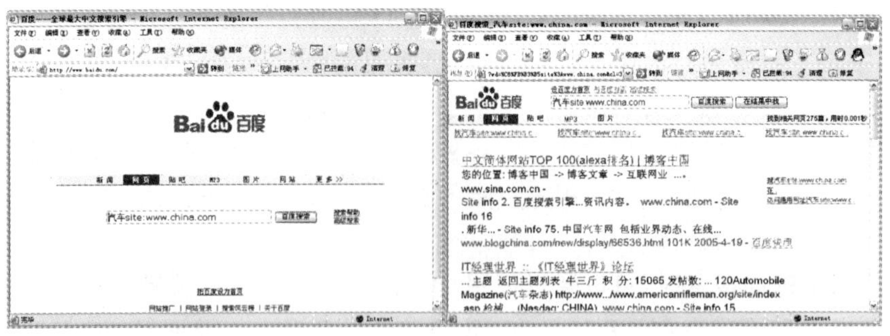

图 2-26　百度搜索

2. 在特定条件下搜索

在使用百度搜索引擎搜索的时候，在一个或几个关键词前面加上“intitle:”，可以限制只搜索网页标题中含有这些关键词的网页。

比如，在搜索栏中输入“intitle:家居装饰房产”，这表示搜索标题中含有关键词“家居装饰房产”的网页。其他的网页就自然被屏蔽掉了。

3. 在 url 中搜索

url 是 Uniform Resource Locator 的简称，即统一资源定位器，是 WWW 页的地址，即通常我们所说的网站地址。

百度也支持在 url 中搜索，只需要在“inurl:”后加 url 中的文字，可以限制只搜索 url 中含有这些文字的网页。比如，“inurl:mp3”表示搜索 url 中含有“mp3”的网页。

4. 使用“百度”搜索图片

利用百度搜索图片的步骤如下：

步骤 1:打开百度的主页 http://www.baidu.com。单击 图片 按钮，打开如图 2-27 所示。

步骤 2:在搜索栏中输入要查找图片的文字，单击“百度一下”按钮。等待片刻后，将出现想要搜索的相关图片。如图 2-28 所示。

步骤 3:单击想要查看的图片后，就会在一个新窗口中显示图片放大后的效果。

图 2-27　打开百度“图片”搜索

图 2-28　图片搜索结果

5. 使用“百度”搜索音乐

网络中的音乐也是十分得多，用百度能够非常快捷地搜索到自己喜爱的音乐。下面以搜索“刘德华”的歌曲为例介绍如何使用百度搜索音乐。具体操作步骤如下：

步骤 1：打开百度主页后，单击“音乐”按钮(在“更多产品”可发现)，如图 2-29 所示

步骤 2：在搜索栏中输入“刘德华”，单击“百度搜索”按钮。等待片刻后，就会出现“刘德华”的所有音乐。

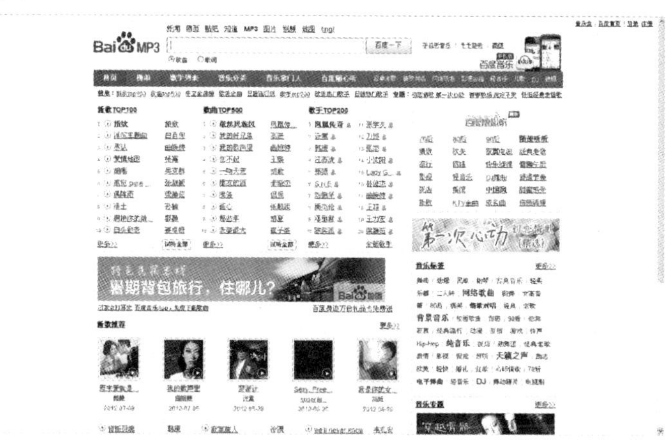

图 2-29　MP3 搜索

在百度搜索音乐文件时，还可以选择音乐的歌词，如图 2-30 所示。

图 2-30　选择歌词或者歌曲

2.3.3 资源下载

互联网最主要的一个功能就是提供各种资料和软件的免费下载任务,连上互联网后,使用 IE 就可以进行下载,具体操作步骤如下:

步骤 1:在某个网页中找到需要下载的链接,将光标移到该链接上,单击鼠标左键,选择"目标文件另存为"命令,如图 2-31 所示。

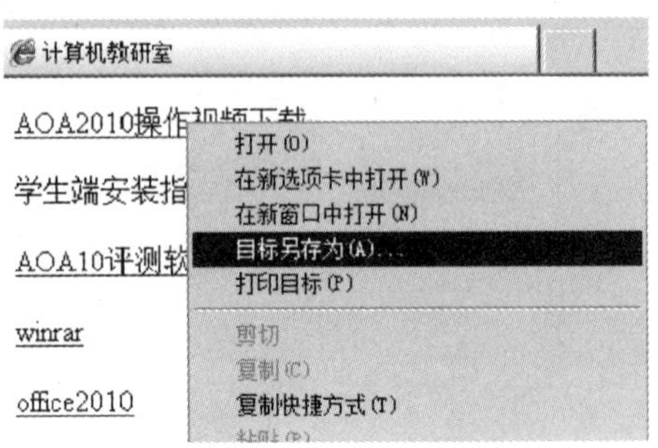

图 2-31 右键单击,选择"目标另存为"

当将光标移动到有下载链接的文字上时,光标会自动变形。

步骤 2:在打开的"另存为"对话框中,设置下载文件的存放位置和文件名,如图 2-32 所示。

图 2-32 选择保存路径和文件名

步骤 3:单击"保存"按钮,IE 就开始下载文件了。下载完成后,系统还会给出相应的提示。

除 IE 直接下载外,还有很多专门用来下载的工具,如迅雷、Flashget 等,它们的下载效率更高。

2.3.4 保存网页上的资料

在浏览网页时，有许多的信息和资料值得收藏，怎么才能将这些资料进行保存呢？下面介绍几种具体的做法。

1. 保存当前网页

使用 Internet Explorer 可以轻松地把正在浏览的 Web 页面保存在计算机上，做到不用上网也能浏览网页。其操作步骤如下：

步骤 1：在 IE 中打开欲保存的网页，执行“文件”→“另存为”命令，弹出“保存网页”对话框，如图 2-33 所示。

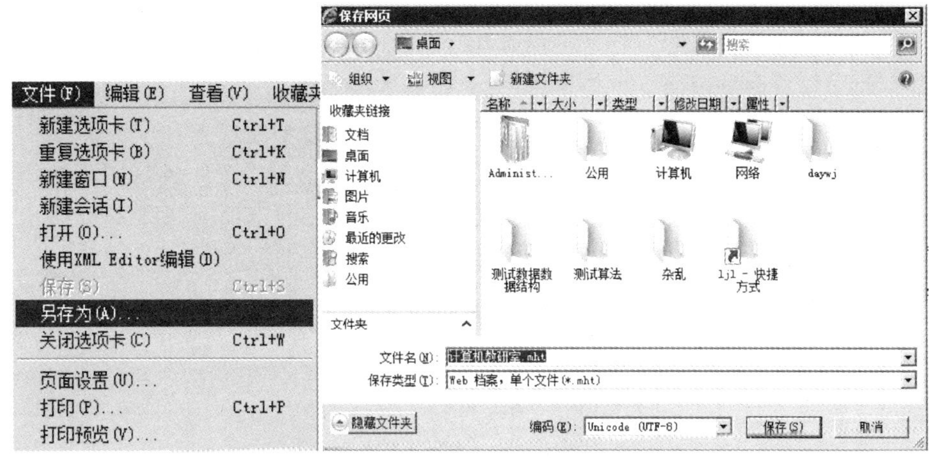

图 2-33 选择“文件”→“另存为”

步骤 2：在“保存在”框中选择文件存放的路径，在“文件名”文本框中键入保存文件名，单击“保存”按钮完成保存操作。

如果想再次浏览这个页面时，可在硬盘上找到保存的文件，双击它就行了。

2. 保存网页中的图片

保存网页中的图片的操作步骤如下：

步骤 1：在打开的网页中找到要保存的图片，并在图片上单击鼠标右键，在弹出快捷功能区中选择“图片另存为”命令。如图 2-34 所示。

步骤 2：选择“图片另存为”命令后，会弹出“保存图片”对话框。选择保存路径和保存格式，并键入保存文件名。

步骤 3：单击“保存”按钮，完成保存操作。

图片保存的默认路径是“我的文档”中的“图片收藏”文件夹。

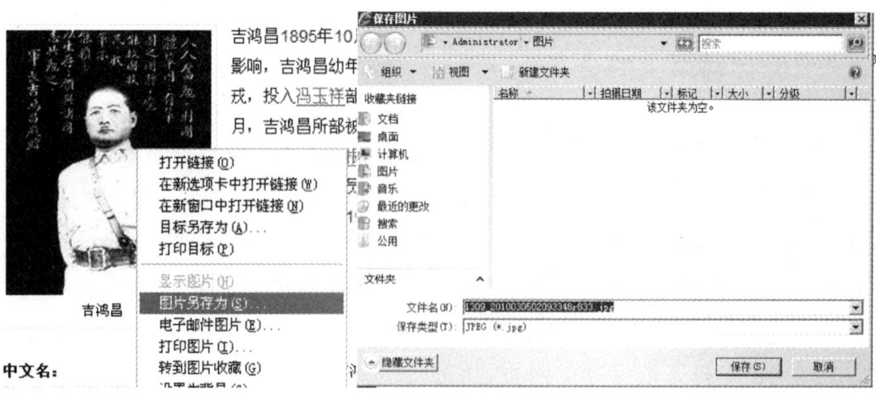

图 2-34 “右键”→“图片另存为”

3. 保存网页中的文字

如果只想保存网页中的文字信息,可以按照以下的操作步骤进行:

步骤 1:使用 IE 打开网页后,执行“文件”→“另存为”命令。

步骤 2:在“保存在”下拉列表框中选择文件存放的路径,在“文件名”文本框中键入保存文件名,“保存类型”下拉功能区中选择“文本文件(*.txt)”选项。如图 2-35 所示。

步骤 3:单击“保存”按钮即可对其进行保存。

图 2-35 选择保存类型为“txt”

2.4 收发电子邮件

电子邮件是互联网提供给广大计算机用户的实用大餐,使用电子邮件大大缩短了人们交流的时间与距离,以往发一封传统信件至少要一周的时间才能收到,而使用电子邮件发送,只需要几分钟对方就能收到,可以说电子邮件的出现是互联网发展史上的重要里程碑。

2.4.1　电子邮件简介

电子邮件的英文缩写是“E-mail”。收发电子邮件一直是广大网络用户最常进行的网上活动之一。电子邮件在人们的日常生活、工作中正在发挥着越来越重要的作用，无论是对亲朋好友的问候，还是商业资料和信息的互传，都随着一封封电子邮件在网络中传播。

如同平常收信、发信需要有目的地址一样，电子邮件也需要有地址，电子邮件地址由字符、数字或者其他符号组合而成，“hzieee@gmail.com”为一个典型的电子邮件地址。一个电子邮件地址通常由三部分组成：用户名＋@＋收取 E-mail 的服务器。用户名是用来标识个人信息的字符，每个用户的用户名都不一样，邮件服务器是提供电子邮件的服务商的服务器名称，“@”可以读作英文单词 AT，它是标识电子邮件地址的标识符。这里，“hzieee”是用户名，“gmail.com”是服务器域名。

2.4.2　申请免费电子邮箱

目前在网络中，许多网站都提供了免费电子邮箱服务。此外也有安全性更高、容量更大的收费电子邮箱服务。对于大家而言，除非用于商业的用途，自己使用电子邮件都希望用免费的电子邮箱。下面以申请 Tom 的免费电子邮箱为例，给大家简单讲解一下申请免费电子邮箱的操作步骤。

步骤 1：打开浏览器，在地址栏中输入网址 http://mail.tom.com，按下“Enter”键，进入“免费邮箱”界面，如图 2-36 所示。

图 2-36　进入 tom 邮箱主页

步骤 2：单击“免费注册”按钮，进入注册信息填写界面，如图 2-37 所示。在此窗口中按照要求填写好各项数据后单击“下一步”按钮。

步骤 3:如果填写的信息无误,稍候片刻,将会提示你注册成功。

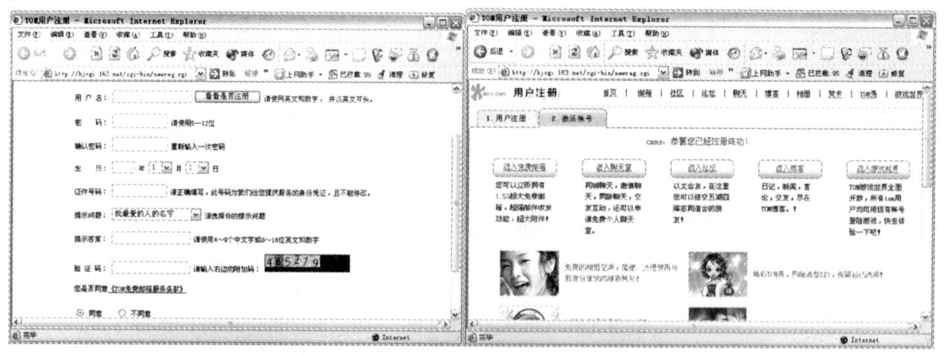

图 2-37 注册免费邮箱

现在已经完成了免费邮件的申请工作,记住自己的邮箱地址及密码,以后就可以用它来收发邮件了。

2.4.3 使用 Internet Explorer 收发电子邮件

在申请邮箱的时候,都是通过浏览器进行的。通过浏览器也能够在自己的邮箱中收发电子邮件。

1. 登录邮箱

登录自己邮箱所在的网站,比如你是网易的邮箱,那么在 IE 地址栏中输入 http://mail.163.com,进入 163 邮箱页面。如果是 tom 网的邮箱,则登录 tom 网站 http://www.tom.com。

下面以 tom 网的邮箱为例介绍登录邮箱的操作步骤。

步骤 1:进入 Tom 网站免费邮件网址 http://mail.tom.com。

步骤 2:在用户登录界面中,填写自己的用户名及密码,并单击“登录”按钮。

步骤 3:在如图 2-38(a)所示的界面中,选择“点击这里进入 tom 免费邮箱”按钮。

步骤 4:系统进入邮箱后,如图 2-38(b)所示。在此即可对邮箱进行各种操作了。

(a) (b)

图 2-38 登陆 tom 免费邮箱

2. 撰写和发送电子邮件

进入自己的邮箱后，就可以开始使用自己的邮箱发送和接收电子邮件了。其操作步骤如下：

步骤 1：进入邮箱后，单击“写信”按钮，出现如图 2-39 所示的页面。

图 2-39　网页撰写邮件

步骤 2：在“写邮件”窗口中，填写相关信息。首先，在“收件人”一栏中填写好收件人的电子邮件地址；然后给这封电子邮件取一个恰当的名字，这当然是需要最为符合正文中心内容的，填入“主题”文本框中。如图 2-40 所示。

收件人的电子邮件地址

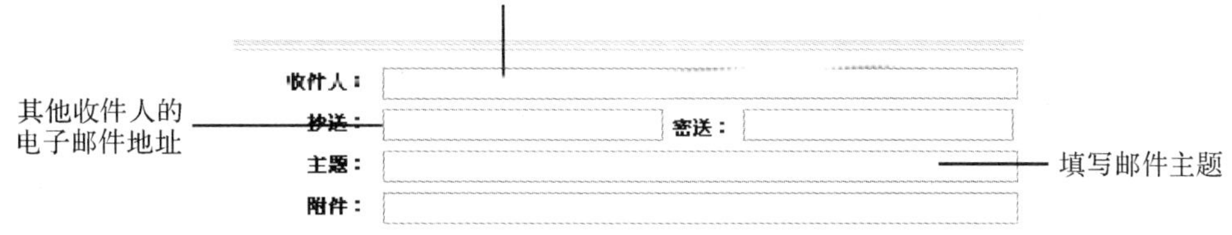

图 2-40　填写邮件信息

步骤 3：输入正文，如图 2-41 所示。

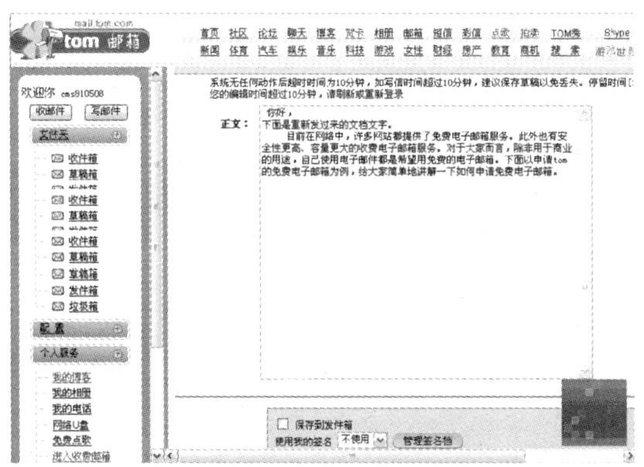

图 2-41　输入邮件正文

步骤4:上述的步骤确认无误后,单击[发 送]按钮,邮件即可进行发送了。发送成功后,系统会给出相应的提示。

3. 接收和查看电子邮件

接收和查看电子邮件同样需要进入自己的邮箱,具体操作如下:

步骤1:登录自己的邮箱,单击邮箱左边列表中的"收件箱"链接,进入相应邮件页面。

步骤2:单击某个邮件的主题后,页面会直接显示关于这封信件的详细内容,可以直接在这里查看。如图2-42所示。

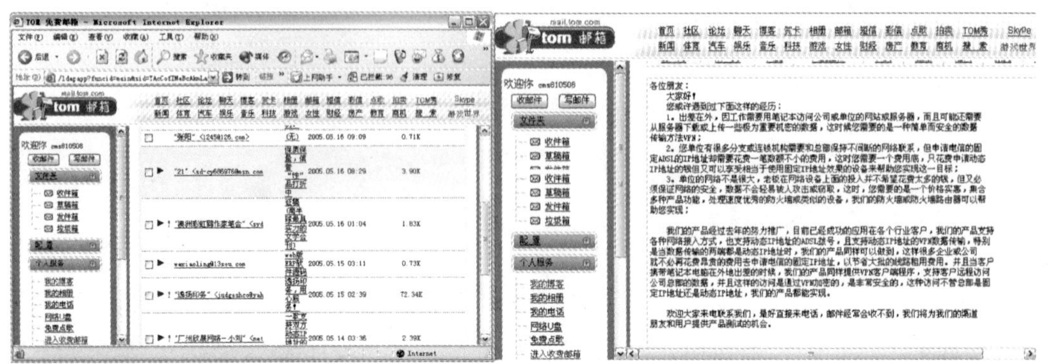

图2-42　接收和查看邮件

2.4.4 使用 Outlook Express 收发电子邮件

Outlook Express 是随 Windows 操作系统一起销售的一个功能强大、使用方便的电子邮件客户端软件,它可以帮助用户收发电子邮件。

1. 设置电子邮件账户

在使用 Outlook Express 的电子邮件服务之前,用户需要设置自己的电子邮件账号,以便建立与邮件服务器的连接。对于邮件账号,需要清楚所使用的邮件服务器类型(POP3、IMAP 或 HTTP)、账号名和密码,以及接收邮件服务器的名称、POP3 和 IMAP 所用的发送邮件服务器名称,这些信息可以从 ISP 或网络管理员那里得到。在 Outlook Express 中,为用户提供了专门的连接向导程序,用户根据向导可以很容易地设置自己的邮件账号。

设置邮件账户的具体操作如下:

步骤1:执行"开始"→"Outlook Express"命令,运行该软件。

步骤2:在 Outlook Express 窗口中,执行"工具"→"账户"命令,打开"Internet 账户"对话框。如图2-43所示。

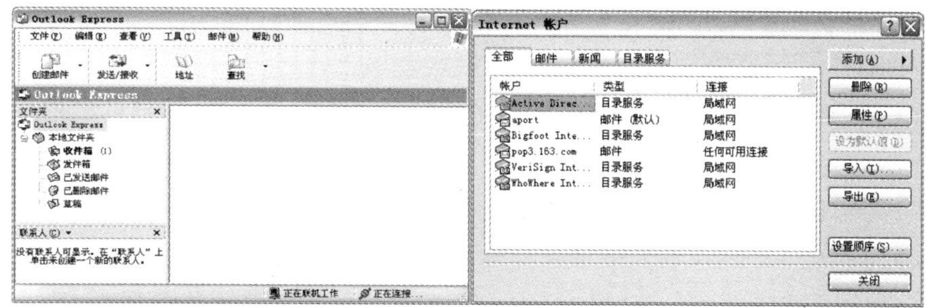

图 2-43　选择“工具”→“账户”

步骤 3:在该对话框中单击“添加”按钮,在弹出的功能区中选择“邮件”命令,打开“Internet 连接向导”。在“显示姓名”文本框中输入用户的账户名,发送邮件时,该内容将出现在邮件的“发件人”字段中。

步骤 4:单击“下一步”按钮,打开“Internet 电子邮件地址”对话框,在“电子邮件地址”文本框中输入用户的电子邮件地址。如图 2-44 所示。

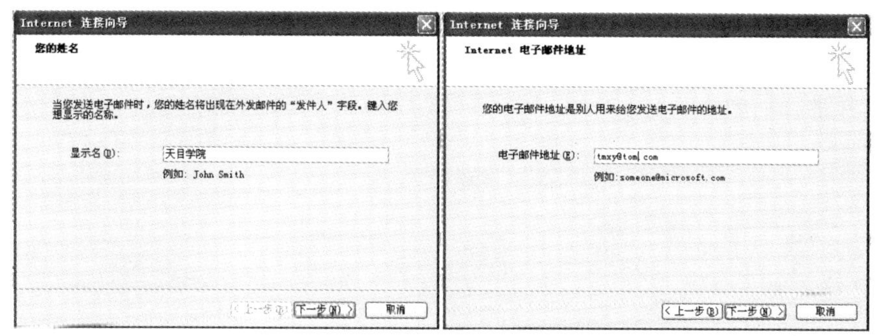

图 2-44　设置显示名和邮件地址

步骤 5:单击“下一步”按钮,打开“电子邮件服务器名”对话框。在该对话框中输入 ISP 所提供的电子邮件服务器名称。如图 2-45(a)所示。

步骤 6:确定输入正确后,单击“下一步”按钮,打开“Internet Mail 登录”对话框之后,分别在相应位置输入电子邮件账号与密码。如图 2-45(b)所示。

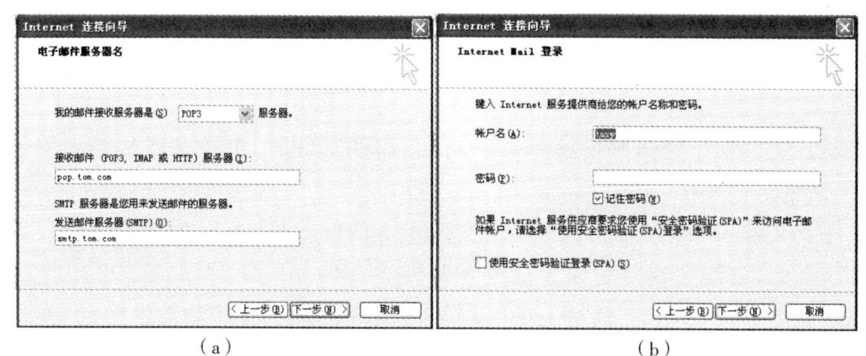

(a)　　　　(b)

图 2-45　设置服务器地址和用户名密码

步骤7:完成设置后,单击“下一步”按钮,在打开的对话框中,单击“完成”按钮,即可完成电子邮件账号的设置。

至此,Outlook Express已经为用户建立了一个电子邮件账号,用户可以用这个账号来收发邮件了。如果用户有多个电子邮件账号,可以按照上面的方法重复设置。

2.新建电子邮件

使用Outlook Express撰写电子邮件和书写传统的信件一样,需要有收件人和寄件人地址、信件正文和信件签名等,但Outlook Express还有一些其他的要素,使电子邮件较之传统邮件具有更多的功能。比如,用户直接将邮件发送给收件人,也可以将邮件副本抄送给某收件人。在Outlook Express中还提供了多种安全措施,可以确保用户接收和发送安全的电子邮件。新建一封简单的电子邮件的步骤如下:

步骤1:单击工具栏中的“创建邮件”按钮 创建邮件 或执行“文件”→“新建”→“邮件”命令,打开如图2-46(a)所示的“新邮件”窗口。

步骤2:在“收件人”和“抄送”文本框中输入收件人的姓名,如果用户要同时发送给多个收件人,可在电子邮件地址中分别用逗号或分号分隔。如果要从通讯簿中添加收件人,可以单击新邮件窗口中收件人和抄送左侧的书本图标,打开“选择收件人”对话框,从中选择收件人地址。如图2-46(b)所示。

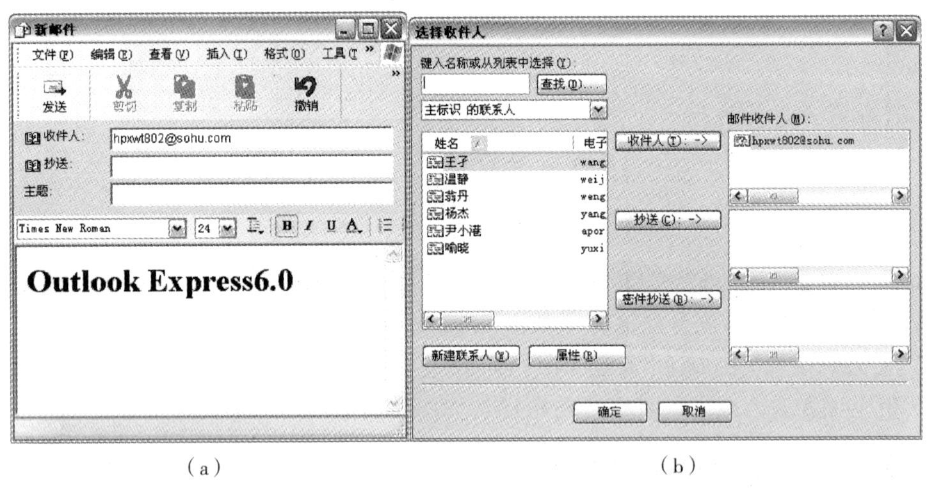

(a)　　　　(b)

图2-46　新建邮件,打开通讯簿

在“主题”文本框中输入邮件主题,当收件人收到邮件时,可以在收件箱中看到邮件的主题,便于预览。

将邮件正文输入到正文区中,利用正文区上方的格式栏,可以为当前邮件设置简单的文字格式。至此,创建完成一封简单的电子邮件。

新邮件撰写完毕,单击工具栏上的“发送”按钮或运行“文件”功能区中的“发送”命令,便可将一封新邮件发送出去。如果是在脱机情况下发送邮件,则邮件并没有被立即发送出去,而是保存到“发件箱”文件夹中,待以后连接到Internet时,再进行发送。

3. 接收和阅读邮件

接收和阅读邮件的操作方法是：连接到Internet后，单击工具栏上的"发送和接收"按钮，Outlook Express将会根据用户所建立的账号，建立与相应服务器的连接，并从邮件服务器上下载所收到的新邮件。

由于Outlook Express能够脱机阅读，邮件下载完成后，即可在单独的窗口或预览窗格中阅读邮件。在Outlook Express窗口中单击文件夹列表中的"收件箱"，打开"收件箱"文件夹。在"收件箱"文件夹中，上半部分是邮件列表，列出了所有接收到的邮件，下半部分是预览窗格，用来预览选定邮件的内容。如图2-47所示。

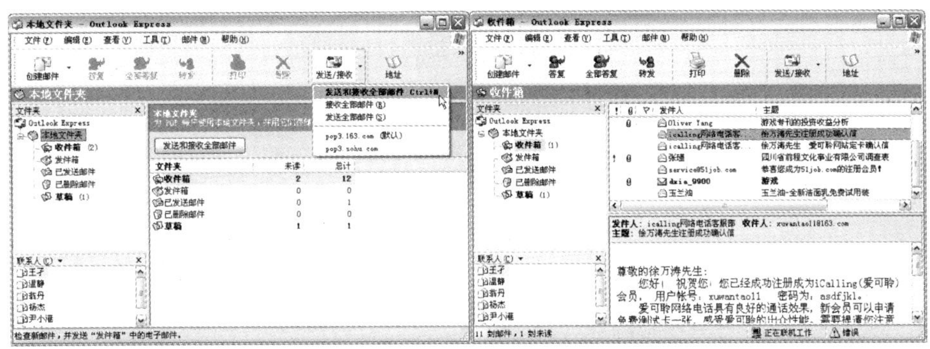

图2-47 收取、阅读邮件

如果要打开一封邮件，在该邮件项目上双击鼠标即可。邮件上部显示出邮件的发件人、收件人、发送时间和主题，下面的文本框显示邮件正文。如图2-48(a)所示。

在邮件窗口中可以阅读、打印、另存或删除邮件。如果用户需要查看有关邮件的所有信息，如发送邮件的时间等，可选择"文件"功能区的"属性"命令，打开"属性"对话框进行查看。如图2-48(b)所示。

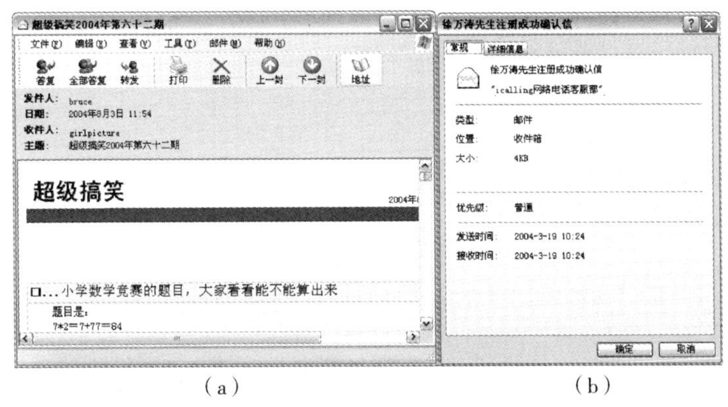

(a) (b)

图2-48 选择"文件"→"属性"

如果要将邮件存储在文件系统中，选择"文件"功能区中"另存为"命令，打开"另存为"对话框，然后选择格式(邮件、文件或HTML)和存储位置，并单击"保存"按钮进行储存。

4. 下载邮件的附件

Outlook Express 在默认的情况下,为了保证电脑的安全,将邮件的附件都进行了屏蔽与删除操作。按照下面的方法,能够打开并保存附件。

步骤 1:打开含有附件的邮件窗口,如图 2-49(a)所示。

步骤 2:执行“邮件”→“转发”命令,弹出如图 2-49(b)所示的窗口。在这个窗口中,会清楚地看到邮件中被隐藏了的附件。

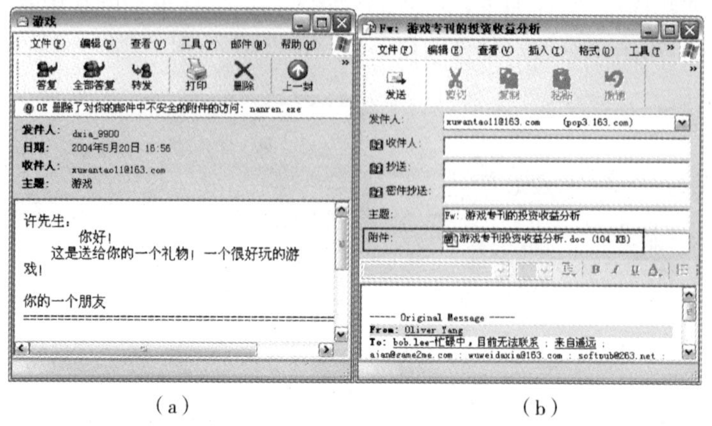

(a)　　(b)

图 2-49　被隐藏的邮件附件

步骤 3:用鼠标双击这个附件,系统会弹出一个对话框,提示是选择打开附件还是保存附件到磁盘上。如图 2-50(a)所示。

步骤 4:选择“保存到磁盘”单选项,单击“确定”按钮,在弹出的“附件另存为”对话框中选择附件的存放位置和保存名称,如图 2-50(b)所示。

(a)　　(b)

图 2-50　保存邮件附件

步骤 5:单击“保存”按钮,即可把附件保存到本地硬盘上。

第 3 章

Word 2010 高级应用

Word 2010 是 Microsoft 公司开发的 Office 2010 办公组件之一，它适用于制作各种文档，比如信件、传真、公文、报纸、书刊和简历等。

3.1 Word 2010 窗口及组成

Microsoft Word 从 Word 2007 升级到 Word 2010，其最显著的变化就是使用“文件”按钮代替了 Word 2007 中的 Office 按钮，使用户更容易从 Word 2003 和 Word 2000 等旧版本中转移。另外，Word 2010 同样取消了传统的功能区操作方式，而代之于各种功能区。在 Word 2010 窗口上方是功能区的名称如图 3-1 所示，当单击这些名称时并不会打开功能区，而是切换到与之相对应的功能区面板。每个功能区根据功能的不同又分为若干个组，每个功能区所拥有的功能如下所述。

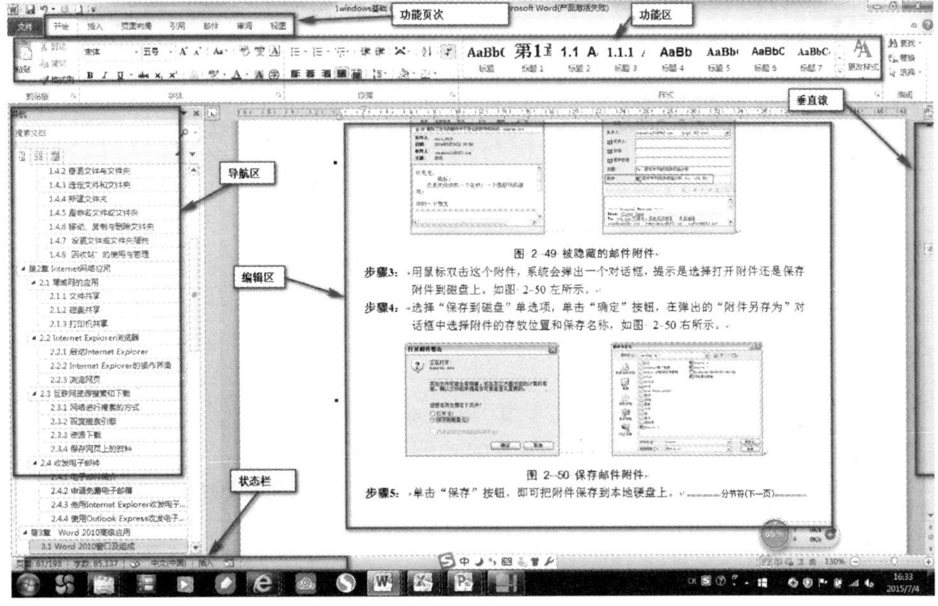

图 3-1　Word 2010 窗口的组成

3.1.1 “开始”功能区

“开始”功能区中包括剪贴板、字体、段落、样式和编辑五个组，对应 Word 2003 的“编辑”和“段落”功能区部分命令。该功能区主要用于帮助用户对 Word 2010 文档进行文字编辑和格式设置，是用户最常用的功能区，如图 3-2 所示。

图 3-2 “开始”功能区

3.1.2 “插入”功能区

“插入”功能区包括页、表格、插图、链接、页眉和页脚、文本、符号和特殊符号几个组，对应 Word 2003 中“插入”功能区的部分命令，主要用于在 Word 2010 文档中插入各种元素，如图 3-3 所示。

图 3-3 “插入”功能区

3.1.3 “页面布局”功能区

“页面布局”功能区包括主题、页面设置、稿纸、页面背景、段落、排列几个组，对应 Word 2003 的“页面设置”功能区命令和“段落”功能区中的部分命令，用于帮助用户设置 Word 2010 文档页面样式，如图 3-4 所示。

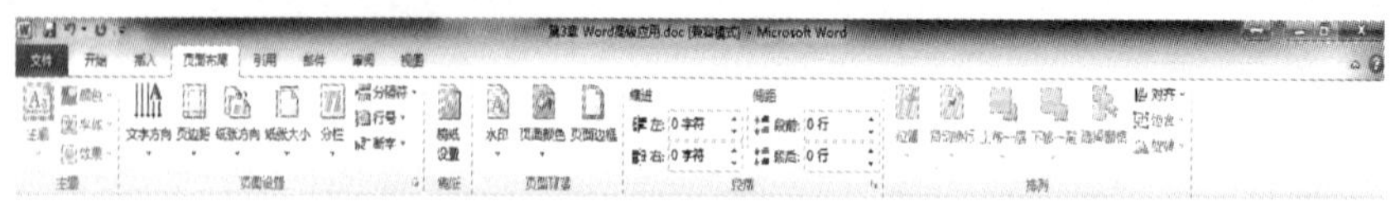

图 3-4 “页面布局”功能区

3.1.4 “引用”功能区

“引用”功能区包括目录、脚注、引文与书目、题注、索引和引文目录几个组，用于实现在 Word 2010 文档中插入目录等比较高级的功能，如图 3-5 所示。

图 3-5 “引用”功能区

3.1.5　“邮件”功能区

“邮件”功能区包括创建、开始邮件合并、编写和插入域、预览结果和完成几个组，该功能区的作用比较专一，专门用于在 Word 2010 文档中进行邮件合并方面的操作，如图 3-6 所示。

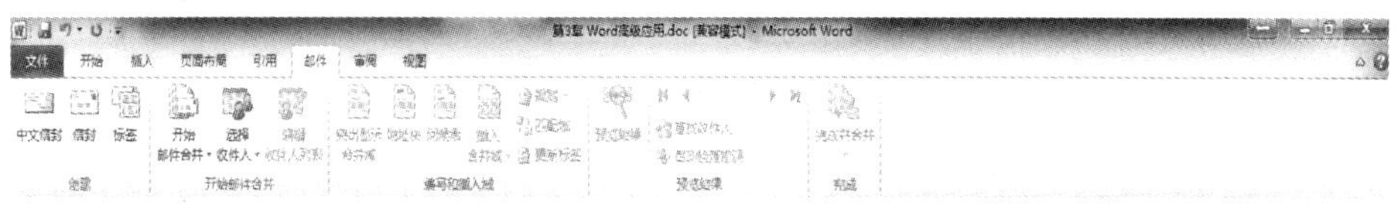

图 3-6　“邮件”功能区

3.1.6　“审阅”功能区

“审阅”功能区包括校对、语言、中文简繁转换、批注、修订、更改、比较和保护几个组，主要用于对 Word 2010 文档进行校对和修订等操作，适用于多人协作处理 Word 2010 长文档，如图 3-7 所示。

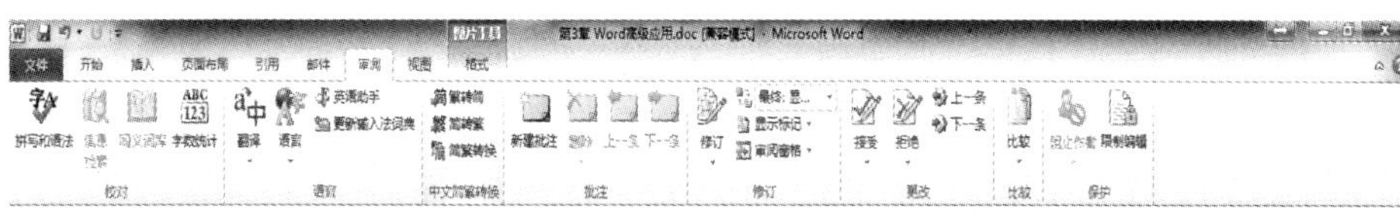

图 3-7　“审阅”功能区

3.1.7　“视图”功能区

“视图”功能区包括文档视图、显示、显示比例、窗口和宏几个组，主要用于帮助用户设置 Word 2010 操作窗口的视图类型，以方便操作，如图 3-8 所示。

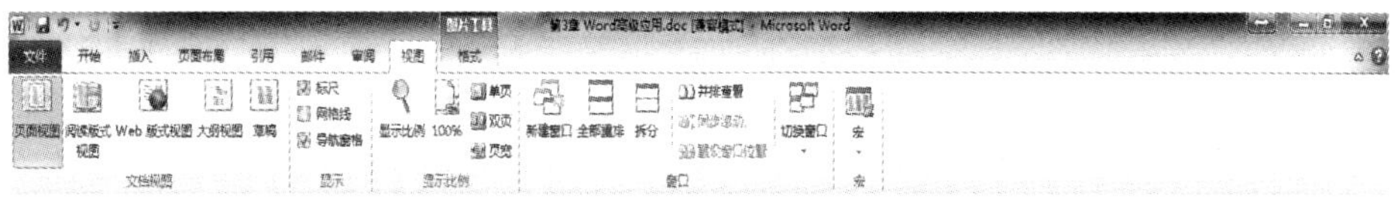

图 3-8　“视图”功能区

3.1.8　在 Word 2010 文档窗口快速访问工具栏添加命令按钮

Word 2010 文档窗口中的“快速访问工具栏”用于放置命令按钮，使用户快速启动经常使用的命令，针对所有选项卡都有效，如图 3-9 所示。

图 3-9　快速访问工具栏

默认情况下，“快速访问工具栏”中只有数量较少的命令，用户可以根据需要添加多个

自定义命令,操作步骤如下:

步骤1:打开 Word 2010 文档窗口,依次单击"文件"→"选项"命令,如图 3-10 所示。

图 3-10 单击"选项"命令

步骤 2:在打开的"Word 选项"对话框中切换到"快速访问工具栏"选项卡,然后在"从下列位置选择命令"列表中单击需要添加的命令,并单击"添加"按钮即可,如图 3-11 所示。

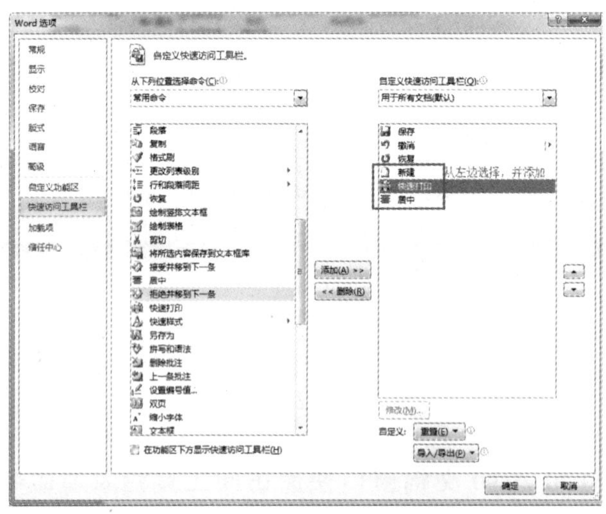

图 3-11 选择添加的命令

添加后的效果如图 3-12 所示(对比图 3-9),这样一些常用的操作,譬如"居中"就不用每次都切换到开始选项卡,直接操作"快速访问工具栏"即可。

图 3-12 修改后的快速工具栏

3.1.9　全面了解 Word 2010 中的“文件”按钮

相对于 Word 2007 的 Office 按钮，Word 2010 中的“文件”按钮更有利于 Word 2003 用户快速迁移到 Word 2010。“文件”按钮是一个类似于功能区的按钮，位于 Word 2010 窗口左上角。单击“文件”按钮可以打开“文件”面板，包含“信息”、“最近”、“新建”、“打印”、“共享”、“打开”、“关闭”、“保存”等常用命令，如图 3-13 所示。

图 3-13　“文件”面板

在默认打开的“信息”命令面板中，用户可以进行旧版本格式转换、保护文档(包含设置 Word 文档密码)、检查问题和管理自动保存的版本，如图 3-14 所示。

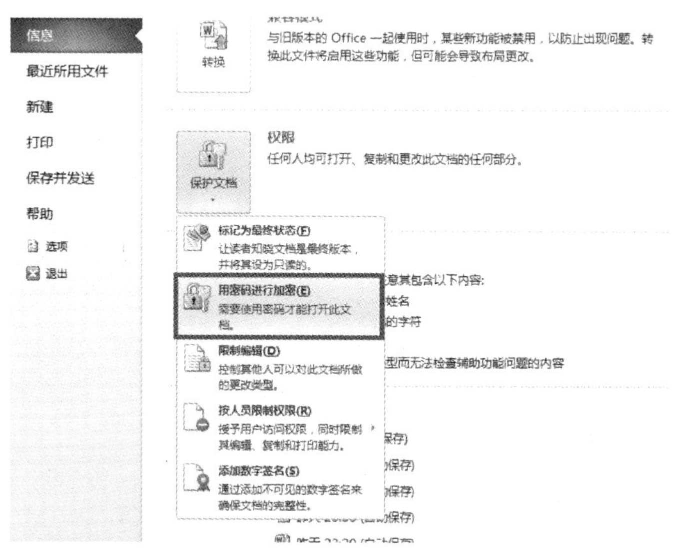

图 3-14　“信息”命令面板

如果要对文档进行加密，选择“用密码进行加密”，如图 3-14 所示，在提示框下两次输入密码后，保存即可。再次打开文档即要求输入密码。不同于早起版本，Office 2010 系列的加密措施不再是做样子的，一般很难破解，所以设计密码时请注意，一旦遗忘，很难恢复。

打开“最近”命令面板，在面板右侧可以查看最近使用的 Word 文档列表，用户可以通过该面板快速打开使用的 Word 文档。在每个历史 Word 文档名称的右侧含有一个固定按钮，单击该按钮可以将该记录固定在当前位置，而不会被后续历史 Word 文档名称替换，如图 3-15 所示。

图 3-15 “最近”命令面板

打开“新建”命令面板，用户可以看到丰富的 Word 2010 文档类型，包括“空白文档”、“博客文章”、“书法字帖”等 Word 2010 内置的文档类型。用户还可以通过 Office.com 提供的模板新建诸如“会议日程”、“证书”、“奖状”、“小册子”等实用 Word 文档，如图 3-16 所示。

图 3-16 “新建”命令面板

打开"打印"命令面板，在该面板中可以详细设置多种打印参数，如双面打印、指定打印页等参数，从而有效控制 Word 2010 文档的打印结果，如图 3-17 所示。

图 3-17　"打印"命令面板

选择"文件"面板中的"选项"命令，可以打开"Word 选项"对话框。在"Word 选项"对话框中可以开启或关闭 Word 2010 中的许多功能或设置参数，如图 3-18 所示。

图 3-18　"Word 选项"对话框

3.1.10 认识 Word 2010“草稿视图”等多种视图模式

在 Word 2010 中提供了多种视图模式供用户选择，这些视图模式包括“页面视图”、“阅读版式视图”、“Web 版式视图”、“大纲视图”和“草稿视图”五种视图模式。用户可以在“视图”功能区中选择需要的文档视图模式，也可以在 Word 2010 文档窗口的右下方单击视图按钮选择视图。

1. 页面视图

“页面视图”可以显示 Word 2010 文档的打印结果外观，主要包括页眉、页脚、图形对象、分栏设置、页面边距等元素，是最接近打印结果的页面视图，如图 3-19 所示。

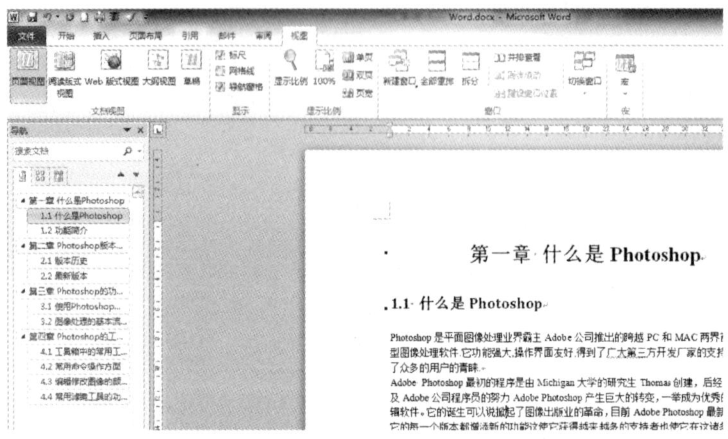

图 3-19 页面视图

2. 阅读版式视图

“阅读版式视图”以图书的分栏样式显示 Word 2010 文档，“文件”按钮、功能区等窗口元素被隐藏起来。在阅读版式视图中，用户还可以单击“工具”按钮选择各种阅读工具，如图 3-20 所示。

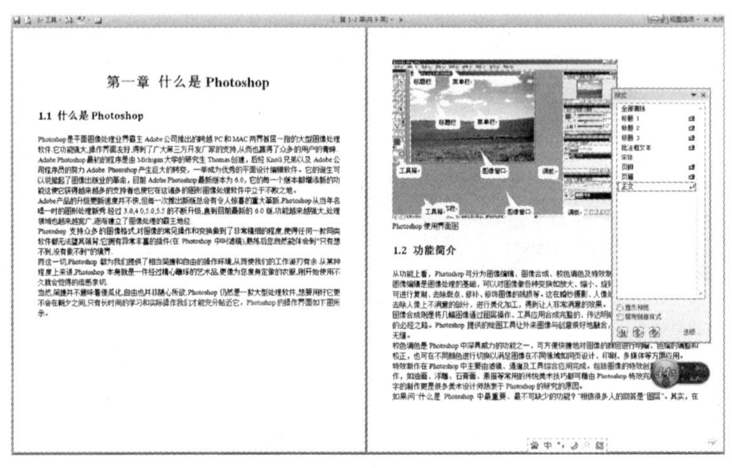

图 3-20 阅读版式视图

3. Web 版式视图

"Web 版式视图"以网页的形式显示 Word 2010 文档，Web 版式视图适用于发送电子邮件和创建网页，如图 3-21 所示。

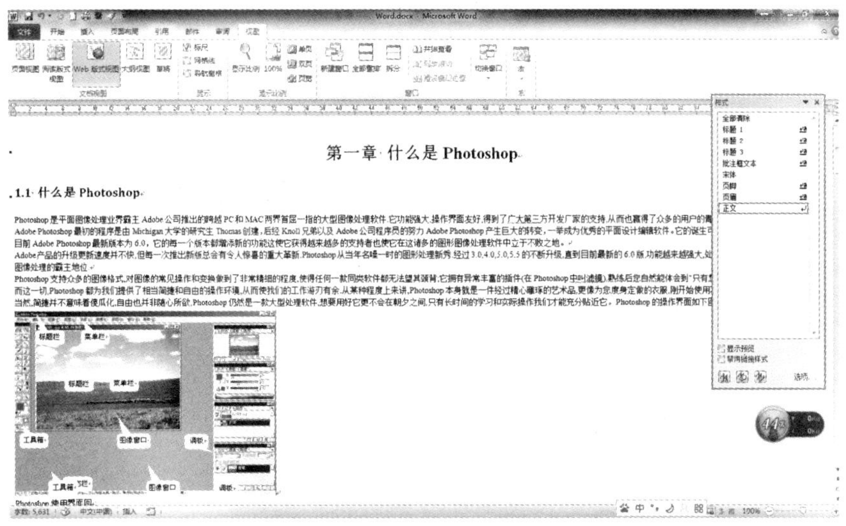

图 3-21　Web 版式视图

4. 大纲视图

"大纲视图"主要用于设置 Word 2010 文档的设置和显示标题的层级结构，并可以方便地折叠和展开各种层级的文档。大纲视图广泛用于 Word 2010 长文档的快速浏览和设置中，如图 3-22 所示。

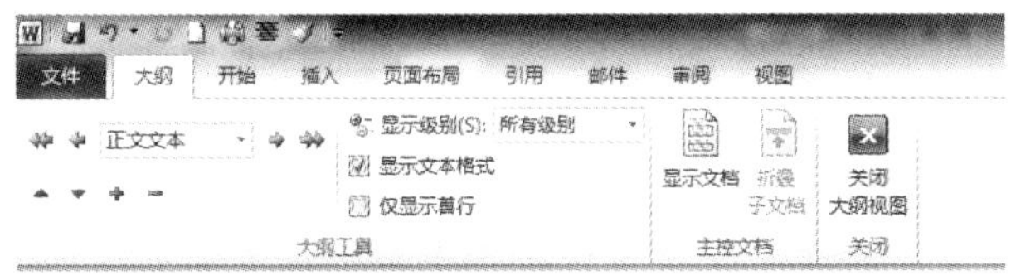

第一章 什么是 Photoshop

1.1 什么是 Photoshop

- Photoshop 是平面图像处理业界霸主 Adobe 公司推出的跨越 PC 和 MAC 两界首屈一指的大型图像处理软件.它功能强大,操作界面友好,得到了广大第三方开发厂家的支持,从而也赢得了众多的用户的青睐.
- Adobe Photoshop 最初的程序是由 Michigan 大学的研究生 Thomas 创建，后经 Knoll 兄弟以及 Adobe 公司程序员的努力 Adobe Photoshop 产生巨大的转变，一举成为优秀的平面设计编辑软件。它的诞生可以说掀起了图像出版业的革命，目前 Adobe Photoshop 最新版本为 6.0，它的每一个版本都增添新的功能这使它获得越来越多的支持者也使它在这诸多的图形图像处理软件中立于不败之地。
- Adobe 产品的升级更新速度并不快,但每一次推出新版总会有令人惊喜的重大革新.Photoshop 从当年名噪一时的图形处理新秀.经过 3.0,4.0,5.0,5.5 的不断升级,直到目前最新的 6.0 版,功能越来越强大,处理领域也越来越宽广,逐渐建立了图像处理的霸主地位.
- Photoshop 支持众多的图像格式,对图像的常见操作和变换做到了非常精细的程度,使得任何一款同类软件都无法望其项背;它拥有异常丰富的插件(在 Photoshop 中叫滤镜),熟练后您自然能体会到"只有想不到,没有做不到"的境界.
- 而这一切,Photoshop 都为我们提供了相当简捷和自由的操作环境,从而使我们的工作游刃有余.从某种程度上来讲,Photoshop 本身就是一件经过精心雕琢的艺术品,更像为您度身定做的衣服,刚开始使用不久就会觉得的倍感亲切.
- 当然,简捷并不意味着傻瓜化,自由也并非随心所欲,Photoshop 仍然是一款大型处理软件,想要用好它更不会在朝夕之间,只有长时间的学习和实际操作我们才能充分贴近它。Photoshop 的操作界面如下图所示。

图 3-22　大纲视图

【例 3-1】 已知有三个 Word 文档“1. docx”、“2. docx”、“3. docx”,要求把 3. docx 作为主控文档,并在此文档之后分别把 1. docx 和 2. docx 作为子文档插入,构成新的文档,并保存。具体步骤如下:

步骤 1:打开 3. docx,并切换到大纲视图,单击“显示文档”,如图 3-23 所示。

步骤 2:把光标放在文档最后,点击“插入”按钮,找到并选中 1. docx,单击确定按钮。

步骤 3:点击“插入”按钮,找到并选中 2. docx,单击确定按钮,如图 3-24 所示。

步骤 4:单击保存按钮 即可,结果如图 3-25 所示。

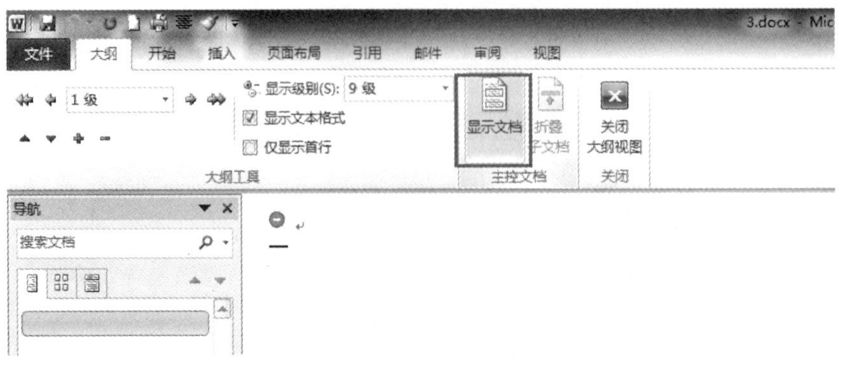

图 3-23　显示文档

图 3-24　按序插入子文档

图 3-25　长文档

当然用户也可以手动调整文字的大纲级别，如图 3-26 所示。

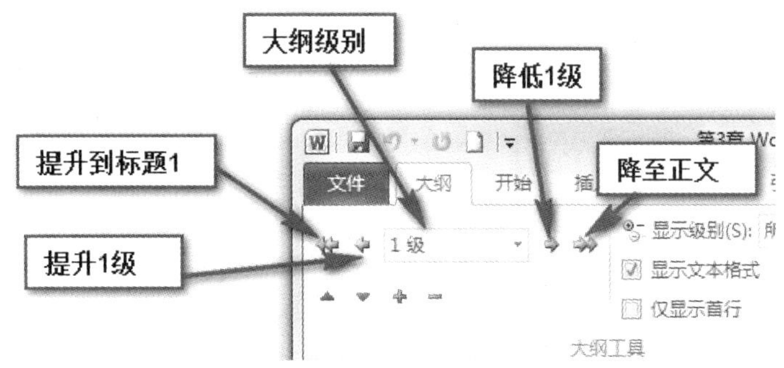

图 3-26　调整文字的大纲级别

3.1.11　在 Word 2010 中显示或隐藏标尺、网格线和导航窗格

在 Word 2010 文档窗口中，用户可以根据需要显示或隐藏标尺、网格线和导航窗格。在“视图”功能区的“显示”分组中，选中或取消相应复选框可以显示或隐藏对应的项目。

1. 显示或隐藏标尺

“标尺”包括水平标尺和垂直标尺，用于显示 Word 2010 文档的页边距、段落缩进、制表符等。选中或取消“标尺”复选框可以显示或隐藏标尺，如图 3-27 所示。

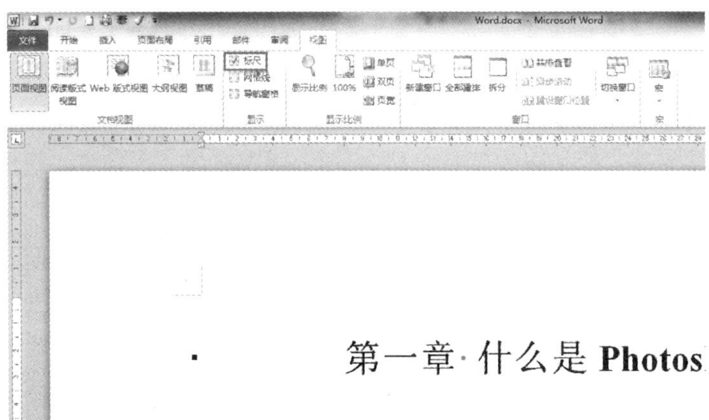

图 3-27　Word 2010 文档窗口标尺

2. 隐藏导航窗格

“导航窗格”主要用于显示 Word 2010 文档的标题大纲，用户单击“文档结构图”中的标题可以展开或收缩下一级标题，并且可以快速定位到标题对应的正文内容，还可以显示 Word 2010 文档的缩略图。选中或取消“导航窗格”复选框可以显示或隐藏导航窗格，如图 3-28 所示。

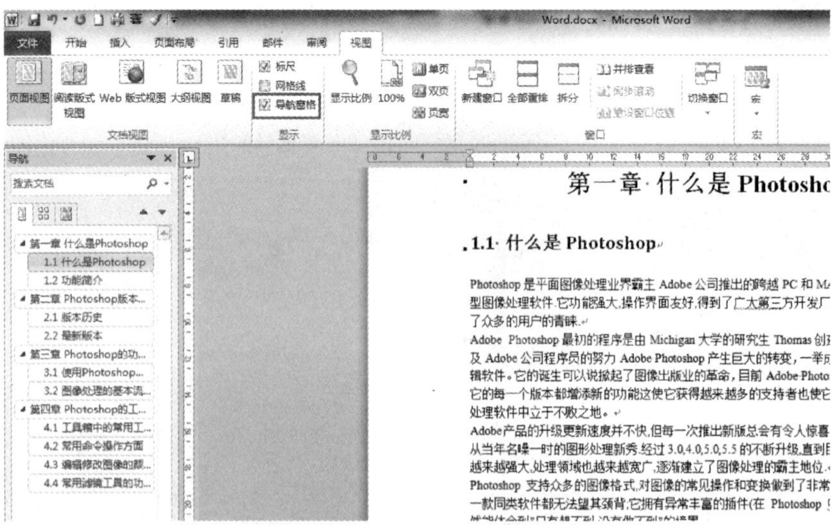

图 3-28 Word 2010 导航窗格

3.2 Word 2010 排版

文档经过编辑、修改后,通常需要进行排版,才能使之成为一篇图文并茂、赏心悦目的文章。Word 2010 提供了丰富的排版功能,如本节文字格式的设置、段落的排版、版面设置和样式设置等。

3.2.1 文字格式设置

文字格式设置主要指的是:字体、字形和字号。此外,还可以给文字设置颜色、边框、加下划线和改变文字间距等。设置文字格式的方法有两种:一种是用“开始”选项卡中的“字体”工具栏(见图 3-29)中的“字体”、“字号”、“加粗”、“倾斜”、“下划线”、“字符边框”、“字符底纹”和“字体颜色”等按钮来设置文字的格式;另一种是单击“格式”工具栏右下角箭头,跳出“字体”对话框(见图 3-30),来设置文字的格式。

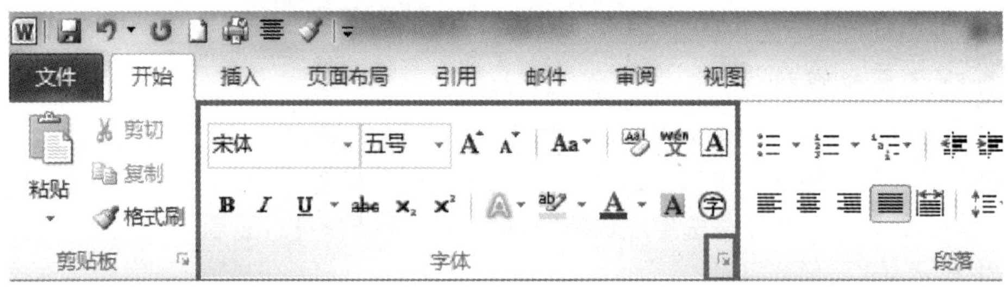

图 3-29 “字体”工具栏

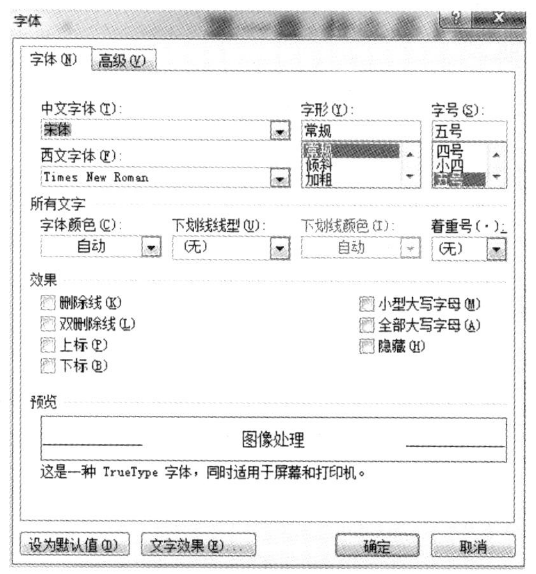

图 3-30　“字体”对话框

Word 2010 默认的字体格式：汉字为宋体、五号，西文为 Times New Roman、五号。在设置字体时，先选定要设置格式的文本，然后选择一种方式来设置即可。

除此之外，Word 2010 还可以将一部分文字设置的格式复制到另一部分文字上，使其具有相同的格式。设置好的格式如果觉得不满意，也可以清除它。使用“常用”工具栏中的 格式刷 按钮可以实现格式的复制。

1. 格式的复制

复制格式的具体步骤如下：

步骤 1：选定已设置格式的文本。

步骤 2：单击“常用”工具栏中的 格式刷 按钮。

步骤 3：将鼠标指针移动到要复制格式的文本开始处。

步骤 4：拖动鼠标直到要复制格式的文本结束处，放开鼠标左键就完成格式的复制。

提示：上述方法的格式刷只能使用一次。如果想多次使用，应双击“常用”工具栏中的 格式刷 按钮，此时“格式刷”就可使用多次。如要取消“格式刷”功能，只要再单击“常用”工具栏中的“格式刷”按钮一次即可。

2. 格式的清除

如果对于所设置的格式不满意，可以清除所设置的格式，恢复到 Word 2010 默认的状态。逆向使用格式刷就可以清除已设置的格式。也就是说，把 Word 2010 默认的字体格式复制到已设置的文字上去。另外，也可以用组合键清除格式。其操作步骤是：选定需清除格式的文本，按组合键 Ctrl+Shift+Z 即可。

3.2.2 段落的排版

一篇文章是否简洁、醒目和美观，除了文字格式的合理设置外，段落的恰当编排也是很重要的。这里主要介绍段落左右边界的设置、段落对齐方式的设置、行间距和段间距的设定、给段落添加项目符号和段落编号以及制表位的设定等编排技术。

1. 段落的左右边界的设置

段落左右边界是指段落的左端与页面左边距之间的距离。同样，段落的右边界是指段落的右端与页面右边距之间的距离(以厘米或字符为单位)。Word 2010 默认以页面左、右边距为段落的左、右边界，即页面左边距与段落左边界重合，页面右边距与段落右边界重合。

可以用“格式”工具栏或执行“格式/段落”命令设置段落的左、右边界。

(1)使用“格式”工具栏设置

单击“格式”工具栏中的“减少缩进量”按钮，或“增加缩进量”按钮可缩进或增加段落的左边界。这种方法由于每次的缩进量是固定不变的，因此灵活性差。

(2)使用“段落”对话框设置

具体步骤如下：

步骤 1:选定拟设置的左右边界的段落。

步骤 2:打开“段落”对话框，如图 3-31 所示。

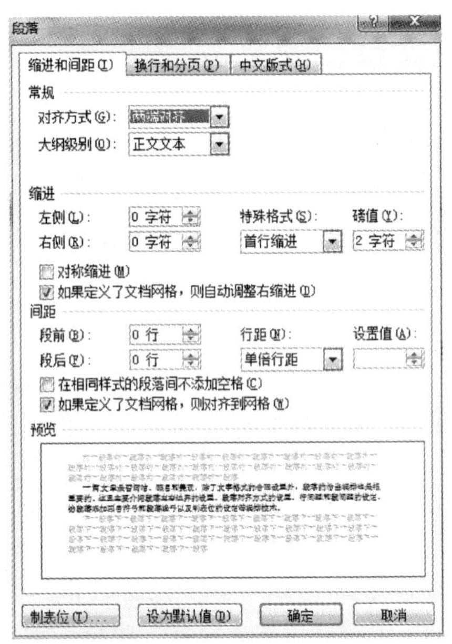

图 3-31 “段落”对话框

步骤 3:在“缩进与间距”选项卡中，单击“缩进”选项组下的“左”或“右”文本框的增减按钮，设定左、右边界的字符数。

步骤 4：单击“特殊格式”列表框的下拉按钮，选择“首行缩进”、“悬挂缩进”或“无”确定段落首行的格式。

步骤 5：在“预览”框中查看，确认排版效果满意后，单击“确定”按钮；若排版效果不理想，则可单击“取消”按钮取消本次设置。

(3)用鼠标拖动标尺上的缩进标记

在普通视图和页面视图下，Word 2010 窗口中可以显示水平标尺。标尺给页面设置、段落设置、表格大小的调整和制表位的设定都提供了方便。在标尺的两端可以用来设置段落左、右边界的可滑动的缩进标记，标尺的左端有上、中、下三个缩进标记：上面的顶向下三角形，是首行缩进标记；中间的顶向上三角形，是悬挂缩进标记；下面的小矩形是左缩进标记，标尺的右端一个顶向上的三角形是右缩进标记。

使用鼠标拖动这些标记可以对选定的段落设置左、右边界和首行缩进的格式。如果在拖动标记的同时按住 Alt 键，那么在标尺上会显示出具体缩进的数值，使用户一目了然。

2. 段落属性的设置

段落的某些属性设置在“格式”工具栏中有显示，如“两端对齐”、“居中”、“右对齐”等。其所有属性都可以在“段落”对话框中设置(见图 3-31)。

提示：段落的左右边界、特殊格式、段间距和行距的单位可以设置为“字符”/“行”或“厘米”/“磅”。对度量单位的设置可以执行“文件/选项”命令，选择“高级”中的“度量单位”下拉列表框中选定，如图 3-32 所示。另外，也可以直接在设置值的同时键入单位即可，如“段前”中键入“0.5 厘米”，即把选中段落的段前间距设置为 0.5 厘米。

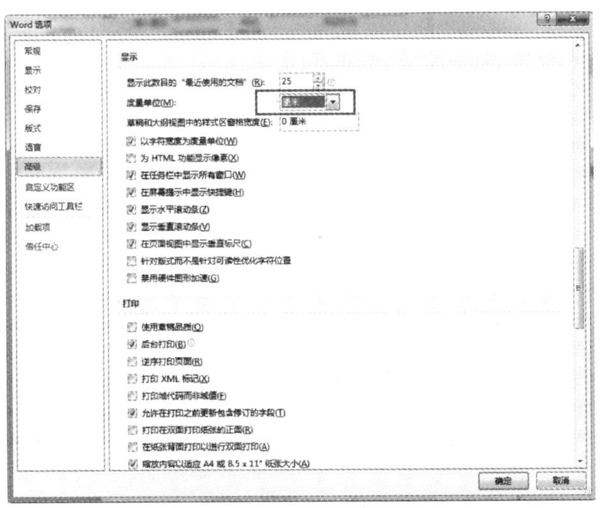

图 3-32　“选项”→“高级”对话框

【例 3-2】 已知文档 hello.docx，对文档进行格式设置，要求中文字体为“楷体_gb2312”，西文字体为“Times New Roman”，字号为四号；段落为首行缩进 2 字符，段前

0.5行,段后0.5行,行距为"20磅",具体步骤如下:

步骤1:打开hello.docx,选中文档内容,单击"开始"选项卡下的"字体"工具栏,打开"字体"对话框(见图3-30),按要求设置字体,单击确定按钮。

步骤2:单击"开始"选项卡下的"段落"工具栏,打开"段落"对话框(见图3-31),按要求设置段落,单击确定按钮。

步骤3:单击保存按钮即可。

3.项目符号和段落编号

编排文档时,在某些段落前加上编号或某种特定的符号(称项目符号),可以提高文档的可读性。手工输入段落编号或项目符号不仅效率不高,而且在增、删段落时还需要修改编号顺序,容易出错。在Word 2010中,可以在键入时自动给段落创建编号或项目符号,也可以给已键入的各段文本添加编号或项目符号。

(1)在键入文本时,自动创建编号或项目符号

在键入文本时,自动创建编号或项目符号的方法是:在键入文本时,先输入一个星号"*",后面跟一个空格,然后输入文本。当输入完一段按回车键后,星号会自动改变成黑色圆点的项目符号,并在新的一段开始处自动添加同样的项目符号。这样,逐段输入,每一段前都有一个项目符号,最新的一段前也有一个项目符号。如果要结束自动添加项目符号,可以按Backspace键删除插入点前的项目符号,或再按一次回车键。

在键入文本时自动创建段落编号的方法是:在键入文本时,先输入如:"1."、"(1)"、"一、"等格式的起始编号,然后输入文本。当按回车键时,在新的一段开头处就会根据上一段的编号格式自动创建编号。重复上述步骤,可以对键入的各段建立一系列的段落编号。如果要结束自动创建编号,可以按Backspace键删除插入点前的编号,或再按一次回车键即可。在这些建立了编号的段落中,删除或插入某一段落时,其余的段落编号会自动修改,不必人工干预。

(2)对已键入的各段文本添加编号或项目符号

使用"开始"选项卡中"段落"工具栏中的"项目符号"按钮,给已有的段落添加编号或项目符号。其操作步骤如下:

步骤1:选定要添加段落编号的各段落。

步骤2:选择合适的"项目符号和编号",如图3-33所示。

步骤3:在"项目符号和编号"对应的下拉功能区中,选择合适的编号。

图3-33 项目符号

4. 制表位的设定

按 Tab 键后，插入点移动到的位置称为制表位。初学者往往用插入空格的方法来达到各行文本之间的列对齐。更加简单的方法是按 Tab 键来移动插入点到下一制表位，这样很容易做到各行文本的列对齐。Word 2010 中，默认制表位是从标尺左端开始自动设置，各制表位间的距离是 2.02 字符。另外，还提供了 5 种不同的制表位，可以根据需要选择并设置各制表位间的距离。

【例 3-3】 已知 Word 文档 bh.docx，对其中出现“1、”、“2、”、“3、”的地方进行自动编号，编号格式为“1)”、“2)”、“3)”，具体步骤如下：

步骤 1：打开文档 bh.docx。

步骤 2：按住“Ctrl”键不放，选中所有出现“1、”、“2、”、“3、”的段落。

步骤 3：放开“Ctrl”键，使用“开始”选项卡中“段落”工具栏中的“项目符号”按钮。

步骤 4：点击中间编号按钮 ，选中“1)”、“2)”、“3)”格式。

步骤 5：分别删除原有的“1、”、“2、”、“3、”标识。

步骤 6：单击保存按钮 即可。

3.2.3　版面设计

文字段落格式化操作是指对文档中文字和段落本身的处理，这在上两节中已做详细阐述，然而，要使一篇文档美观规范，仅仅进行简单的格式化操作是不够的，必须要对文档进行整体的版面设计，通过编排达到文档的整体效果。

一个文档的页面中包含了许多页面元素，具体包括：纸张、页边距、版式、页眉和页脚、页码、文字、图片、标注、目录以及索引等。

1. 页面设置

纸张的大小、页边距确定了可用文本区域。文本区域的宽度是纸张的宽度减去左、右页边距，文本区的高度是纸张的高度减去页上、下边距。版面设计的基本元素如图 3-34 所示。

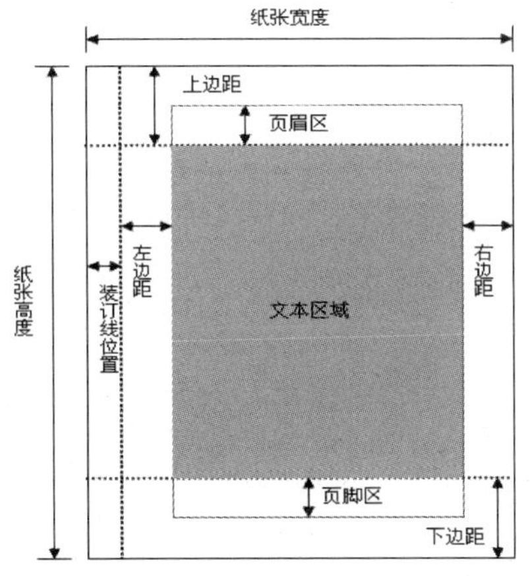

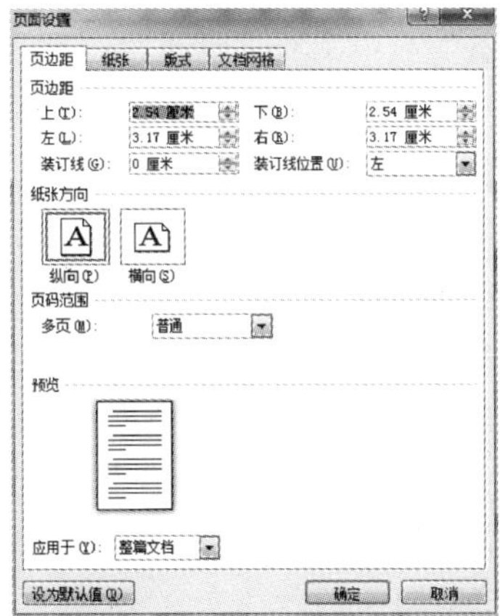

图 3-34　版面设计基本元素

文章的页面设置,可以通过选择“页面布局”选项卡,选择“页面设置”对工具栏,可以通过这些按钮快捷设置,也可单击右下角,弹出“页面设置”对话框。对话框中包含有“页边距”、“纸张”、“版式”和“文档网格”四个选项卡,用来设置纸张类型、页边距和方向等。

(1)页边距设置

在“页边距”选项卡中,如图 3-35 所示,可以设置上、下、左、右页边距和页眉页脚距边界的位置。用户经常需要在页边距上增加额外的空间以便于装订,该空间与页边距之间的分割线被称为“装订线”,它可以在上部,也可以在左侧。

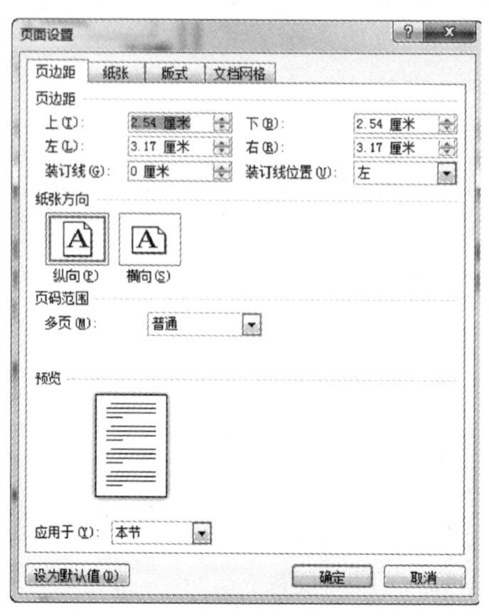

图 3-35 “页边距”选项卡

“方向”给出了文档的显示方式:纵向、横向。“页码范围”给出了文档多页时的选项:普通、对称页边距、拼页、书籍折叠页、反向书籍折页,可根据需求选择相应的方式。

“应用于”列表框中可选“本节”、“插入点之后”或“整篇文档”。这是一个经常被用户忽略的功能,但实际应用中却非常实用。在页面设置的各个选项卡中,都由“应用于”列表框来设置格式的应用位置。

若在文档中选中某些文字再进行页面设置,则“应用于”下拉功能区中会变成“所选文字”、“所选节”、“整篇文档”,选择“所选文字”则可为其设置新的页面参数。

【例 3-4】 已知 Word 文档 ymsz.docx,共有四页构成,对文档进行页面设置,要求页面方向为横向;页左、右边距为 3.17 厘米,上、下边距为 2.14 厘米;并且在纸上进行拼页打印,具体操作如下:

步骤 1:打开文档 ymsz.docx。

步骤 2:打开“页面设置”对话框。

步骤 3:把“页边距”选项卡(见图 3-35)中的“方向”处选中“横向”;“页边距”处的左、右边距为 3.17 厘米,上、下边距为 2.54 厘米;“页码范围”中的“多页”处选中“拼页”;“应用于”处选中“整篇文档”。

步骤 4:单击“确定”按钮。

步骤 5:单击保存按钮 即可。

(2)纸张设置

在“纸张”选项卡可以对纸张大小、纸张来源和应用位置进行设置。如图 3-36 所示。单击“纸张大小”列表框右侧的向下箭头,在其下拉列表框中选取用于打印的纸型,有 A4、B5 等选项。也可以在自定义窗口中键入自己定义的纸张宽度和高度。

纸张的规格不尽相同,其中 A4 规格为 21cm×29.7cm,B5 规格为 17.6cm×25cm,16 开规格为 19.69cm×27.31cm。

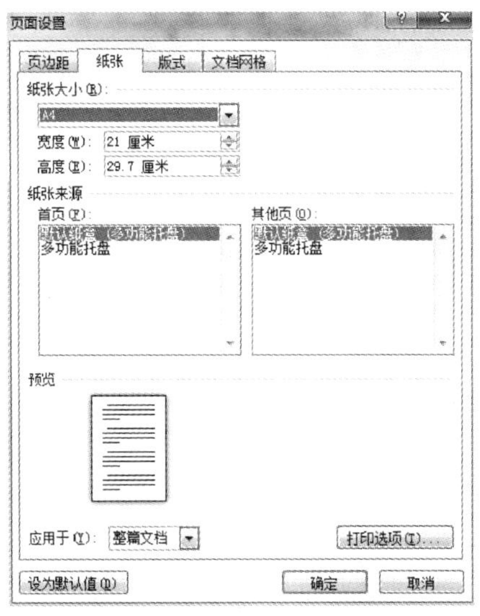

图 3-36　“纸张”选项卡

【例 3-5】 已知一 Word 文档 ymsz.docx,对文档进行页面设置,要求页面的纸张类型为 16 开,具体操作如下:

步骤 1:打开文档 ymsz.docx。

步骤 2:打开“文件”功能区下的“页面设置”对话框。

步骤 3:把“纸张”选项卡中的“纸张大小”选中“16 开(18.4cm×26cm)”。

步骤 4:单击“确定”按钮。

步骤 5:单击保存按钮 即可。

(3)“版式”设置

在“版式”选项卡中,如图 3-37 所示,我们还可以设置有关页眉和页脚的高度、页面垂直对齐方式、行号、边框等。

在“页眉和页脚”区域,可以设置页眉、页脚为奇偶页不同或首页不同,这样就能对不同页设置不同的页眉或页脚。也可以设置页眉和页脚距边

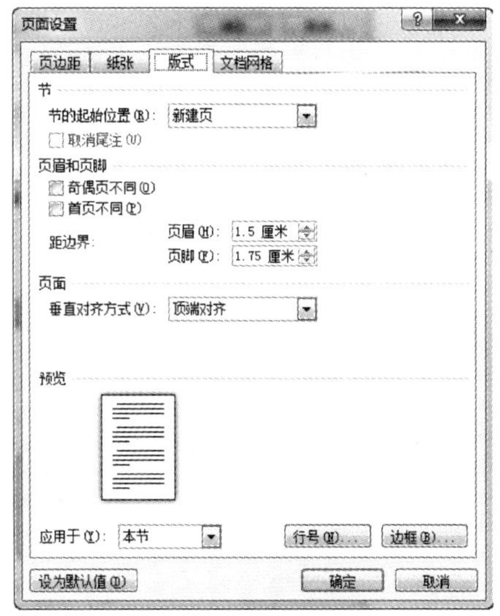

图 3-37　“版式”选项卡

界的尺寸。注意:是距离页边界的尺寸而不是页眉、页脚本身的尺寸。

在"页面"区域的"垂直对齐方式"下拉列表框中,可以设置 4 种垂直对齐文本的方式:顶端对齐、居中、两端对齐、底端对齐。

【例 3-6】 已知一 Word 文档 ymsz. docx,对文档进行页面设置,要求页面节的起始位置从奇数页开始,并且奇偶页的页眉不同,页面的垂直对齐方式为底端对齐,并对每行添加行号,每节行号都从 1 开始,具体操作如下:

步骤 1:打开文档 ymsz. docx。

步骤 2:打开"文件"功能区下的"页面设置"对话框。

步骤 3:在"版式"选项卡(见图 3-37)中的"节的起始位置"处,选中"奇数页";"页眉和页脚"处在"奇偶页不同"前打勾;"页面"区域的"垂直对齐方式"处,选中"底端对齐"。

步骤 4:单击"行号"按钮,跳出"行号"对话框,如图 3-38 所示,在"添加行号"前打勾;"编号方式"处选中"每节重新编号",单击"确定"按钮,返回"页面设置"对话框。

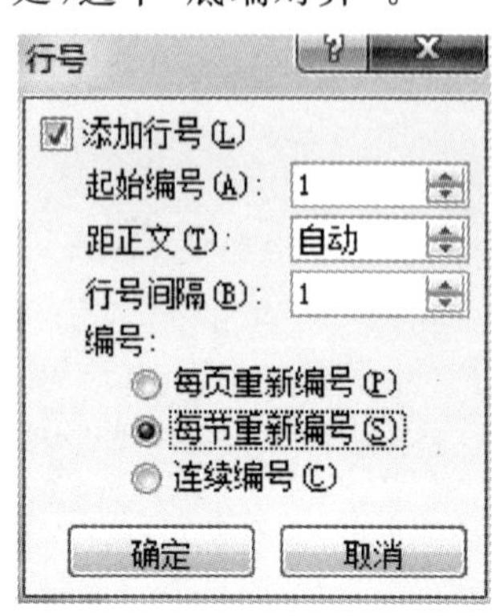

图 3-38 行号

步骤 5:单击"确定"按钮。

步骤 6:单击保存按钮即可。

(4)"文档网格"设置

在"文档网格"选项卡中可对页面中的行和字符进行进一步设置,如图 3-39 所示。在"文字排版"中可以设置文字方向和页面的栏数。

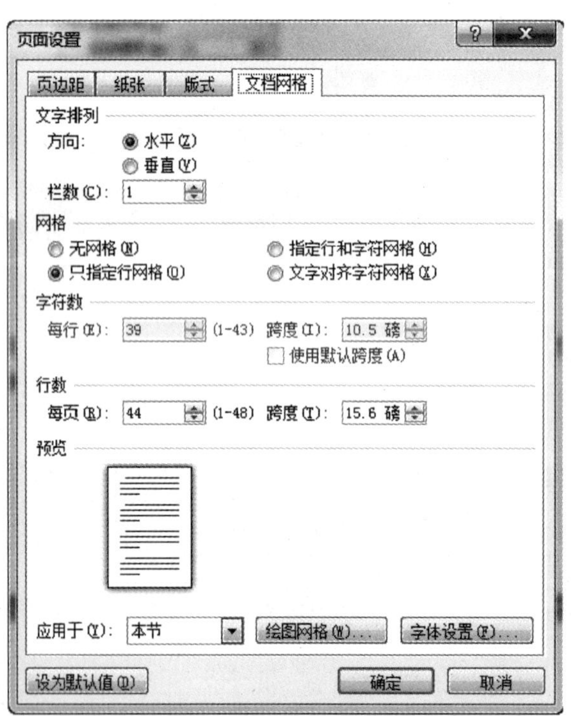

图 3-39 "文档网络"选项卡

在“网格”中，可选择“只指定行网格”、“指定行和字符网格”、“文字对齐字符网格”。例如，在此选择“指定行和字符网格”，可以设置每行字符数、字符的跨度、每页的行数、行的跨度。字符与行的跨度将根据每行每页的字符数自动调整。

在“文档网格”选项卡的下方有两个按钮，分别是“绘图网格”和“字体设置”。其中“绘图网格”页比较实用，如果选中“在屏幕上显示网格线”，则可显示网格效果。网格线作为一种辅助线，能够作为文字或者图形的对齐参照，使得文档整体在设计时更加美观。

【例 3-7】 已知一 Word 文档 hello.docx，共由两节组成，第一页为一节，第二页之后为一节，对此文档进行设置，要求第一页文字方向为竖排文本，上下左右均居中对齐，第二页开始每页行数为 38 行，每行有 35 个字符，具体步骤如下：

步骤 1：打开文档 ymsz.docx。

步骤 2：光标放在第一页，打开“文件”功能区下的“页面设置”对话框。

步骤 3：在“文档网格”选项卡（见图 3-39）中的文字排版处，选中“垂直”；“应用于”处选中“本节”；在“页边距”选项卡中的“方向”处选中“纵向”。

步骤 4：单击确定按钮。

步骤 5：光标放在第二页，打开“文件”功能区下的“页面设置”对话框。

步骤 6：在“文档网格”选项卡的“网格”处，选中“指定行和字符网格”；在“字符”处“每行”后面输入“35”；在“行”处“每页”后面输入“38”；“应用于”处选择“插入点之后”。

步骤 7：单击“确定”按钮。

步骤 8：单击保存按钮 即可。

2. 分隔设置

在 Word 2010 中，文字和标点符号组成了段落，一个或者多个段落组成了页面和节。Word 2010 为段落与段落的分隔提供了换行符，为页面与页面的分隔提供了分页符，为节与节的分隔提供了分节符；还提供了分栏符来对页面进行分栏操作，以完成不同的排版要求。

(1)分节

在建立新文档时，Word 2010 将整篇文档默认为一节，在同一节中只能应用相同的版面设计。为了版面设计的多样化，可以将文档分隔成任意数量的节，用户可以根据需要为每节设置不同的格式。那么，“节”是什么？“节”其实是一篇文档版面设计的最小单位，可为节单独设置页边距、纸型或方向、页码、行号等多种格式类型。“节”通常用“分节符”来表示，在“普通”视图方式下，分节符是两条水平平等的虚线，Word 2010 会自动把当前节的页边距、页眉和页脚等被格式化了的信息保存在分节符中。在“插入”功能区中选中“分隔符”，打开“分隔符”对话框，如图 3-40 所示，在“分隔符”对话框的“分节符类型”区域，提供了四种不同类型的分节符，用户可以根据需要选择分节符类型：

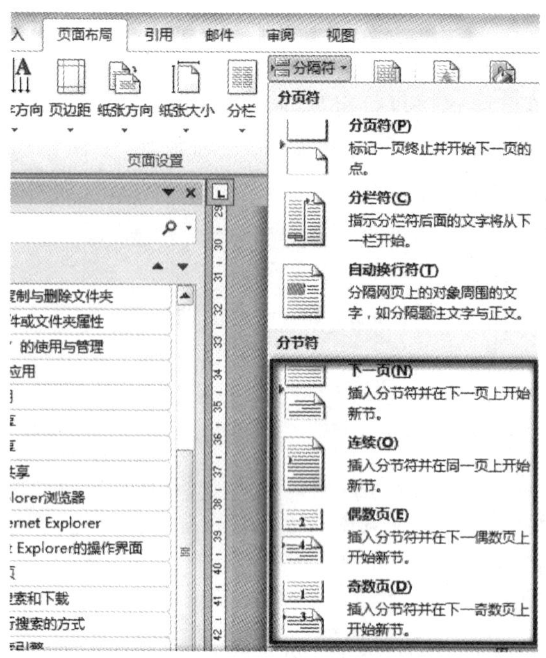

图 3-40 分节设置

- 下一页:表示在当前插入点处插入一个分节符,新的一节从下一页开始。
- 连续:表示在当前插入点处插入一个分节符,新的一节从下一页开始。
- 偶数页:表示在当前插入点插入一个分节符,新的一节从偶数页开始,如果这个分节符已经在偶数页上,那么下面的奇数页是一个空页。
- 奇数页:表示在当前插入点插入一个分节符,新的一节从奇数页开始,如果这个分节符已经在奇数页上,那么下面的偶数页是一个空页。

如果需要单独调整某些文字或者段落的页面格式,也可以先在文档中选取这些文字。再在“页面设置”中完成相关设置,并在“应用于”对话框中选中“所选文字”。

【例 3-8】 已知一 Word 文档 fj.docx,共有 6 页组成,对该文档进行分节处理,要求,第 1、2 页为一节,第 3、4 页为一节,第 5、6 页为一节,使用“下一页”分节符。具体步骤如下:

步骤 1:打开文档 fj.docx。

步骤 2:把光标放在第 2 页最后,打开“插入”功能区下的“分隔符”对话框,在“分节符类型”处选中“下一页”,并单击“确定”按钮。

步骤 3:把光标放在第 4 页最后,打开“插入”功能区下的“分隔符”对话框,在“分节符类型”处选中“下一页”,并单击“确定”按钮。

步骤 4:单击保存按钮 即可。

(2)改变分隔符类型

在版面设计的过程中,有时会根据需要改变分隔符的类型,在“页面设置”对话框的“版式”选项卡中,可以更改分节符类型,如图 3-41 所示。

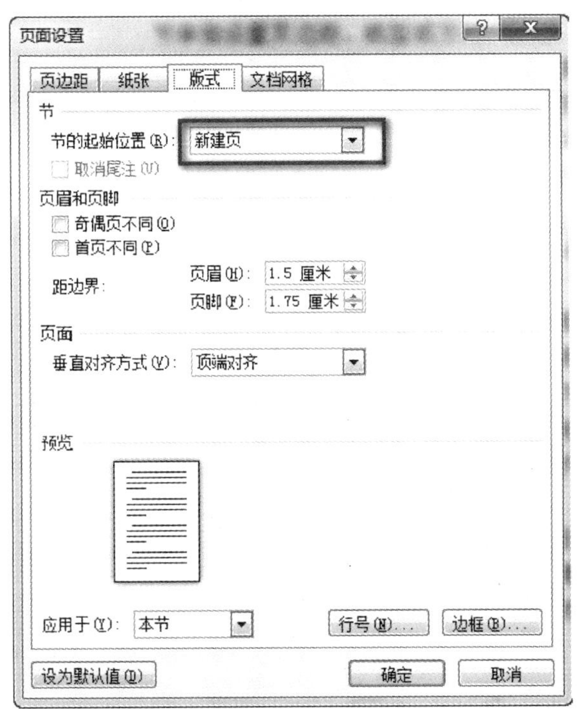

图 3-41　节的起始位置

【例 3-9】 把例题 3-8 中的 4、5 页之间的分隔符类型改为奇数页。

步骤 1:打开文档 fj. docx。

步骤 2:把光标放在第 4 页最后,打开“文件”功能区下的“页面设置”对话框,在“版式”选项卡中的“节的起始位置”处选中“奇数页”,“应用于”处选中“插入点之后”,并单击“确定”按钮。

步骤 3:单击保存按钮 即可。

(3)分栏

对文档进行分节后,用户就可以在不同的节中设置不同的分栏效果了。为文档正文分栏的具体步骤如下:

步骤 1:将插入点定位在文档正文中。

步骤 2:单击“页面布局”选项卡,单击“分栏”按钮可以快速选择分栏模式,如图 3-42 所示,也可单击“更多分栏”,打开“分栏”对话框,如图 3-43 所示。

步骤 3:在“预设”选项区域中选中相应的选项。

步骤 4:选中“栏宽相等”复选框,在“宽度”文本框中选择或输入数值 17.78 字符,此时,“间距”文本框中的数值会自动地变为 4.02 字符。

步骤 5:选中“分隔线”复选框。

步骤 6:在“应用于”下拉列表中选择“本节”。

步骤 7:单击“确定”按钮。

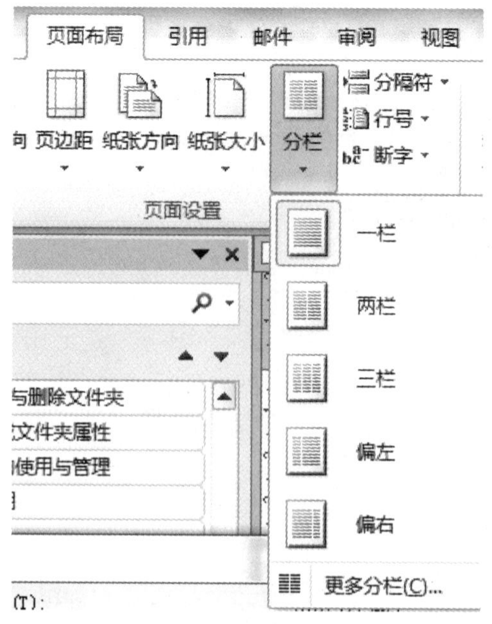

图 3-42　分栏

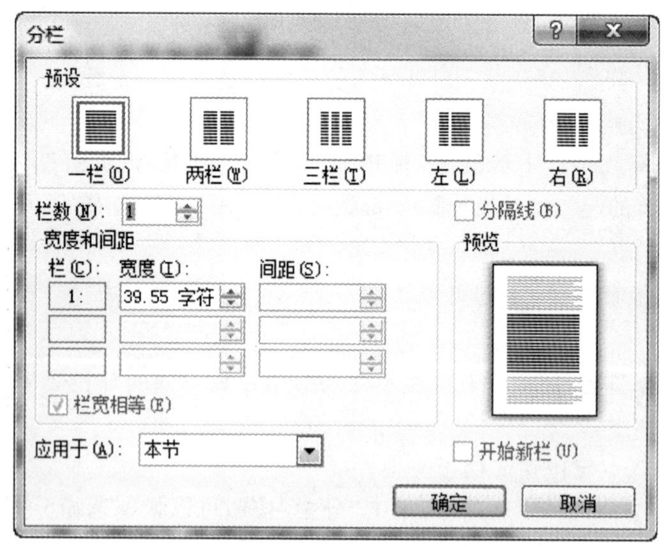

图 3-43　“分栏”对话框

3. 页眉和页脚

在书籍、杂志或各种论文的每页上方基本会有章节的标题等,这些就是页眉;下方则会有页码等,这些就是页脚。在分节后的文档页面中,可以对节进行个性化的页眉页脚设置。例如,在封面、目录页脚处不插入页码,在正文开始页开始插入页码等。这些可以通过“插入”功能区下的页码、日期和时间等完成,也可以手动输入完成,还可以通过插入“域”的方式完成,域在以后的内容中会详细讲解。

(1)创建页眉和页脚

打开“视图”功能区中的“页眉和页脚”选项，系统会自动切换至“页面视图”，文档中的文字会全部变暗，并以虚线框标出页眉区和页脚区，在屏幕上显示“页眉和页脚”工具栏。其中“插入自动图文集”中的内容包含创建日期、作者等。

【例 3-10】 已知 Word 文档 fj. docx，共有 6 页组成，要求在页脚处插入页码，并居中显示，具体步骤如下：

步骤 1：打开文档 fj. docx。

步骤 2：打开“插入”选项卡下的“页眉和页脚”工具栏，选择插入“页脚”。接下来有两种选择(见图 3-44)：①直接选择合适的页脚模式；②进入“编辑页脚”，详细设置。以下以较复杂的“编辑页脚”模式介绍如何编辑页脚。单击页眉和页脚工具栏中的“转至页眉”图标，可切换到页脚区域。

步骤 3：单击工具栏上的“文档部件”，选择“域”，如图 3-45 所示。

步骤 4：在弹出的域对话框中，如图 3-46 所示，域名选择“Page”，右边的页码格式选择“1，2，3，…”(可以根据题目要求选择不同的页码格式)。确定后，在页脚区域即可出现相应的页码，并按要求居中。

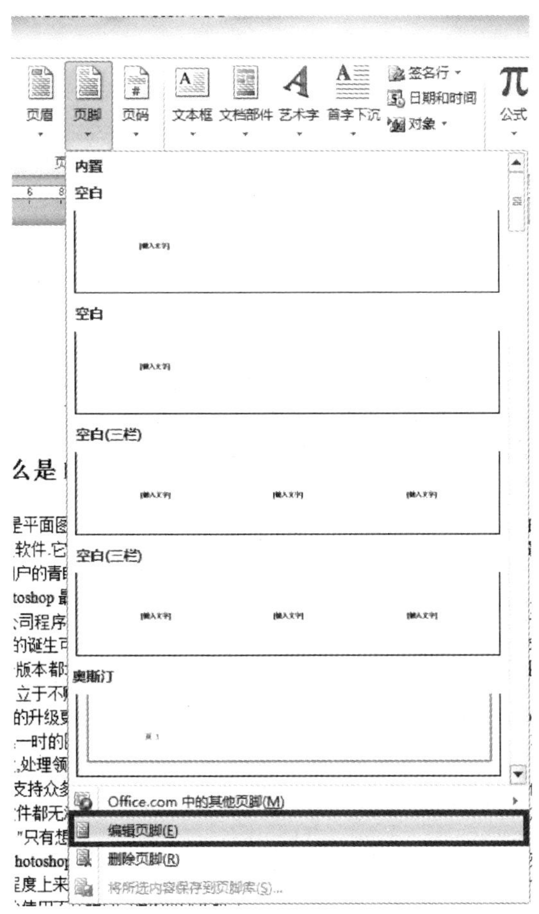

图 3-44　插入页脚、编辑页脚

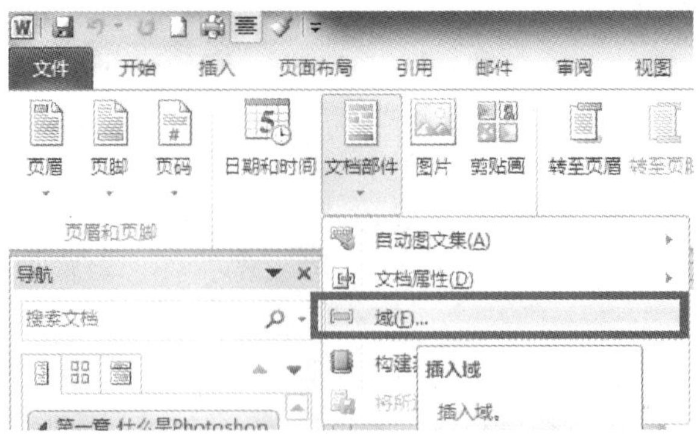

图 3-45　插入"域"

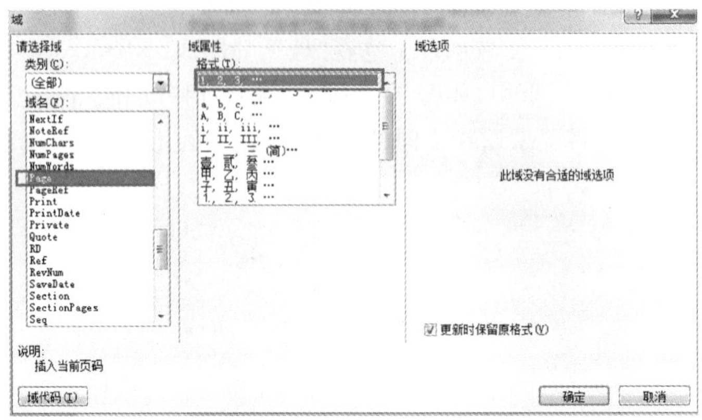

图 3-46　"域"设置对话框

步骤 5:单击保存按钮 即可。

提示:很明显,通过插入"域"的方式比直接选用现有的模板麻烦得多,但好处是熟悉域的使用后,用户可以非常灵活地配置自己需要的页码格式,同时一般的等级考试也要求用户使用域。

同时,相比较 Word 2003,现在的版本缺少了很多实用的自动图文集和常用的页码,而现成的页脚模板、页码模板又特别多,有时候反而通过"域"设置更快。

提示:使用 Word 域可以实现许多复杂的工作。主要有:自动编页码、图表的题注、脚注、尾注的号码;按不同格式插入日期和时间;通过链接与引用在活动文档中插入其他文档的部分或整体;实现无需重新键入即可使文字保持最新状态;自动创建目录、关键词索引、图表目录;插入文档属性信息;实现邮件的自动合并与打印;执行加、减及其他数学运算;创建数学公式;调整文字位置等。

域是 Word 中的一种特殊命令,它由花括号、域名(域代码)及选项开关构成。域代码类似于公式,域选项开关是特殊指令,在域中可触发特定的操作。在用 Word 处理文档时若能巧妙应用域,会给我们的工作带来极大的方便。特别是制作理科等试卷时,有着公式编辑器不可替代的优点。

(2)奇偶页设置

有时不同的页面需要设置不同的页眉或页脚,将如何实现?

【例 3-11】　一篇毕业论文 lw.docx 中,要求奇数页的页眉为学校名称“浙江农林大学”,偶数页的页眉为论文名称“网上商店营销策略研究”,具体步骤如下:

步骤 1:打开 lw.docx。

步骤 2:打开“插入”选项卡中的“页眉”或者“页脚”均可,然后选择“编辑页眉”或者“编辑页脚”,参考前题。如果是“编辑页脚”,则进入“页眉页脚”工具栏后,单击“转至页眉”即可。

步骤 3:在“页眉页脚”工具栏中,选中“奇偶页不同”,如图 3-47 所示。

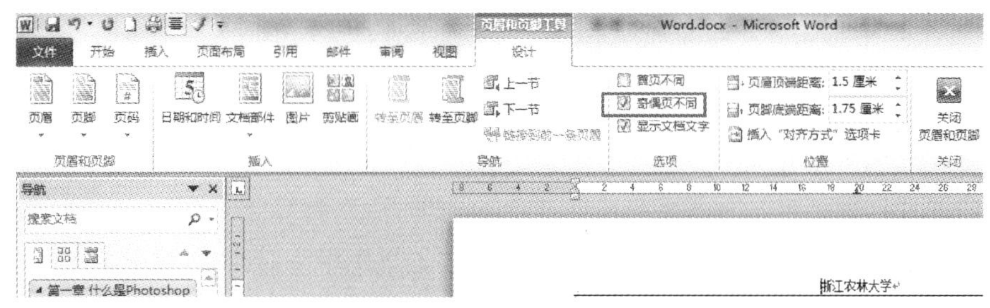

图 3-47　设置“奇偶页不同”

步骤 4:分别在奇数页页眉处输入学校名称“浙江农林大学”,偶数页页眉处输入论文名称“网上商店营销策略研究”。

步骤 7:单击保存按钮 即可。

(3)分节文档的页眉和页脚设置

在需要为文档的不同章节设置不同的页眉和页脚时,需要先将文档进行分节处理。分节后的文档的页眉和页脚设置更为灵活。

【例 3-12】　一篇毕业论文 lw.docx 中,前 3 页的页脚没有,之后的页脚为数字格式的页码,并居中显示,这些将如何实现?具体操作步骤如下:

步骤 1:打开 lw.docx。

步骤 2:把光标放在第 3 页最后面(或者是第 4 页的最前面,如果第 3 页末尾是表格之类的话),插入分隔符中的分节符(“下一页”类型)。

步骤 3:打开“插入”选项卡中的“页眉”或者“页脚”均可,进入“页眉页脚”工具栏后,转至“页脚”。

步骤 4:将光标放在第 4 页的页脚处,并单击“链接到前一条页眉”,使得“与前一节相同”字样消失,即中框部分消失,如图 3-48 所示。

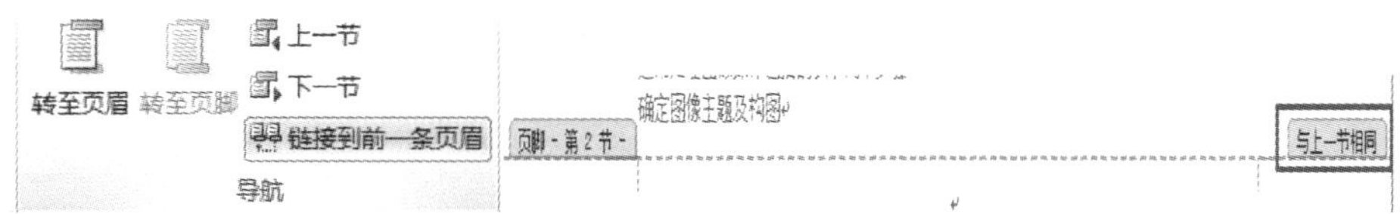

图 3-48　取消节与节之间的联系

步骤 5:光标位置不动,单击工具栏上的“文档部件”,选择“域”,插入页码,并在“对齐方式”处选中“居中”。

步骤 6:单击保存按钮 即可。

(4)使用“域”插入页眉和页脚

域是引导 Word 2010 在文档中自动插入文字、图形、页码等的一组代码,关于域的使用将在后面的内容中详细介绍。

3.3 样式设置

样式是存储在 Word 2010 中的一级段落或字符的格式化指令,Word 2010 中的样式分为字符样式和段落样式。

字符样式是指用样式名称来标识字符格式的组合,字符样式只作用于段落中选定的字符,如果要突出段落中的部分字符,那么可以定义和使用字符样式,字符样式只包含字体、字形、字号、字符颜色等字符格式的信息。

段落样式是指用某一个样式名称保存的一套段落格式,一旦创建了某个段落样式,就可以为文档中的一个或几个段落应用该样式。段落样式包括段落格式、制表符、边框、图文框、编号、字符格式等信息。

样式不仅可以规范全文格式,更与文档大纲逐级对应,可由此创建题注、注释、页码的自动编号、文档的目录、索引等。

3.3.1 样式

样式是指一组已命名的格式组合,即用来修饰某一类段落的参数组合。当用户将一种样式应用于某些段落或字符时,系统会快速完成段落后字符的格式编排。使用样式的方式有两种,具体如下。

1. 利用样式列表使用样式

在使用样式时,同样可以利用样式列表使用样式,首先将鼠标定位在合适文本上,例如“正文”,在“开始”选项卡的“样式”工具栏上对应的样式即被选中,选择合适样式即可改变选中文字的样式,如图 3-49 所示。

图 3-49 “样式”工具栏

2. 利用“样式和格式任务窗格”使用样式

单击“样式”工具栏右下角，可弹出“样式”对话框，如图 3-50 所示，在“样式”对话框中，可以完成多种操作，具体如下。

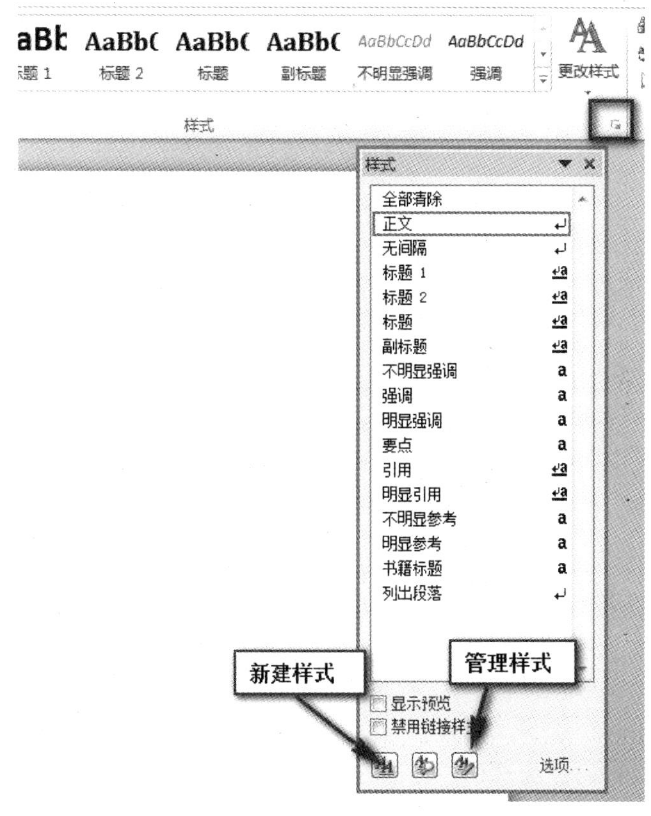

图 3-50　“样式”对话框

(1)新建样式

Word 2010 提供了许多常用的样式，如正文、脚注、各种标题、索引、目录、行号等，对于一般的文档这些内置样式还是能够满足需要的，但在编辑一篇复杂的文档时，这些内置的样式显得捉襟见肘，用户可以自己定义新的样式来满足特殊排版格式的需要。

【例 3-13】 在编辑文档时经常要使用到一种落款的段落样式，为了提高文档的编辑效率，用户可以创建一个“落款”的新样，要求字体为楷体，字号为小四，颜色为红色；段落为首行缩进 2 字符，段前 1 行。具体步骤如下：

步骤 1：打开“样式”对话框，单击左下角“新建样式”按钮，如图 3-50 所示，弹出新建样式对话框，如图 3-51 所示。

步骤 2：在“属性”区域的“名称”文本框中，输入“落款”，在“样式类型”的下拉列表框中，选择“段落”，在“样式基于”的下拉列表框中，选择“正文”，在“后续段落样式”的下拉列表框中，选择“正文”。

步骤 3：单击“格式”按钮弹出一个功能区，在功能区中单击“字体”选项，打开“字体”

对话框,选择"字体"选项卡,如图 3-30 所示。

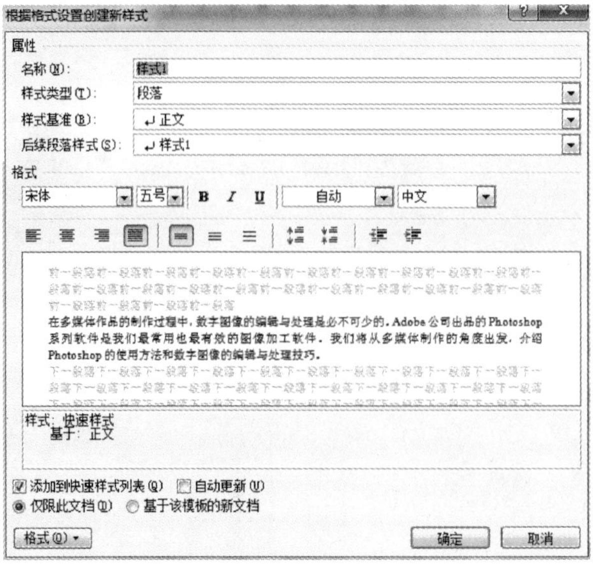

图 3-51　新建样式

步骤 4:在"中文字体"列表中,选择"楷体_GB2312",在"字形"列表中,选择"常规",在"字号"列表中,选择"小四",在"字体颜色"下拉列表中,选择"红色",单击"确定"按钮,返回到"新建样式"对话框。

步骤 5:再次单击"格式"按钮,在弹出的功能区中,单击"段落"选项,打开"段落"对话框,如图 3-31 所示。

步骤 6:在"特殊格式"处选中"首行缩进",后面选中"2 字符";在"间距"区域的"段前"文本框中选择或输入 1 行,单击"确定"按钮,返回到"新建样式"对话框,单击确定按钮,新创建的样式已经出现在"样式和格式"任务空格中了。

提示: 所谓基准样式(样式基于),就是新建样式在其基础上进行修改的样式,后继段落样式就是应用该段落样式后面段落默认的样式。如果创建的样式的格式较为简单,用户可以直接在"新建样式"对话框的"格式"区域进行设置。

(2)修改样式

如果用户对已有的样式不满,可以对它进行修改,对于内置样式和自定义样式都可以进行修改,修改样式后,Word 2010 会自动使文档中使用这一样式的文本格式都进行相应的改变。

【例 3-14】 在文档 lw. docx 中,对已有的样式"标题 1"进行修改,对"标题 1"样式进行居中,并添加多级符号,格式为"第 X 章",其中 X 为阿拉伯数字的 1、2、3 格式;对"标题 2"样式左对齐,并添加多级符号,格式为"X. Y",其中 X 为标题 1 的编号,Y 为阿拉伯数字的 1、2、3 格式。具体步骤如下:

步骤 1:在 lw. docx 文档中,打开"开始"选项卡的"样式"工具栏上对应的样式对话框,如图 3-52 所示,光标定位在标题 1 上,可以样式对话框中看到对应的样式。

步骤 2：在“开始”选项卡中，单击“段落”工具栏中的“多级列表”按钮，选择其中的多级模板“第一章”，如图 3-53 所示。

步骤 3：因为题目要求数字为阿拉伯数字的 1、2、3 格式，所以在步骤 2 的基础上，单击“定义新的多级列表”，在弹出的对话框中，下拉选择“此级别的编号样式”，选择合适的编号格式。

步骤 4：可以将刚才定义好的标题 1 样式应用于其他的需要设置为标题 1 的文本。

步骤 5：在工具栏上，右键单击“标题 1”，选择“修改”，在弹出的对话框中，如图 3-54 所示，“格式”处选中居中按钮，单击“确定”按钮。

修改标题 1 样式后，在“请选择要应用的格式”列表中的标题 1 格式会发生相应的变化，并且修改的样式自动替换原来的样式。

图 3-52　定位标题 1 文本

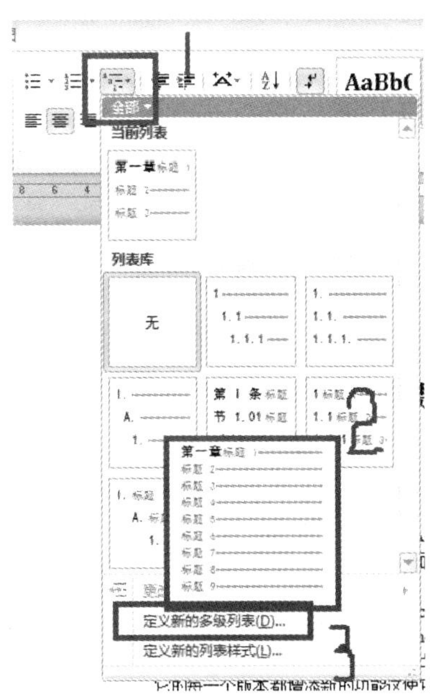

图 3-53　先应用其中的多级列表，然后选择“定义新的多级列表”

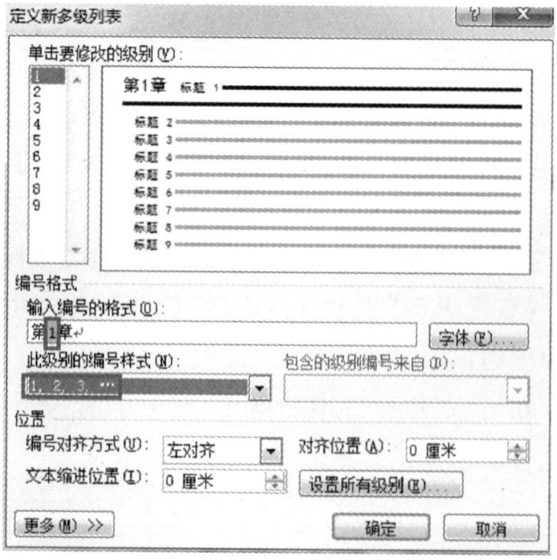

图 3-54　更改编号样式

技巧：用户在进行排版时，如果发现某样式不符合文档的要求，用户也可以直接在文档中对样式进行修改，例如，在例题 3-13 中，文档中已经应用了修改后的"标题 1"的样式后，发现该样式不大符合文档的要求，需要字体是"黑体"，此时，可以在文档中直接对它进行修改，具体步骤如下：

步骤 1：选中应用了"标题 1"样式的标题，此时，右键单击"样式"工具栏或者对话框中的"标题 1"样式，选择"修改"，弹出对话框。

步骤 2：在"格式"工具栏"字体"组合框的下拉列表中，选择"黑体"，单击"居中"按钮。

步骤 3：用户会发现在"样式和格式"任务空格中的"请选择所用样式"列表中出现了两种新样式，如图 3-55 所示，文中所有用到"标题 1"样式的段落都会同步更改为更新后的新样式。

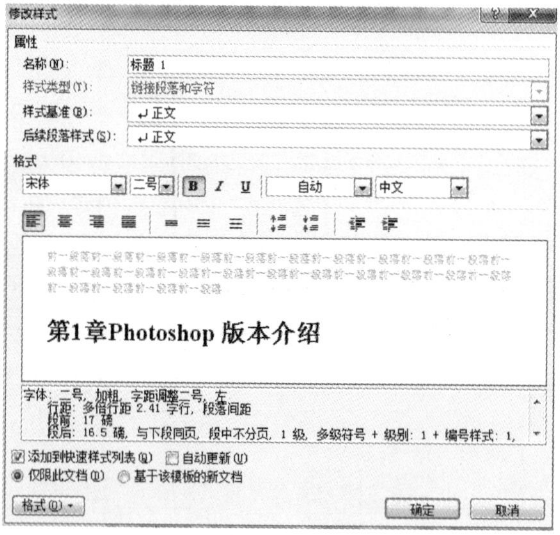

图 3-55　修改样式

(3)删除样式

为了使文档更加美观,用户在编辑文档时创建了许多的样式,样式列表一拉一长串,如果不进行有效的管理,恐怕使用起来更麻烦。下面就介绍一下如何对样式进行有效的管理,使样式真正能够方便自己。

没用的样式用户是没必要留它的,删除无用的样式使样式列表不再臃肿是最佳的选择,在删除样式时系统内置的样式是不能被删除的,只有用户自己创建的样式才可以被删除。

删除样式的具体步骤如下:

步骤 1:打开"样式"对话框中,选择"管理样式"按钮,弹出如图 3-56 所示的对话框。

步骤 2:选择需要删除的样式(注意只有用户自己新建的样式才能被删除,系统自带的不能),单击删除即可。

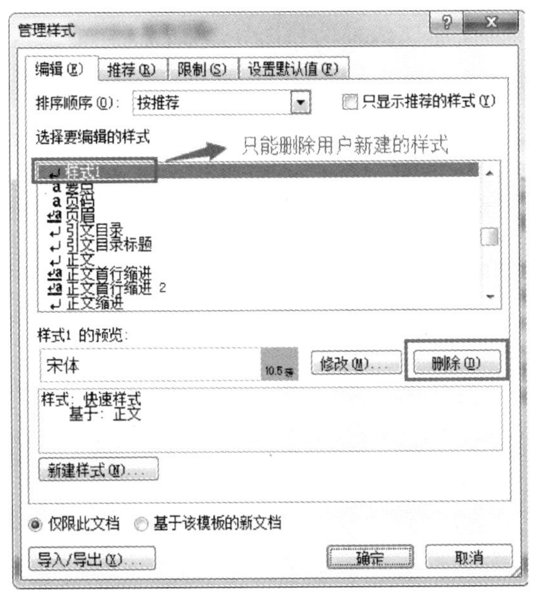

图 3-56 管理样式

3.3.2 文档注释与交叉引用

Word 2010 提供了脚注、尾注、题注等文档注释方式,用户可以轻易地为文章中的内容添加注解。

脚注一般作为文档中某些字符、专有名词或术语的注释;而尾注则是置于文档的结尾,可用于列出参考文献等。

题注主要是针对文字、表格和图形的混合编排的大型文稿。题注一般设定在对象的上下两边,对对象添加带编号的注释说明。

一旦对文档内容添加了带有编号或符号项的注释内容,相关正文内容就需要设置引用说明,以保证注释与文字的对应关系,这一引用关系称为交叉引用。

1. 脚注和尾注

脚注和尾注都不是文档的正文,但它们仍然是文档的一个组成部分,脚注和尾注都起到对文档补充说明的作用。脚注一般出现在每一页的末尾,而尾注一般出现在整篇文档的结尾处。脚注和尾注都包含两个部分:注释标记和注释文本。注释标记出现在正文文本中,一般是一个上角标记字符,用来表示脚注或尾注的存在,详细地注释正文部分。

(1)添加脚注和尾注

在 Word 2010 中,用户可以很方便地为文档添加脚注和尾注,方法相同。

【例 3-15】 在文档 lw. docx 中,对文档中首次出现"Photoshop"的地方添加脚注"Photoshop 是一款图像处理软件",具体步骤如下:

步骤 1:选中文档中首次出现"Photoshop"的地方,选中文本。

步骤 2:单击"引用"选项卡下的"插入脚注"按钮,如图 3-57 所示。

步骤 3:光标自动跳转至脚注编辑区如图 3-58 所示,在编辑区输入"Photoshop 是一款图像处理软件"。

步骤 4:单击保存按钮 即可。

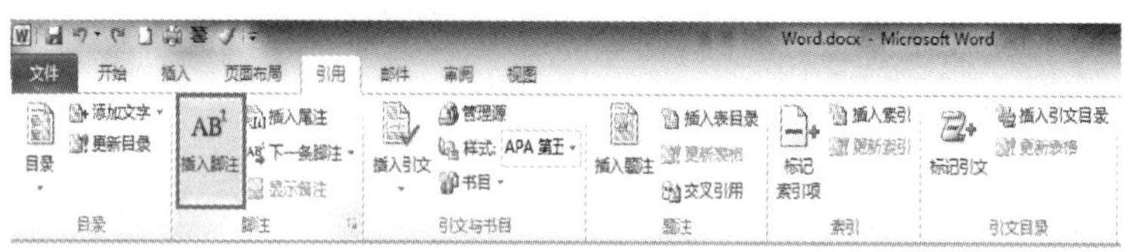

图 3-57 插入脚注

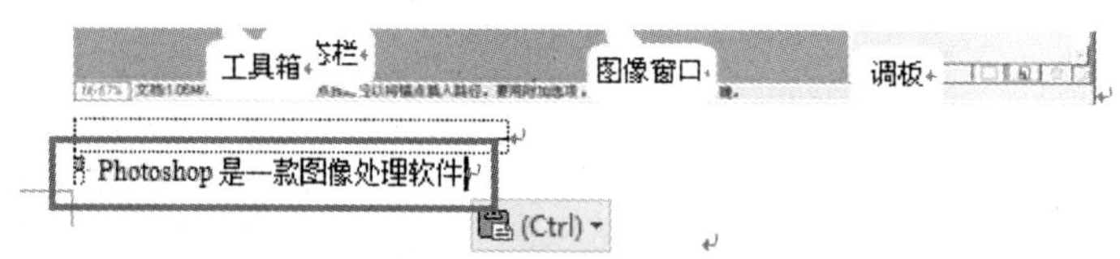

图 3-58 输入脚注文本

(2) 移动、删除脚注和尾注

在插入脚注或尾注时,如果不小心把脚注或尾注插错了位置,用户可以使用移动脚注或尾注位置的方法来改变脚注或尾注位置。移动脚注或尾注中需用鼠标选定要移动的脚注或尾注的注释标记,并将它拖动到所需的位置即可。

删除脚注或尾注只要选定需要删除的脚注或尾注的注释标记,然后按"Delete"键即可,进行移动或删除操作后,Word 2010 都会自动重新调整脚注或尾注的编号。例如,删除了编号为 1 的脚注,无需手动调整编号,Word 2010 会自动将 1 以后的所有脚注的编号前移一位。

(3) 查看和修改脚注和尾注

若要查看脚注或尾注,只要把鼠标指向要查看的脚注或尾注的注释标记,页面中将出现一个文本框显示注释文本的内容。

修改脚注和尾注的注释文本需要在脚注和尾注区进行,选择"视图"功能区中的"脚注”命令，打开“查看脚注”对话框，在对话框中，选择要查看的注释区，单击“确定”按钮即可进入相应的脚注或尾注区，然后，用户就可以对它们进行修改了。

提示：如果文档中只包含脚注或尾注，在执行“视图”|“脚注”命令后，即可直接进入脚注区或尾注区。

(4) 转换脚注和尾注

脚注和尾注之间可以互相转换，例如将在示例文档中插入的脚注转化为尾注。具体步骤如下：

步骤1：单击“脚注”工具栏右下角，弹出“脚注和尾注”对话框，如图3-59所示，当然必须要有脚注或者有位置可放，“转换”按钮才能有效。

步骤2：在对话框中，单击“转换”按钮，弹出“转换注释”对话框。

步骤3：在对话框中，选择“脚注全部转换成尾注”单选按钮。

步骤4：单击“确定”按钮，返回“脚注和尾注”对话框。

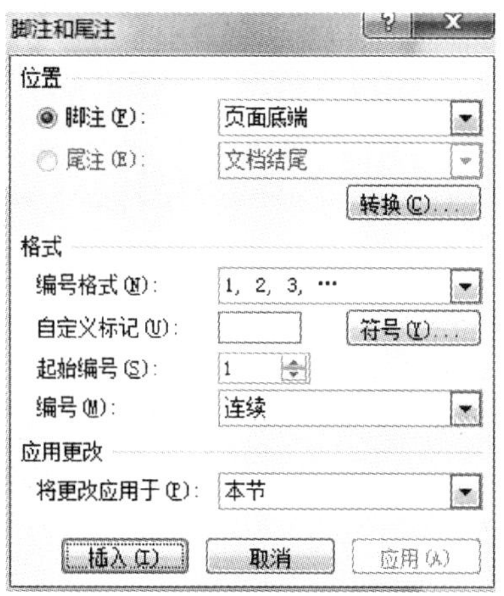

图3-59 脚注和尾注对话框

2. 题注和交叉引用

题注是添加到表格、图表。公式或其他项目上的编号标签，比如“图1-1”、“表2-3”等。当用户在文档中插入表格、图表或其他项目时可以利用题注对其进行添加标注。交叉引用是对文档其他内容的引用，比如“请参阅图1-1”，用户可以利用标题、脚注、书签、题注等创建交叉引用。

(1)添加题注

在图文混排的文档中，用户难免要对表格、图片等内容添加标注，例如，在示例文档lw.docx中，用户要为表格和图片进行添加标注，用户可以利用Word 2010的题注功能来完成，并且Word 2010还可以自动地为题注添加编号。

①为图片添加题注

下面给文档中的图片添加题注。在图片下方为图片添加题注，题注格式为

“图 x-y＊＊＊＊”,其中 x 为章序号,“＊＊＊＊”为题注内容,按需要填写,并居中显示,具体操作如下:

步骤 1:在文档中单击图片,选中图片。

步骤 2:选择“引用”选项卡,打开“题注”工具栏中的“插入题注”,打开“题注”对话框,如图 3-60 所示。

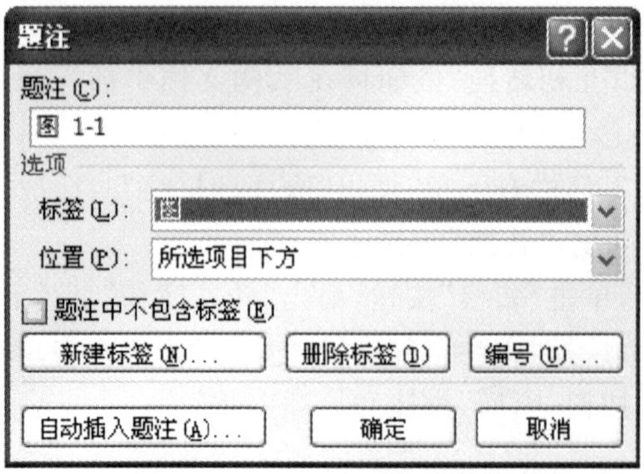

题注
题注(C):
图 1-1
选项
标签(L):
位置(P): 所选项目下方
题注中不包含标签(E)
新建标签(N)... 删除标签(D) 编号(U)...
自动插入题注(A)... 确定 取消

图 3-60 “题注”对话框

步骤 3:单击“新建标签”按钮,打开“新建标签”对话框,如图 3-61 所示。

步骤 4:在“标签”文本框中输入标签的名称“图”,单击“确定”按钮,关闭该对话框,返回到“题注”对话框。此时,在“题注”对话框的“标签”文本中即可看到刚才创建的标签。

步骤 5:单击“编号”按钮,打开“题注编号”对话框,在“格式”下拉列表中设置编号的格式,如图 3-61 所示,在这里选择“1,2,3…”,在“包含章节号(C)”前打勾。

步骤 6:设置完成后,单击“确定”按钮,关闭该对话框,返回到“题注”对话框。

步骤 7:在“题注”对话框的“题注”文本框中会自动出现“图 1-1”文本,在该文本的后面输入相应的题注内容,例如“产品结构图”,在“位置”下拉列表中选择“所选项目下方”选项。

步骤 8:设置完成后,单击“确定”按钮,在图片下方便添加了题注“图 1-1 产品结构图”。

步骤 9:光标放在题注行,选择“格式”工具栏中的居中按钮 。

步骤 10:选中其他各图,分别重复上述步骤 7、8、9(步骤 7 中的题注内容需根据图片需要进行修改)。

图 3-61 新建“图”标签

②在表格上方为表格添加题注,题注格式为“表 x-y ＊＊＊＊”其中 x 为章序号,“＊＊＊＊”为题注内容,按需要填写,并居中显示,具体步骤如下:

步骤 1:选中需要添加题注的表格。

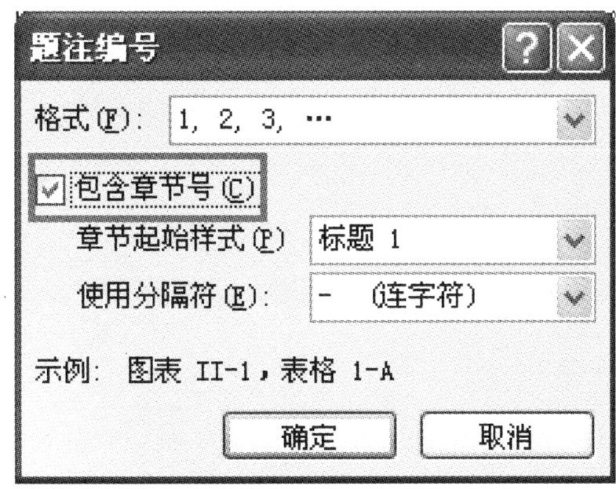

图 3-62　让题注包含章节号

步骤 2:选择“引用”选项卡,打开“题注”工具栏中的“插入题注”,打开题注对话框,如图 3-60 所示。

步骤 3:单击“新建标签”按钮,在“标签”文本框中输入标签的名称“表”,单击“确定”按钮,返回到“题注”对话框。此时,在“题注”对话框的“标签”文本中即可看到刚才创建的标签。

步骤 4:单击“编号”按钮,打开“题注编号”对话框,在“格式”下拉列表中设置编号的格式,在这里选择“1,2,3…”,在“包含章节号(C)”前打勾。

步骤 6:设置完成后,单击“确定”按钮,关闭该对话框,返回到“题注”对话框。

步骤 7:在“题注”对话框的“题注”文本框中会自动出现“表 1-1”文本,在该文本的后面输入相应的题注内容,例如“工资表”,在“位置”下拉列表中选择“所选项目上方”选项。

步骤 8:设置完成后,单击“确定”按钮,在图片上方便添加了题注“表 1-1 工资表”。

步骤 9:光标放在题注行,选择“格式”工具栏中的居中按钮 。

步骤 10:选中其他各表,分别重复上述步骤 7、8、9,步骤 7 中的题注内容需根据表格需要进行修改。

提示:使用手工创建题注用户需要对每一个需要添加题注的图片、表格等项目逐一添加,Word 2010 还提供了自动插入题注的功能,用户在插入表格和图片前,首先设置题注的格式和样式,然后 Word 2010 会按照要求自动添加题注,具体步骤如下:

步骤 1:选择“引用”选项卡,打开“题注”工具栏中的“插入题注”,打开“题注”对话框,如图 3-60 所示。

步骤 2:在对话框中单击“自动插入题注”按钮,打开“自动插入题注”对话框,如图 3-63 所示。

步骤 3:在“插入时添加题注”列表框中,选择希望自动添加题注的项目类型,如选择“Microsoft Word 表格”。

步骤 4:在“选项”区域对要自动添加的题注进行设置。

步骤 5:单击“确定”按钮,这样每次在文档中插入表格时,Word 2010 都会自动为它添加题注。

图 3-63 自动插入题注

注意：设置自动添加题注必须要在插入图、表之前，如果文档中已插入了某些图、表，则再设置自动添加题注后，只会对后面插入的图、表自动添加，前面已有的那些图、表则需手动一个一个添加。

(2)添加交叉引用

在文档的组织过程中，为了保持文档的条理性和有序性，有时会在文中的不同地方引用文档中其他位置内容，在 Word 2010 中可以通过使用交叉引用的功能来实现这种引用。

例如要在示例文档的“详细内容请参看表格 1”的位置添加交叉引用，具体步骤如下：

步骤 1：首先选中要创建交叉引用的“表格 1”。

步骤 2：选择“引用”选项卡，打开“题注”工具栏中的“交叉引用”，打开“交叉引用”对话框，如图 3-64 所示。

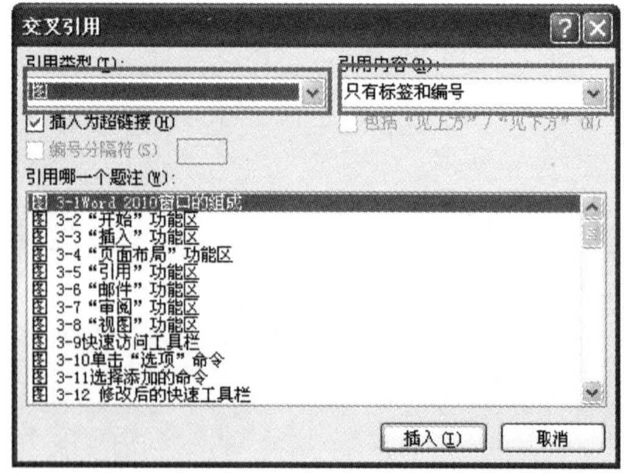

图 3-64 交叉引用

步骤 3：在“引用类型”下拉列表中，选择要引用的类型为“图”，在“引用内容”下拉列表中，选择要引用的具体内容为“只有标签和编号”，在“引用哪一个题注”列表框中，选择“图 x-y ＊＊＊＊”，选中“以超链接的形式插入”复选框。

步骤 4:单击“插入”按钮,Word 2010 即可在指定的位置插入交叉引用。

步骤 5:单击“关闭”按钮,关闭“交叉引用”对话框。

将鼠标移至插入交叉引用的位置,将会出现屏幕提示,如果按下 Ctrl 键不放,然后将鼠标移到插入的交叉引用内容的位置,鼠标会变成小手状,此时,单击鼠标,Word 2010 即可自动定位到被引用的项目所在的位置。

提示:如果想要删除插入的交叉引用,只需在文档中直接删除插入的交叉引用部分的内容即可。

3.3.3 目录和索引

当用户浏览一篇文档时,如果有一个目录,用户将会很快知道自己要找的东西在哪里,从而节省查找的时间。目录的功能就是列出文档中的各级标题以及各级标题所在的页码,通过目录,用户可以对文章的大致纲要有所了解。

1. 提取目录

Word 2010 具有自动编制目录的功能,对于一篇章节标题规范的文档可以从文档中把目录提取出来,提取出来的目录可以根据不同的需要插在不同的地方。

例如,用户要在示例文档的后面插入一个目录,具体步骤如下:

步骤 1:将插入点定位在文档的尾部,选择“引用”选项卡中的“目录”工具栏,单击“目录”按钮,如图 3-65 所示。

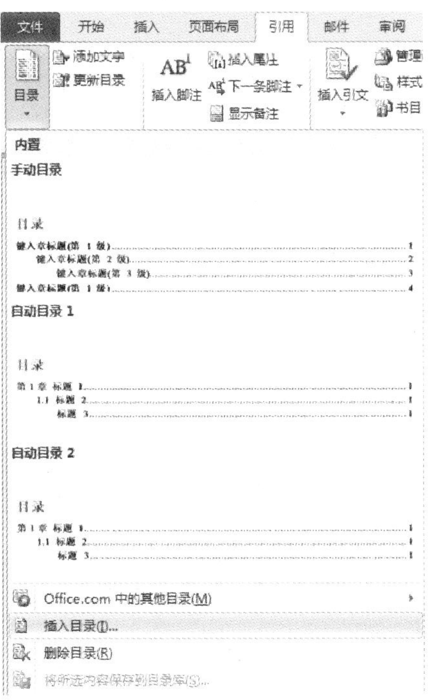

图 3-65 插入目录或者自动目录

步骤 2:可以直接选择内置的目录模式,或者选择“插入目录”,打开“目录”对话框,如图 3-66 所示。

步骤 3:在“格式”下拉列表中选择目录的格式为“来自模板”,用户可以在“打印预览”框中看到该格式的目录效果。

步骤 4:在“显示级别”文本框中指定目录中显示的标题层数为“2”。

步骤 5:选中“显示页码”复选框,在目录每一个标题的后面显示页码。

步骤 6:选中“页码右对齐”复选框,让目录中的页码右对齐。

步骤 7:在“制表符前导符”下拉列表框中,指定标题与页码之间的分隔符。

步骤 8:单击“确定”按钮,目录将被提取出来并插入到文档中,如图 3-67 所示。

目录
索引(X)
目录(C)
图表目录(F)
引文目录(A)
打印预览(V)
标题 1......1
标题 2......3
Web 预览(W)
标题 1
标题 2
显示页码(S)
页码右对齐(R)
制表符前导符(B):
使用超链接而不使用页码(H)
常规
格式(T):
来自模板
显示级别(L):
2
选项(O)...
修改(M)...
确定
取消

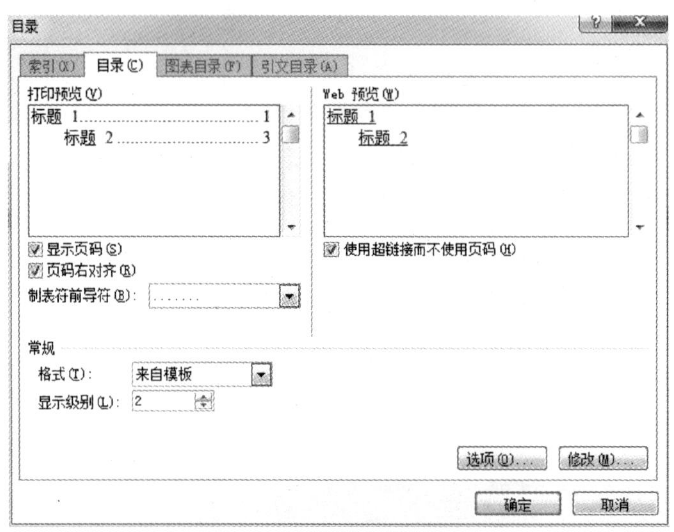

图 3-66　目录对话框

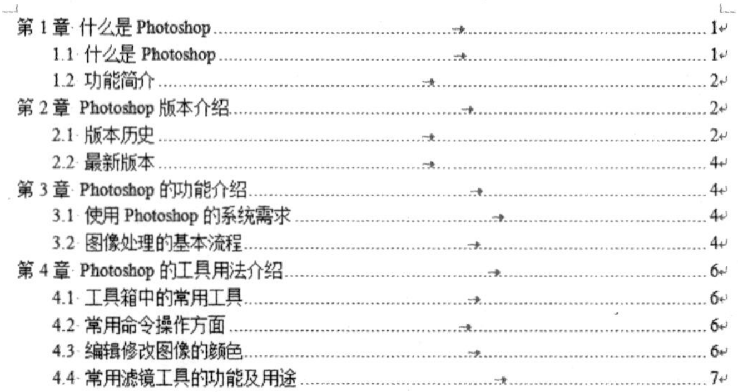

第 1 章 什么是 Photoshop......1
1.1 什么是 Photoshop......1
1.2 功能简介......2
第 2 章 Photoshop 版本介绍......2
2.1 版本历史......2
2.2 最新版本......4
第 3 章 Photoshop 的功能介绍......4
3.1 使用 Photoshop 的系统需求......4
3.2 图像处理的基本流程......4
第 4 章 Photoshop 的工具用法介绍......6
4.1 工具箱中的常用工具......6
4.2 常用命令操作方面......6
4.3 编辑修改图像的颜色......6
4.4 常用滤镜工具的功能及用途......7

图 3-67　目录插入后的效果

目录是以域的形式插入文档的,目录中的页码与原文档有一定的联系,当把鼠标指向提取出的目录时会给出一个提示,根据提示按住 Ctrl 键,然后单击目录标题或页码,则会跳转到文档中的相应标题处。用户可能会感觉到利用目录进行定位文档每次都按 Ctrl

键太麻烦，此时，可以设置直接单击目录定位文档的方式，具体步骤如下：

步骤 1：打开“文件”下的“选项”对话框，在对话框中选择“高级”选项卡，如图 3-68 所示。

步骤 2：在“编辑选项”区域取消“用 Ctrl＋单击跟踪超级链接”复选框的选中状态。

步骤 3：单击“确定”按钮，此时，在将鼠标指向目录时，鼠标将变为小手状，单击鼠标即可跳转到相应位置。

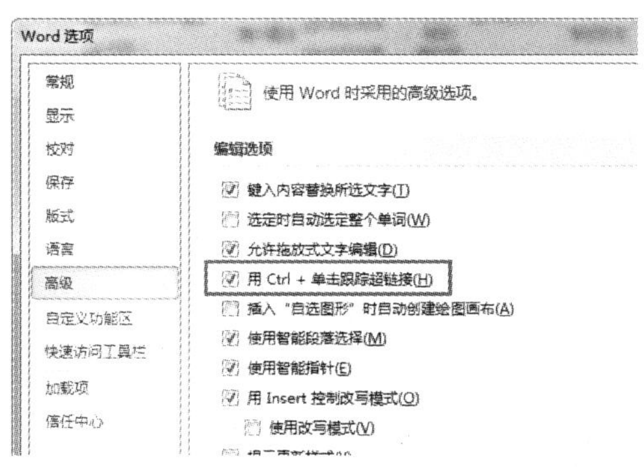

图 3-68　取消选中状态

2. 图表目录

使用图表目录的前提条件就是，已经对各种对象添加了题注。例如，在前面用户为示例文档中的表格和图片添加了题注，这样，用户就可以提取出图表目录，方便文档的管理。

为示例文档中的表格创建图表目录的步骤如下：

步骤 1：将插入点定位在想要提取出目录的下面一行。

步骤 2：选择“引用”选项卡中的“题注”工具栏，单击“插入表目录”按钮，如图 3-69 所示。

步骤 3：在“格式”下拉列表中选择目录的格式为“来自模板”，用户可以在“打印预览”框中看到该格式的目录效果，如图 3-70 所示。

步骤 4：在“题注标签”文本框中选择需要的题注标签为“图”。

步骤 5：选中“显示页码”复选框，在目录每一个标题的后面显示页码。

步骤 6：选中“页码右齐”复选框，让目录中的页码右对齐。

步骤 7：在“制表符前导符”下拉列表框中选择需要的标题与页码之间的分隔符。

步骤 8：单击“确定”按钮，图表目录将被提取出来并插入到文档中。

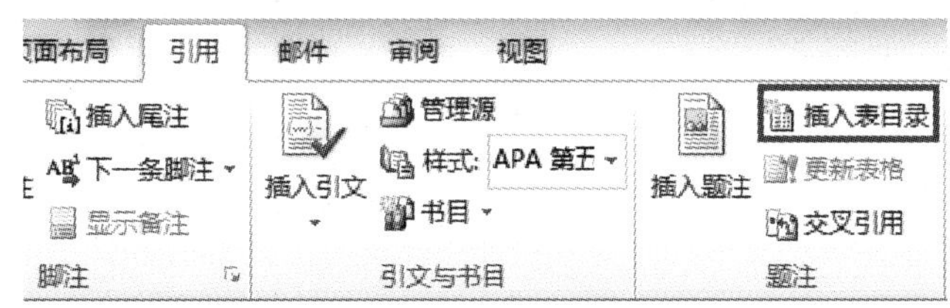

图 3-69　插入图表目录

图 3-70　“图标目录”对话框

3. 更新目录

目录提取出来以后,如果在文档中拉回了新的目录项或在文档中进行增加或删除文本操作时引起了页码的变化,此时,可以更新目录,具体步骤如下:

步骤 1:在提取目录的上方或左侧单击鼠标选中目录,被选中的目录发暗。

步骤 2:在目录上单击鼠标右键,在弹出的快捷功能区中选择“更新域”命令,如图 3-71所示,打开“更新目录”对话框,如图 3-72 所示。

步骤 3:在对话框中如果选择“只更新页码”单选按钮,则只更新目录中的页码,保留原目录格式,如果选择“更新整个目录”单选按钮则重新编辑更新后的目录。

步骤 4:单击“确定”按钮,系统将对目录进行更新。

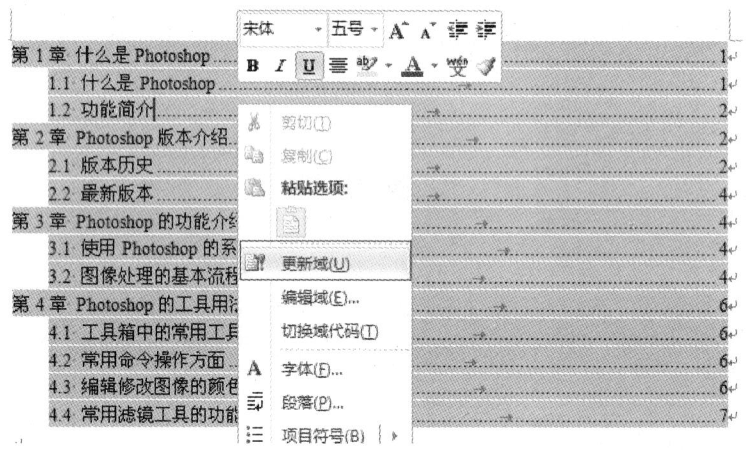

图 3-71　更新域

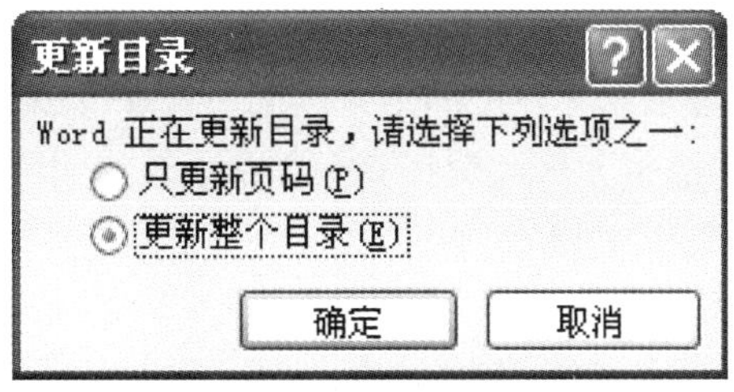

图 3-72　选择更新的内容

在更新的过程中，系统将询问是否要替换目录，单击“是”，则删除当前的目录并插入新的目录，单击“否”，将在另外的位置插入新的目录。

4. 制作文档的索引

在文档中，用户可以为一些专业的词语做个目录，这种为词语做的目录叫索引。有了这些索引，用户将会很快知道自己想要的词语在哪里，从而节省时间。在 Word 2010 中，为文档编制的索引列出了一篇文档中的词条和主题，以及它们出现的页码。

(1)标记索引项

要编制索引，需要先在文档中标记索引项，然后再生成索引，索引项是文档中标记索引中特定文字的域代码，将文字标记为索引项时，Word 将插入一个具有隐藏文字格式的 XE(索引项)域。

在文档中标记索引项的具体操作步骤如下：

步骤 1：选中要索引的词语或短语，例如选择示例文档中的“资源管理器”。

步骤 2：选择“引用”选项卡中“索引”工具栏，单击“插入索引”，打开“索引”对话框，如图 3-73 所示。

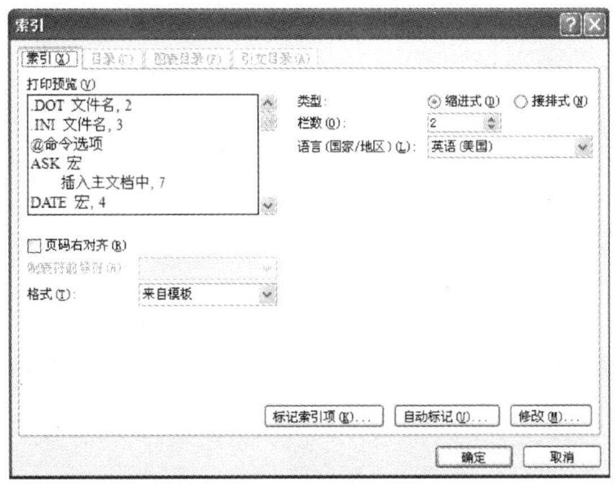

图 3-73　“索引”对话框

步骤 3：单击“标记索引项”按钮，打开“标记索引项”对话框，或者可以直接单击“索引”工具栏上的“标记索引项”。

步骤 4：在“索引”选项组的“主索引项”文本框中，显示了要建立索引的文本内容“资源管理器”，用户也可以输入其他的文本内容，在“选项”区域中，选择“当前页”单选按钮，在“页码格式”区域选中“加粗”和“倾斜”两个复选框。

步骤5:单击“标记”按钮,在文档中的索引项的位置建立索引。

步骤6:用户可以继续选中其他的词语,然后在“标记索引项”对话框中进行设置,索引标记完毕,单击“取消”按钮,关闭对话框。

(2)建立索引

标记索引后就可以生成索引了,在文档中为标记的索引项建立索引的具体步骤如下:

步骤1:将光标定位到文档中要建立索引的位置。

步骤2:选择“引用”选项卡中“索引”工具栏,单击“插入索引”,打开“索引”对话框,如图3-73所示。

步骤3:在“类型”区域中选中“缩进式”单按钮,在“栏数”数值框中输入2,选中“页码右对齐”复选框。

步骤4:单击“确定”按钮,在文档中建立索引。

如果对现有的索引样式不满意,可以对它进行修改,具体的修改方式和修改目录的样式相同,用户可以自己试一试。

Word 2010也有书签的功能,Word 2010的书签是为了进行引用而命名的位置或选定的文本。Word 2010以指定的名称标记这个位置或选定的文本,用户可以用书签在文档中跳转到特定的位置,书签不显示在屏幕上,也不能打印出来。

5. 书签

书签就是为文档中指定的位置或选中的文本添加一个特定标记。在Word 2010中的书签是一个虚拟标记,是为了便于以后引用而标识和命名的位置或文本。

(1)标识书签

要在文本中插入书签,首先选定需要插入书签的文本,例如在示例文档中用户可以为各节的标题添加书签,具体步骤如下:

步骤1:将插入点定位在第一节标题的后面。

步骤2:单击“插入”选项卡,单击“书签”按钮,打开“书签”对话框,如图3-74所示。

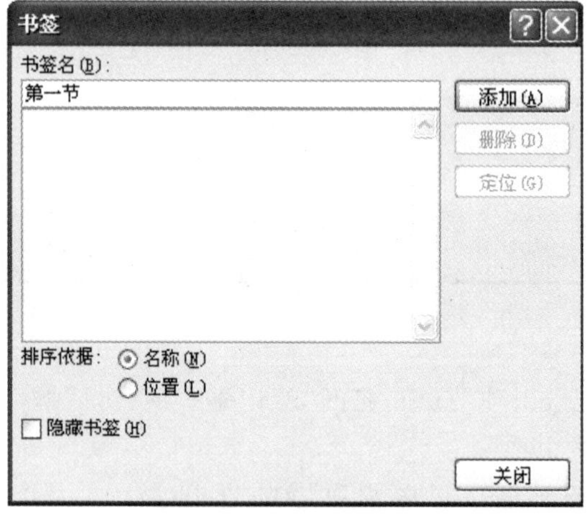

图3-74 “书签”对话框

步骤 3:在对话框中的“书签名”文本框中输入新建的书签名“第一节”。

步骤 4:单击“添加”按钮,书签将被添加到文档中。

步骤 5:按照上面的步骤依次为文档的各节添加书签。

注意: 书签名中可以出现字母、数字、下划线、汉字等,但必须以字母或汉字开头。

(2)定位书签

插入书签的目的是为了定位文档,例如用户要在示例文档中定位到书签名“第四节”的位置,具体步骤如下:

步骤 1:单击“编辑”工具栏中的“查找”或者“替换”,或是直接按“F5”键,找到“定位”选项卡。

步骤 2:在“定位目标”列表中选择“书签”。

步骤 3:在“请输入书签名称”文本框中输入“第四节”或在下拉列表中选择书签“第四节”,如图 3-75 所示。

步骤 4:单击“定位”按钮,即可将插入点定位到书签所在的位置。

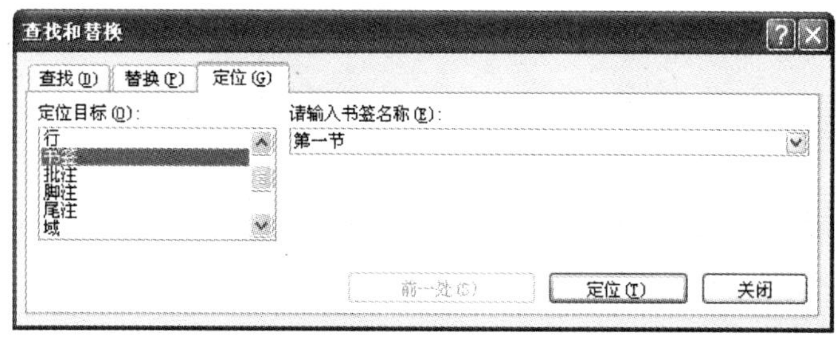

图 3-75　定位书签

提示: 用户也可以利用“书签”对话框进行书签的定位,具体步骤如下:

①单击“插入”选项卡,单击“书签”按钮,打开“书签”对话框,如图 3-74 所示。

②在书签列表中选择“第四节”。

③单击“定位”按钮,将插入点定位到书签所在的位置。

(3)删除书签

为了方便书签的管理应用,用户可以根据需要将无用的书签删除,具体步骤如下:

步骤 1:单击“插入”选项卡,单击“书签”按钮,打开“书签”对话框,如图 3-74 所示。

步骤 2:在“书签名”列表框中选中要删除的书签,单击“删除”按钮。

步骤 3:单击“关闭”按钮。

3.3.4　模　板

1. 应用模板

模板是一类特殊的文档,它为生成的文档提供样板,任何 Word 文档都是以模板为基础的,模板决定文档的基本结构和文档设置,基于同一模板创建的文档在字体、页面设置、样式、自动图文集词条、工具栏和快捷键等方面具有相同的设置。

用户在创建文档时,可能要创建一些专业性较强的文档,如简历、公文等,如果用户对该类文档的样式不太熟悉,那么,创建它们是比较麻烦的事情。但利用 Word 2010 提供的模板功能,用户可以轻松地创建出比较专业的文档。

例如用户要创建一份专业型简历,利用模板创建的具体步骤如下:

步骤 1:执行“文件”→“新建”命令。

步骤 2:在“可用模板”区域单击“样本模板”,选择“专业型简历”模板,在“新建”区域选择“文档”单选按钮,单击“确定”按钮,即创建一个专业简历。如图 3-76 所示。

步骤 3:在创建的简历文档中进行必要的编辑,一份专业型简历就创建好了。

图 3-76 基于“基本简历”模板创建文档

2. 创建模板

Word 2010 提供的模板很有可能不符合用户的需要,此时,用户可以自己创建一个合适的模板,下次做类似的文档时,用户只需简单地输入内容。创建模板时可以利用现有的文件创建模板,也可以直接创建模板文件。

根据现有的文件创建模板:

在这里,利用“会议通知”文件创建一个公文模板,具体步骤如下:

Word 2010 允许用户创建自定义的 Word 模板,以适合实际工作需要。用户可以将自定义的 Word 模板保存在“我的模板”文件夹中,以便随时使用。在 Windows 7 系统中,“我的模板”文件夹目录为 C:→Users→Administrator→AppData→Roaming→Microsoft→Templates。要想找到上述文件夹,必须在当前系统中允许显示隐藏文件和文件夹。

以 Windows 7 系统为例,在 Word 2010 文档中新建模板的步骤如下:

步骤 1:打开 Word 2010 文档窗口,在当前文档中设计自定义模板所需要的元素,例如文本、图片、样式等。

步骤 2:完成模板的设计后,在“快速访问工具栏”单击“保存”按钮。打开“另存为”对话框,选择“保存位置”为 Users→Administrator→AppData→Roaming→Microsoft→Templates 文件夹(当然也可以直接单击左列中“Microsoft Word”下的“Templates”),然后单击“保存类型”下拉三角按钮,并在下拉列表中选择“Word 模板”选项。在“文件名”编辑框中输入模板名称,并单击“保存”按钮即可,如图 3-77 所示。

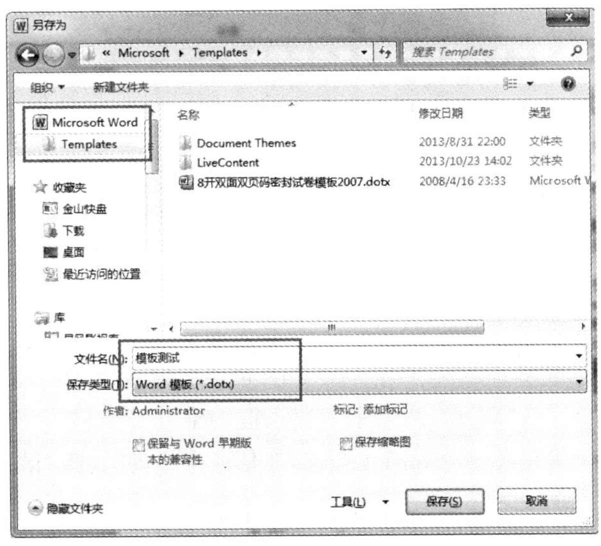

图 3-77　另存为模板文件

步骤 3:依次单击“文件”→“新建”按钮,在打开的“新建文档”对话框中选择“我的模板”选项,如图 3-78 所示。

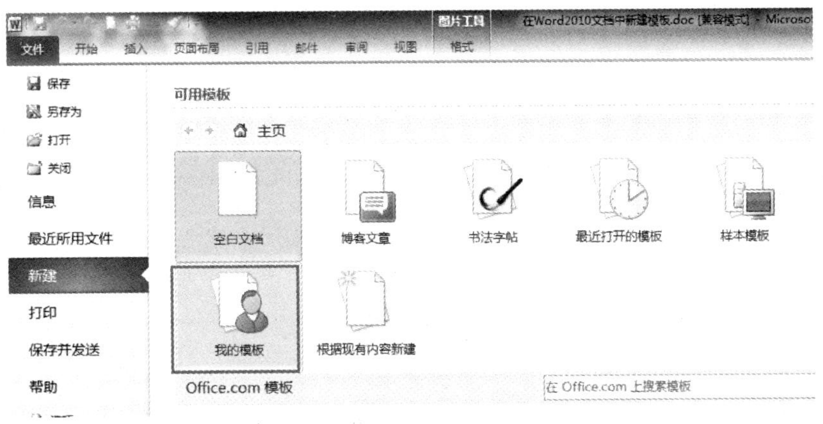

图 3-78　选择“我的模板”选项

步骤 4:打开“新建”对话框,在模板列表可以看到新建的自定义模板。选中该模板并单击“确定”按钮即可新建一个文档,如图 3-79 所示。

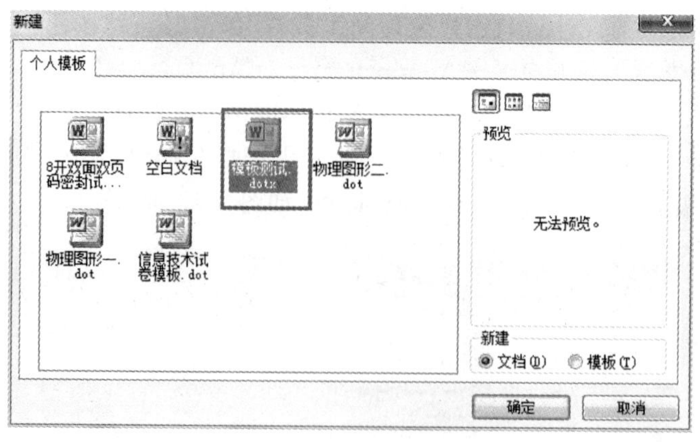

图 3-79　查看新建的自定义模板

3. 使用站点上的模板

在 Microsoft Office Online 网站上提供了大量的模板，如果用户的计算机正与 Internet 相连，就可以到 Microsoft Office Online 网站去寻找更多的模板，具体步骤如下：

步骤 1：执行“文件”→“新建”命令，打开“新建文档”任务窗格。

步骤 2：确认计算机正在与 Internet 相连，在任务空格的“模板”区域单击“Office. com 模板”选项，此时，将打开如图 3-80 所示网页。

步骤 3：在网页中列出了不同类别的模板选项，单击其中的一个模板类别即可打开该类别列表。例如单击“日历”，则将打开如图 3-80 所示的网页。

步骤 4：在模板列表中单击需要的模板，则会打开模板预览网页，如果对所选模板感到满意，单击“立即下载”按钮，即可将需要的模板下载下来。

图 3-80　Office. com 模板

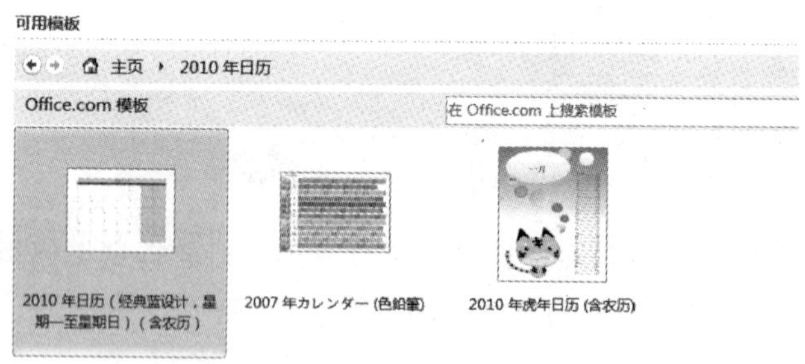

图 3-81　在线的模板

4. 到网上搜索模板

Word 2010 增强了网络功能，用户不但可以到 Microsoft Office Online 网站去寻找模板，还可以直接到网站上去搜索需要的模板，具体步骤如下：

步骤 1：执行“文件”→“新建”命令，打开“新建文档”任务窗格。

步骤 2：确认计算机正在与 Internet 相连，在任务窗格的“模板”区域的“到网上搜索”文本框中输入要搜索的模板，例如输入“月历”，如图 3-82 所示，单击“搜索”按钮，系统开始到网上搜索，并将搜索到的结果列在“搜索结果”任务窗格中。

步骤 3：在搜索结果中单击需要的模板，打开如图 3-83 所示的“模板预览”窗口，如果对模板满意，单击“下载”按钮，将其下载。

我的模板　根据现有内容新建

Office.com 模板　月历

图 3-82　搜索网上模板

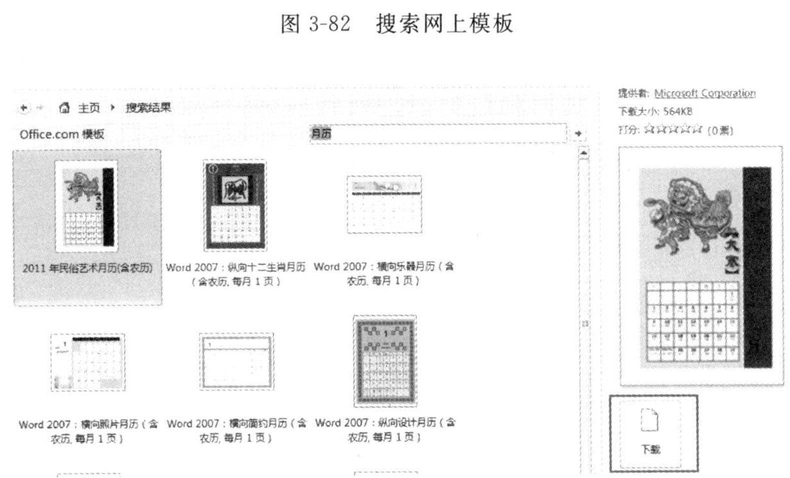

图 3-83　选择并下载在线模板

3.4　域和修订

3.4.1　域的概念

1. 什么是域

简单地讲，域就是引导 Word 在文档中自动插入文字、图形、页码或其他信息的一组代码。每个域都有一个唯一的名字，它具有的功能与 Excel 中的函数非常相似。在前面的介绍中，我们已经直接或间接地用到域来插入日期、页码等。

域由三部分构成，形如“{Seq Identifier[Bookmark][Switches]}”的关系式，在 Word

中称为“域代码”。域特征字符为包含域代码的大括号“{}”,不过它不能使用键盘直接输入,而是按下 Ctrl+F9 组合键输入的域特征字符,或单击“插入”功能区中的“域”操作自动建立。

域名称:上面的“Seq”即被称为“Seq 域”,Word 2010 提供了 9 大类共 75 种域。

域指令和开关:如上式中的“Identifier”和“Bookmark”,前者是为要编号的一系列项目指定的名称,后者可以加入书签来引用文档中其他位置的项目。“Switches”称为可选的开关,域通常有一个或多个可选的开关,开关与开关之间使用空格进行分隔。

域结果:即是域的显示结果,类似于 Excel 函数运算以后得到的值。域可以在无须人工干预的条件下自动完成任务,例如编排文档页码并统计总页数;按不同格式插入日期和时间并更新;通过链接与引用在活动文档中插入其他文档;自动编制目录、关键词索引、图表目录;实现邮件的自动合并与打印;创建标准格式分数、为汉字加注拼音等。

2. 域的分类

Word 2010 提供了 9 大类共 75 种域。

(1)编号

编号域用于在文档中插入不同类型的编号,在“编号”类别下共有 10 种不同域,如表 3-1所示。

表 3-1 编号域

域 名	用 途
AutoNum	将段落顺序编号
AutoNumLgl	对法律和技术类出版物自动进行段落编号
AutoNumOut	自动以大纲样式对段落进行编号
Barcode	插入邮政条码(美国邮政局使用的机器可读地址形式)
ListNum	在段落中的任意位置插入一组编号
Page	在 Page 域所在处插入页码
RevNum	插入文档的修订次数,该信息来自“文件”功能区的“属性”对话框中的“统计信息”选项卡
Section	插入当前节的编号
SectionPages	插入一节的总页数
Seq(Sequence)	对文档中的章节、表格、图表和其他项目按顺序编号

(2)等式和公式

等式和公式域用于执行计算、操作字符、构建等式和显示符号,在“等式和公式”类别下共有 4 种不同域,如表 3-2 所示。

表 3-2　等式和公式域

域　名	用　途
=(Formula)	计算表达式结果
Advance	将 Advance 域后面的文字的起点向上、下、左、右或指定的水平或垂直位置偏移
Eq	生成数学公式
Symbol	插入 ANSI 字符集中的单个字符或一个字符串

(3)链接和引用

链接和引用域用于将外部文件与当前文档链接起来，或将当前文档的一部分与另一部分链接起来，在“链接和引用”类别下共有 11 种不同域，如表 3-3 所示。

表 3-3　链接和引用域

域　名	用　途
AutoText	插入指定的“自动图文集”词条
AutoTextList	为活动模板中的“自动图文集”词条创建下拉列表
Hyperlink	插入带有提示文字的超级链接，可以从此处跳转至其他位置
IncludePicture	插入指定的图形
IncludeText	插入命名文档中包含的文字和图形
Link	将从其他应用程序复制来的信息通过 OLE 链接到源文件
NoteRef	插入用书签标记的脚注或尾注引用标记，以便多次引用同一注释或交叉引用脚注或尾注
PageRef	插入书签的页码，作为交叉引用
Quote	将指定文字插入文档
Ref	插入指定的书签
StyleRef	插入具有指定样式的文本

(4)日期和时间

在“日期和时间”类别下有 6 种不同域，如表 3-4 所示。

表 3-4　日期和时间域

域　名	用　途
CreateDate	插入第一次以当前名称保存文档时的日期和时间
Date	插入当前日期
EditTime	插入文档创建后的总编辑时间，以分钟为单位
PrintDate	插入上次打印文档的日期
SaveDate	用“文件”功能区中“属性”对话框的“统计信息”选项卡的信息(指其中“修订次数”一项)，插入文档最后保存的日期和时间
Time	插入当前时间

(5)索引和目录

索引和目录域用于创建和维护目录、索引和引文目录,在"索引和目录"类别下共有 7 种不同域,如表 3-5 所示。

表 3-5　索引和目录域

域　名	用　途
Index	建立并插入一个索引
RD	用来在根据 TOC、TOA 或 INDEX 域创建目录、引文目录或索引时,识别要包含的文件
TA	定义引文目录项的文本和页码
TC	定义显示在目录或表格、图表及其他类似项目的列表中的项目的文本和页码
TOA	生成并插入引文目录
TOC	建立一个目录
XE	为索引项定义文本和页码

(6)文档信息

文档信息域对应于文件属性的"摘要"选项卡上的内容,"文档信息"类别下共有 14 种不同域,如表 3-6 所示。

表 3-6　文档信息域

域　名	用　途
Author	插入文档作者的姓名
Comments	插入当前文档或模板的"文件"功能区中"属性"对话框"摘要信息"选项卡"备注"框中的内容
DocProperty	插入"文件"功能区中的"属性"对话框中的文件信息
FileName	插入文档文件名,此文件名记录在"文件"功能区的"属性"对话框中的"常规"选项卡内
FileSize	插入按字节计算的文档大小
Info	插入记录于"文件"功能区中的"属性"对话框中有关活动文档或模板的信息
Keywords	插入活动文档或模板的"属性"对话框中"摘要信息"选项卡上"关键字"框内的内容
LastSavedBy	插入最后更改并保存文档的修改者姓名,该姓名来自"文件"功能区中的"属性"对话框的"统计信息"选项卡
NumChars	插入文档包含的字符数,该数字来自"文件"功能区的"属性"对话框中"统计信息"选项卡
NumPages	插入文档的总页数,该数字来自"文件"功能区的"属性"对话框中"统计信息"选项卡
NumWords	插入文档的总字数,该数字来自"文件"功能区的"属性"对话框中"统计信息"选项卡
Subject	插入"摘要信息"选项卡"主题"框的内容
Template	插入文档模板的文件名,该信息来自"文件"功能区中"属性"对话框的"摘要信息"选项卡
Title	插入"摘要信息"选项卡"标题"框的内容

(7)文档自动化

大多数文档自动化域用于构建自动化的格式，该域可以执行一些逻辑操作并允许用户运行宏、为打印机发送特殊指令转到书签。在“文档自动化”类别下共有 6 种不同域，如表 3-7 所示。

表 3-7　自动化域

域　名	用　途
Compare	比较两个值，如果比较结果为真，则显示“1”，如果为假，则显示“0”
DocVariable	插入赋予文档变量的字符串
GoToButton	插入跳转命令，以方便查看较长的联机文档
If	比较两个值，根据比较结果插入相应的文字
MacroButton	插入宏命令
Print	将打印控制代码字符发送到选定的打印机，Word 只有在打印文档时才显示结果

(8)用户信息

用户信息域对应于“选项”对话框中的“用户信息”选项卡。在“用户信息”类别下共有 3 种不同域，如表 3-8 所示。

表 3-8　用户信息域

域　名	用　途
UserAddress	插入“用户信息”选项卡“通讯地址”框中的地址
UserInitials	插入从“用户信息”选项卡“缩写”框中得到的缩写
UserName	插入从“用户信息”选项卡“姓名”框中得到的用户姓名

(9)邮件合并

邮件合并域用于在合并“邮件”对话框中选择“开始邮件合并”后出现的文档类型以构建邮件。在“邮件合并”类别下共有 14 种不同域，如表 3-9 所示。

表 3-9　邮件合并域

域　名	用　途
AddressBlock	插入邮件合并地址块
Ask	提示输入信息并指定一个书签代表输入的信息
Compare	比较两个值，如果比较结果为真，则显示“1”，如果为假，则显示“0”(零)
Database	在 Word 表格中插入一个数据库查询的结果
Fill-in	提示用户输入文字。用户的应答信息会打印在域中
GreetingLine	插入邮件合并问候语
If	比较两个值，并根据比较结果插入相应文字
MergeField	在邮件合并主文档中将数据域名显示在“《》”形的合并字符之中
MergeRec	将 Ergerec 显示为一个域结果
MergeSeq	统计域与主控文档成功合并的数据记录数
Next	指示 Word 将下一个数据记录合并到当前生成的合并文档中，而不是重新开始一个新的合并文档

续表

域 名	用 途
Next If	比较两个表达式,如果比较结果为真,则 Word 把下一条数据记录合并到当前合并文档中
Set	定义指定书签名所代表的信息
Skip If	Skip If 域可以比较两个值。如果比较结果为真,那么 Skip If 取消当前合并文档,移至数据源的下一条数据记录,并开始一个新的合并文档。如果比较结果为假,那么 Word 将继续处理当前合并文档

3.4.2 域的操作

1. 插入域

在 Word 2010 中,域的插入有多种方法,具体如下。

(1)使用命令插入域

在 Word 中,高级的复杂域功能很难用手工控制,如"自动编号"和"邮件合并"、"题注"、"交叉引用"、"索引和目录"等。为了方便用户,9 大类共 74 种域大多以命令的方式提供。

在"插入"功能区中提供有"域"命令,它适合一般用户使用,Word 提供的域都可以使用这种方法插入。你只需将光标放置到准备插入域的位置,单击"插入"→"域"功能区命令,即可打开"域"对话框,如图 3-84 所示。

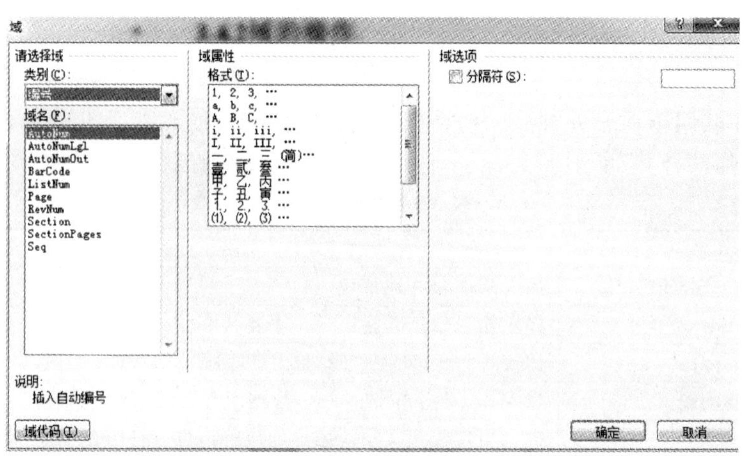

图 3-84 "域"对话框

首先在"类别"下拉列表中选择希望插入的域的类别,如"编号"、"等式和公式"等。选中需要的域所在的类别以后,"域名"列表框会显示该类中的所有域的名称,选中欲插入的域名(如"AutoNum"),则"说明"框中就会显示"插入自动编号",由此可以得知这个域的功能。对 AutoNum 域来说,你只要在"格式"列表中选中你需要的格式,单击"确定"按钮就可以把特定格式的自动编号插入页面。

你也可以选中已经输入的域代码，单击鼠标右键，然后选择“更新域”、“编辑域”或“切换域代码”命令，对域进行操作。

(2)使用键盘插入

如果你对域代码比较熟悉，或者需要引用他人设计的域代码，使用键盘直接输入会更加快捷。其操作方法是：把光标放置到需要插入域的位置，按下 Ctrl+F9 组合键插入域特征字符“”。接着将光标移动到域特征代码中间，按从左向右的顺序输入域类型、域指令、开关等。结束后按键盘上的 F9 键更新域，或者按下 Shift+F9 组合键显示域结果。

如果显示的域结果不正确，你可以再次按下 Shift+F9 组合键切换到显示域代码状态，重新对域代码进行修改，直至显示的域结果正确为止。

(3)使用功能命令插入

由于许多域的域指令和开关非常多，采用上面两种方法很难控制和使用。为此，Word 2010 把经常用到的一些功能以命令的形式集成在系统中，如“拼音指南”、“纵横混排”、“带圈文字”等。用户可以像普通 Word 命令那样使用它们。

2. 编辑域

(1)快速删除域

插入文档中的“域”被更新以后，其样式和普通文本相同。如果你打算删除某个或全部域，查找起来有一定困难(特别是隐藏编辑标记以后)。此时按下 Alt+F9 组合键可以显示文档中所有的域代码(反复按下 Alt+F9 组合键可在显示和更新域代码之间切换)，然后单击“编辑”→“查找”功能区命令，在出现的对话框中单击“高级”按钮，将光标停留在“查找内容”框中，单击“特殊字符”按钮并从列表中选择“域”(进入“查找内容”框)。单击“查找下一处”按钮就可以找到文档中的域，找到之后将其选中再按下 Delete 键即可删除。

(2)修改域

修改域和编辑域的方法是一样的，你对域的结果不满意可以直接编辑域代码，从而改变域结果。按下 Alt+F9(对整个文档生效)或 Shift+F9(对所选中的域生效)组合键，可在显示域代码或显示域结果之间切换。当切换到显示域代码时，就可以直接对它进行编辑，完成后再次按下 Shift+F9 组合键查看域结果。

(3)取消域底纹

默认情况下，Word 文档中被选中的域(或域代码)采用灰色底纹显示，但打印时这种灰色底纹是不会被打印的。如果你不希望看到这种效果，可以单击“工具”→“选项”功能区命令，在出现的对话框中单击“视图”选项卡，从“域底纹”下拉列表中选择“不显示”选项即可。

(4)锁定和解除域

如果你不希望当前域的结果被更新，可以将它锁定。具体操作方法是：鼠标单击该域，然后按下 Ctrl+F11 组合键即可。如果你想解除对域的锁定，以便对该域进行更新。只要单击该域，然后按下 Ctrl+Shift+F11 组合键即可。

(5)解除域链接

如果一个域插入文档之后永远不需要再更新，可以解除域的链接，用域结果代替域代码即可。你只需要选中需要解除链接的域，按下 Ctrl+Shift+F9 组合键即可。

3. 更新域

在键盘输入域代码后,必须更新域后才能显示域结果,在域的数据源发生变化后,也需要手动更新域后才能显示最新的域结果。

(1)打印时更新域

在"选项"对话框"打印"选项卡中,将"更新域"打上"√",在文档输出时会自动更新文档中所有的域结果。

(2)切换视图时自动更新域

在页面视图和Web版式视图切换时,文档中所有的域自动更新。

(3)手动更新域

选择要更新的域或包含所有要更新域的文本块,通过快捷功能区"更新域"或快捷键F9手动更新域。

3.4.3 文档修订

Word 2010是大家都在使用的文档制作处理软件,但其中有些很便捷的功能却用得不是很熟练,在OA中,也存在有一些带有"修订标识"的"非最终状态"文件。下面就对"审阅"功能做详细的说明,希望能对大家的工作有帮助。

点击"审阅"功能区,出现下面的工具栏,其中我们重点关注的是图3-85下面针对这些功能做一一讲解。

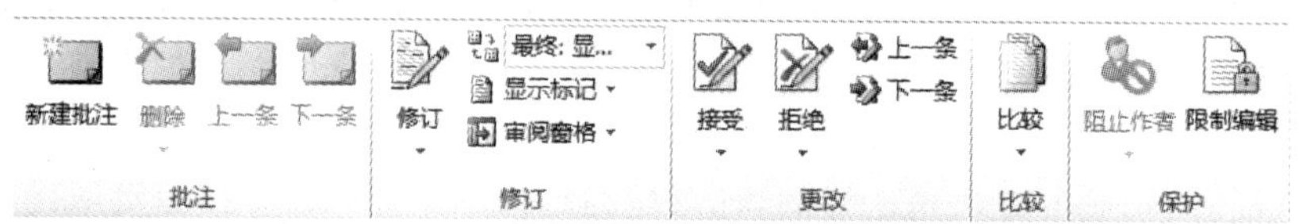

图3-85 审阅选项卡

1. 批注

打开一篇文档后,我们可以针对文档中的某一部分做"批注",以表达我们的想法。这点在讨论合同、方案等时候,尤为有用。操作步骤如下:

步骤1:选中要添加批注的部分。

步骤2:点击"新建批注",在选中的区域出现色标,以及"批注添加者姓名"。

步骤3:在批注框中添加批注,如图3-86所示。

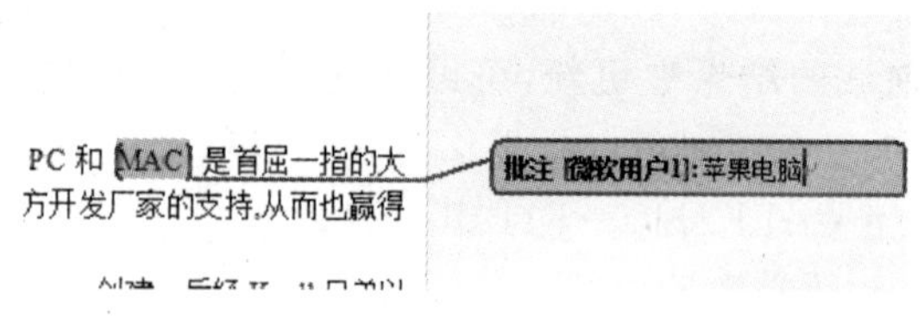

图3-86 添加批注

步骤 4：文档有了批注后，就可以使用“上一条”、“下一条”、“删除”这些功能了，如图 3-87所示。

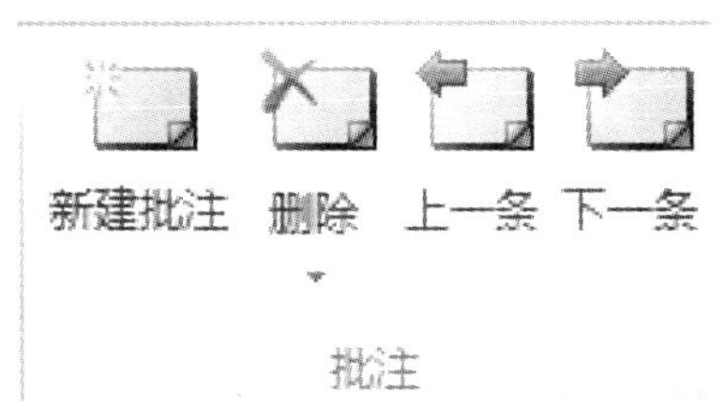

图 3-87　批注查询

2. 修订与更改

批注一般用于对文档内容发表意见。但如果是讨论审核一篇文档，就需要用到“修订”与“更改”功能了。操作步骤如下：

步骤 1：按下“修订”按钮，如图 3-88 所示。

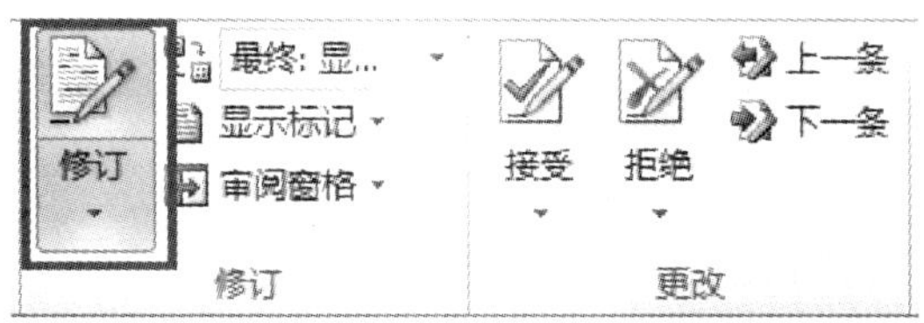

图 3-88　修订

步骤 2：对文档的任何删除、修改，都会作为“修订”显示。被修订内容显示删除横线，修改后的内容在被修订文件旁显示(请看红色区域，书中未标注红色)，如图 3-89 所示。

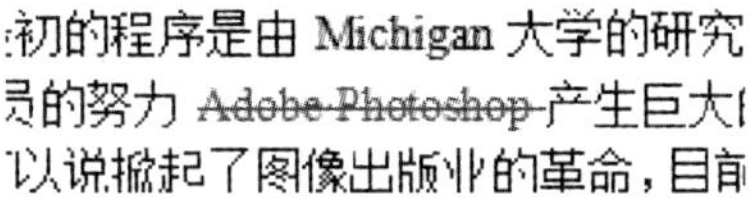

初的程序是由 Michigan 大学的研究
员的努力 ~~Adobe Photoshop~~ 产生巨大
以说掀起了图像出版业的革命，目前

图 3-89　修订模式

步骤 3：如果觉得上面的显示较乱，可以点击“批注框”，将显示模式更改，如图 3-90 所示，是不是清爽多了？

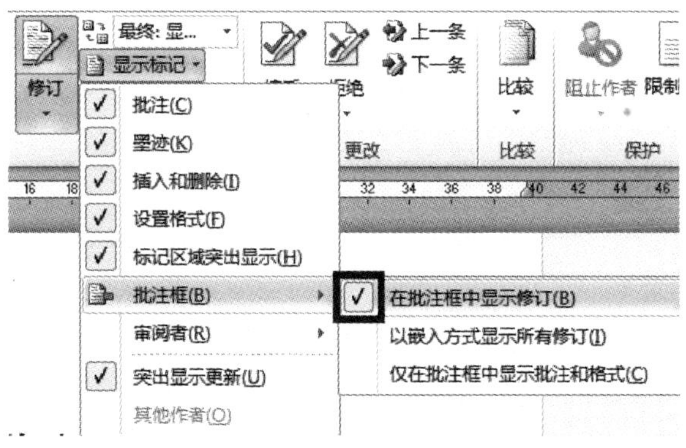

图 3-90　批注框中显示修订

步骤 4:文档审核后,发给原作者或其他审核者,由原作者或其他审核者“接受”或“拒绝”这些修订,如图 3-91 所示。

图 3-91 接受或者拒绝修订

步骤 5:在文档审阅过程中,我们可以选择直接观看“最终状态”或“显示标记的最终状态”。这也是最容易导致文档作为半成品出现的原因。每一个人的 Word 的默认设置不同,也许,此处的“最终状态”模式文档,到了另一个人那里,就满篇都是“修订标记”了。

建议大家将文档设置为“显示标记最终状态”,以确保文档最终出去时,是“最终状态”,如图 3-92 所示。

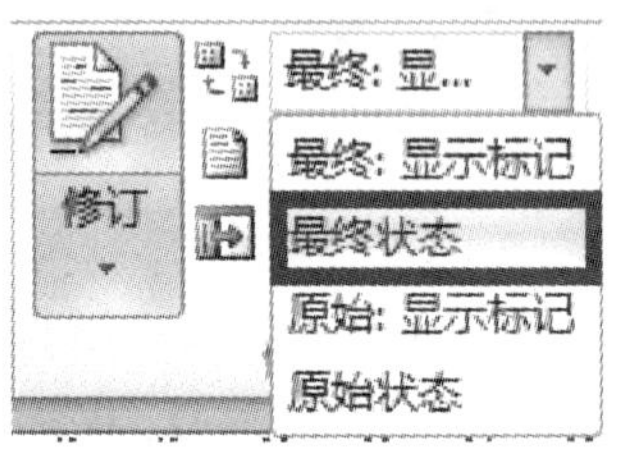

图 3-92 显示为最终状态

步骤 6:在观看“修订模式”中的文档时,如果看得费力,可以打开“审阅窗格”,以便于观看,如图 3-93 所示。

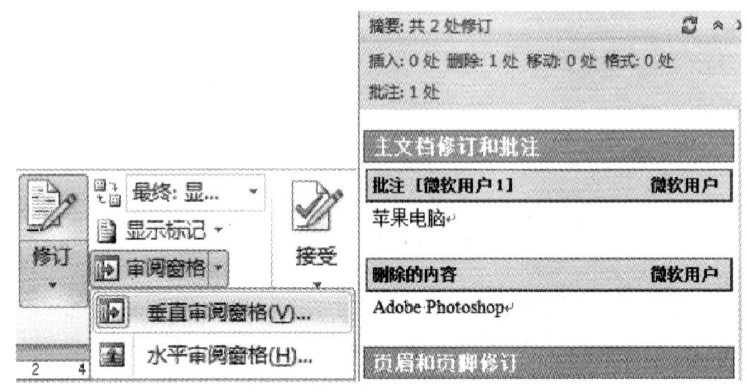

图 3-93 审阅窗格

步骤 7:审阅完成后,要记得关闭“修订”(显示非高亮状态)功能,不然会影响文档编辑的。

3. 比较

当文档审阅完成后，发回原作者。作为作者，想看看都有些什么修订时，应怎么办好呢？下面讲解操作步骤。

步骤 1：点击“比较”工具栏中的“比较”，如图 3-94 所示。

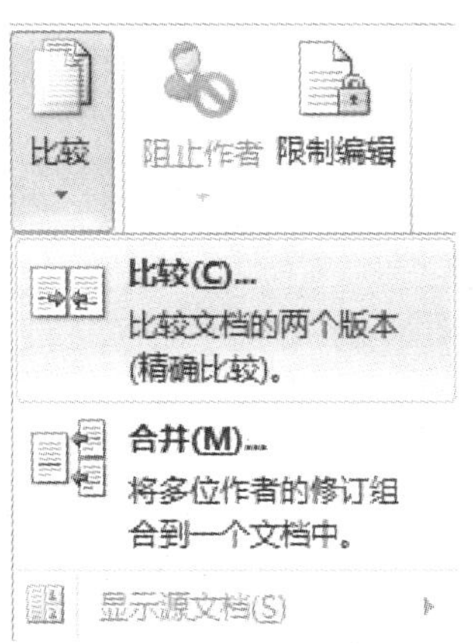

图 3-94　比较文档

步骤 2：选择“原文档”（即最初撰写或收到的文档）和“修订的文档”（被修订后的文档），点“确定”，如图 3-95 所示。

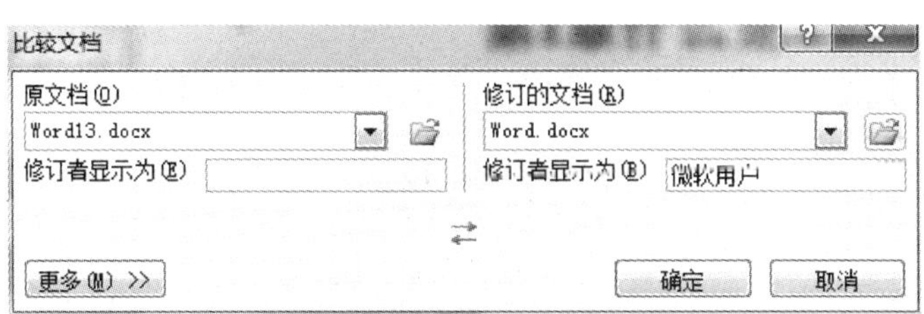

图 3-95　修订前后文档比较

步骤 3：详细的修订信息，如修订处、修订内容、修订数量等，如图 3-96 所示。

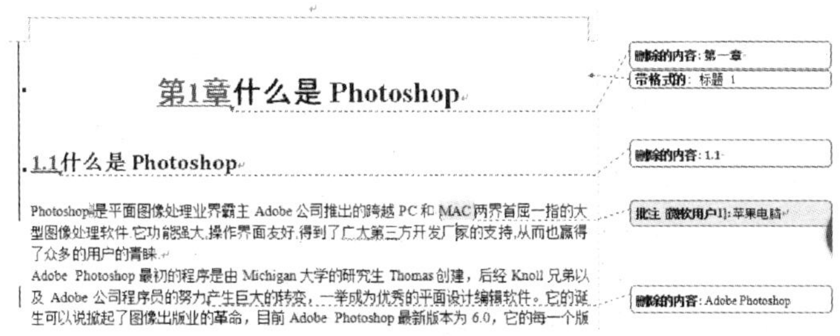

图 3-96　比较结果

第 4 章

Excel 2010 高级应用

4.1 Excel 2010 与基本操作

4.1.1 启动 Excel 与 Excel 工作环境

1. *启动* Excel

启动 Excel 的方法主要有两种：

方法一，单击“开始”→“所有程序”→“Microsoft office”→“Microsoft Excel 2010”命令启动 Excel，如图 4-1 所示。

图 4-1　启动 Excel 方式一

方法二，在 Windows 桌面双击 Excel 快捷方式的名称或图标，同样也可以启动

Excel，如图 4-2 所示。

图 4-2 启动 Excel 方式二

注意：通过以上方法启动 Excel 的同时新建了一个还没有命名的 Excel 工作簿

2. Excel 工作环境

启动 Excel 后，可以看到如图 4-3 所示界面，这就是 Excel 的工作环境。下面对 Excel 工作环境中的主要组成元素进行介绍。

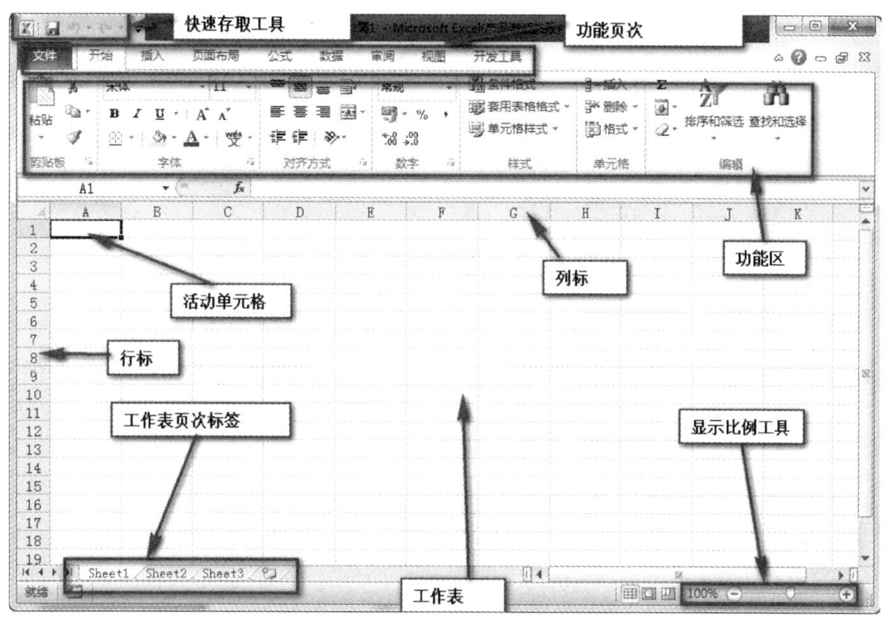

图 4-3 Excel 2010 工作界面

(1)工作簿：启动 Excel 后，打开的 Excel 文件称为工作簿。工作簿是指 Excel 环境中用来储存并处理工作数据的文件，它是 Excel 工作区中一个或多个工作表的集合，其扩展名为.XLSX。

(2)工作表：工作表是 Excel 完成工作的基本单位。每张工作表都有一个名字，显示在工作表页次标签中。

(3)单元格：每张工作表由列和行所构成的“存储单元”所组成。这些“存储单元”被称为“单元格”。每个单元格都有其固定的地址，如“A3”就代表了“A”列、第“3”行的单元格。在单元格中可以输入数据，这些数据可以是一个字符串、一组数字、一个公式、一个图形或声音文件等。在 Excel 环境中，每张工作表最多可以有 65536 行、256 列数据。

(4)活动单元格:是指正在使用的单元格,其外有一个黑色的方框,此时输入的数据都会被保存在该单元格中。

(5)功能页次:Excel 使用功能页次将 Excel 2010 中的功能进行分类管理,包括开始、插入、页面布局、公式、数据、审阅、视图和开发工具。各功能页次中收录相关的功能群组,方便使用者切换、选用。可以通过功能页次在“功能区”显示相应的功能项。如果想让“功能区”隐藏,只显示功能页次,可以双击任意的功能页次。再单击一下或双击鼠标又可以将“功能区”显示出来。

下面对主要功能区进行简单介绍。

①“开始”功能区。包括剪贴板、字体、对齐方式、数字、样式、单元格和编辑几个组,对应 Excel 2003 的“编辑”和“格式”功能区部分命令。该功能区主要用于帮助用户对 Excel 2010 表格进行文字编辑和单元格的格式设置。

②“插入”功能区。包括表、插图、图表、迷你图、筛选器、链接、文本和符号几个组,对应 Excel 2003 中“插入”功能区的部分命令,主要用于在 Excel 2010 表格中插入各种对象。

③“页面布局”功能区。包括主题、页面设置、调整为合适大小、工作表选项、排列几个组,对应 Excel 2003 的“页面设置”功能区命令和“格式”功能区中的部分命令,用于帮助用户设置 Excel 2010 表格页面样式。

④“公式”功能区。包括函数库、定义的名称、公式审核和计算几个组,用于实现在 Excel 2010 表格中进行各种数据计算。

⑤“数据”功能区。包括获取外部数据、连接、排序和筛选、数据工具和分级显示几个组,主要用于在 Excel 2010 表格中进行数据处理相关方面的操作。

⑥“审阅”功能区。包括校对、中文简繁转换、语言、批注和更改几个组,主要用于对 Excel 2010 表格进行校对和修订等操作,适用于多人协作处理 Excel 2010 表格数据。

⑦“视图”功能区。包括工作簿视图、显示、显示比例、窗口和宏,主要用于帮助用户设置 Excel 2010 表格窗口的视图类型,以方便操作。

⑧“开发工具”功能区。包括代码、加载项、控件、XML 和修改几个组,主要用于 Excel VBA 程序开发。

(6)功能区:列出了相应功能页次中所包含的功能。通过“自定义功能区”可以增加或减少在 Excel 2010 工作界面上的功能页次以及功能区中的功能项。具体操作步骤如下。

步骤 1:在功能区的空白地方右击鼠标。

步骤 2:在弹出的快捷功能区中,选择“自定义功能区”。

步骤 3:在弹出的“Excel 选项”中显示了“自定义功能区”。

步骤 4:在“自定义功能区”中有左右两个框,右侧框中列出了 Excel 默认的功能选项卡,通过选中复选框或取消复选框可以设置显示在工作界面中的功能页次,也可以通过“新建选项卡”按钮,建立新的功能选项卡。左侧框中列出了 Excel 2010 中可以使用的工具。

步骤 5:通过“添加”或“删除”按钮可以增加或减少功能选项卡中的功能项。

功能区以群组的形式对 Excel 工具进行管理,显示在功能区的工具是一些最常用的工具,还有一些工具没有直接显示在功能区,可以单击群组右下角的 按钮,弹出一个对话框,在对话框中可以选择更详细的功能。以“开始”选项卡的字体设置为例,如图 4-4

所示，点击字体右下角的小箭头符号就可以打开“设置单元格格式”对话框，如图 4-5 所示，其他的都类似。

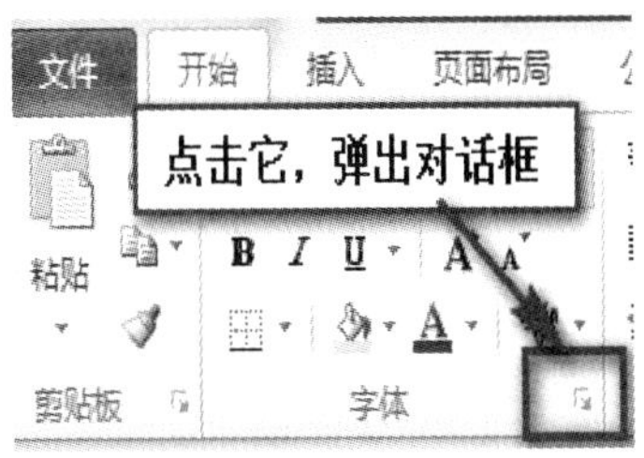

图 4-4　功能区扩展项

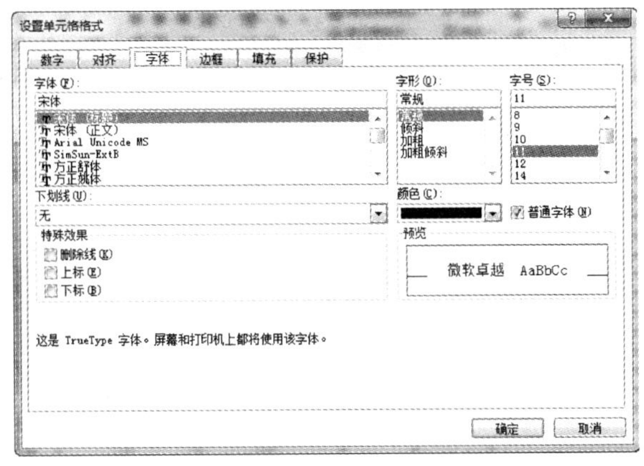

图 4-5　设置单元格格式

(7)显示比例工具：通过鼠标拖动显示比例工具条可以改变窗体的显示比例。

(8)快速存取(访问)工具：在快速存取工具的右侧有一个下拉箭头，单击下拉箭头，有一个下拉列表，可以自定义快速访问工具栏，如图 4-6 所示。

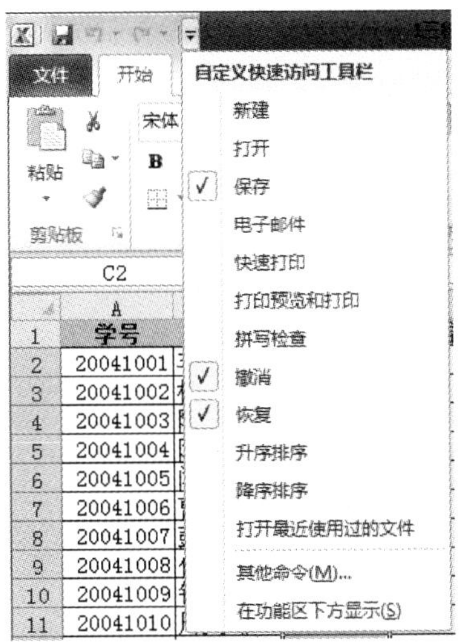

图 4-6　自定义快速存取工具栏

4.1.2 基本操作

1. 选定工作表

用鼠标点击某个工作表的标签,如图 4-7 所示,点击工作表标签“Sheet1”,就选定了的工作表 Sheet1,被选中的工作表称为活动工作表。

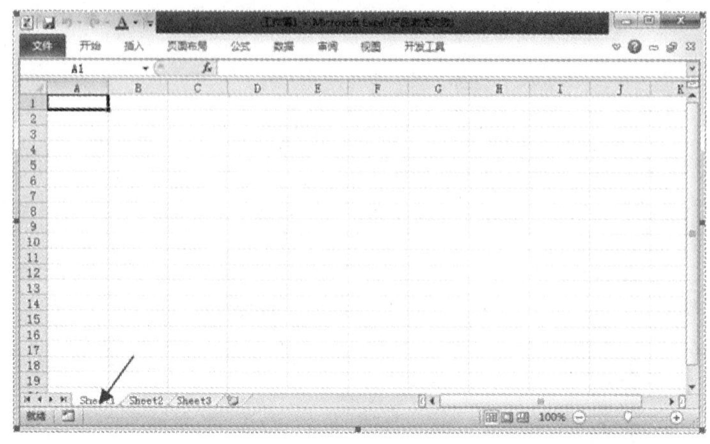

图 4-7 选定工作表

2. 选定单元格

用鼠标单击某个单元格,如图 4-8 所示,选定了一个单元格,每个单元格都有一个编号,编号由行坐标和列坐标组合形成,如图中选定的单元格的编号为“C5”,C 为列标,5 为行标。选定的单元格称为活动单元格。

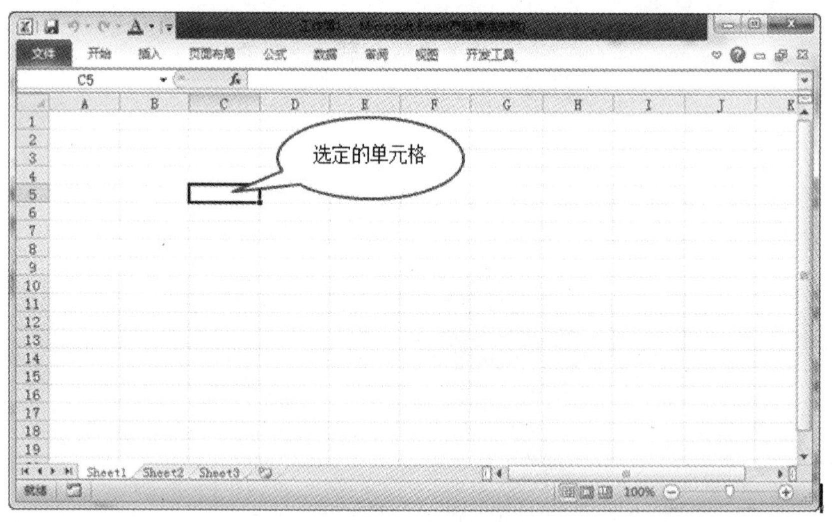

图 4-8 选定单元格

3. 选定区域

按住鼠标左键，在表单上拖动鼠标，选中一块区域，选定区域的标识方法为左上角单元格：右下角单元格，如图 4-9 所示，选定的区域为 C3:F11。

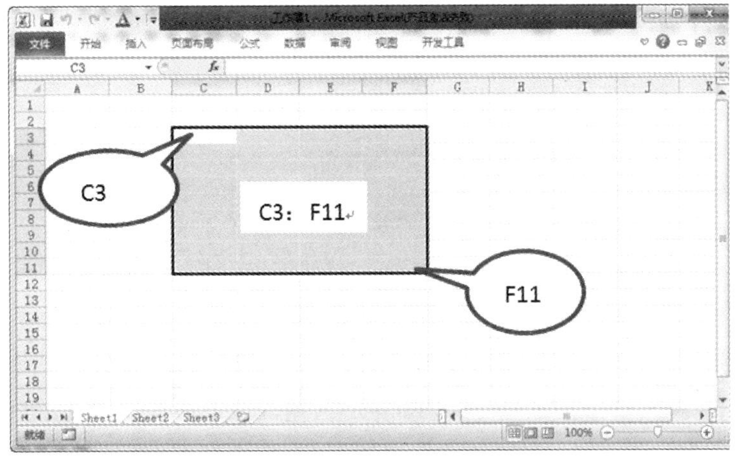

图 4-9　选定区域

4. 输入数据

单击选中要编辑的单元格，输入内容。这样可以把收集的数据输入电子表格里面保存了，如图 4-10 所示。

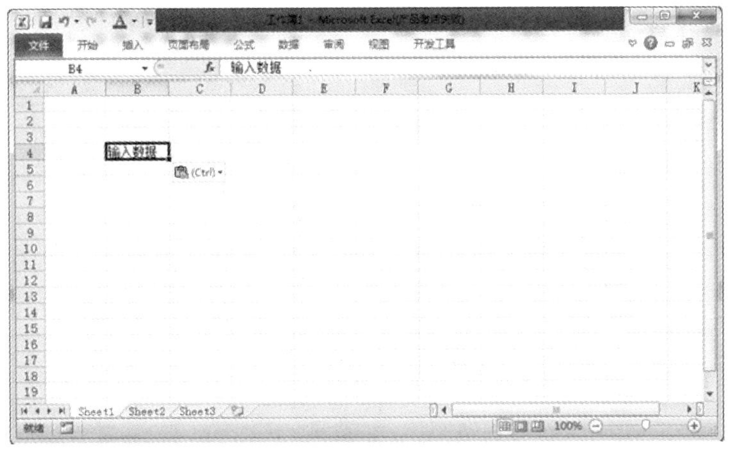

图 4-10　输入数据

5. 移动或复制单元格、行或列

(1)用工具栏按钮或功能区

步骤 1：选定要移动或复制的单元格、行或列。

步骤 2：单击“开始”工具栏上的“剪切”按钮 剪切 或“复制”按钮 复制 。

步骤 3：选定要移动或复制的目标区域。

步骤 4:单击“粘贴”按钮 。

提示:也可以利用单击右键,在快捷功能区下选择“剪切”、“复制”、“粘贴”命令。

(2)用鼠标拖动

步骤 1:选定需要移动或复制的单元格、行或列。

步骤 2:将鼠标指向选定区域的选定框,如图 4-11 所示。

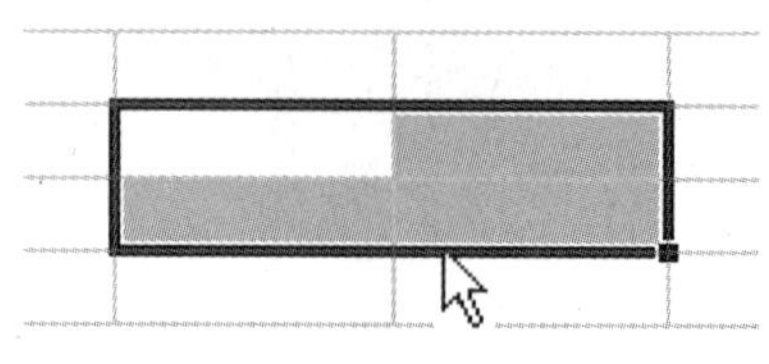

图 4-11 选定区域

步骤 3:拖动鼠标到移动或复制数据的目标区域的左上角单元格。

步骤 4:然后释放鼠标。如果目标区域中有数据,Excel 将提示“是否替换目标单元格内容”。

提示:①如果要复制选定单元格,则需要按住 Ctrl 键,再拖动鼠标。

②如果要在已有的两个单元格之间插入单元格,请按住 Shift 键(移动)或 Shift+Ctrl 键(复制),再拖动。

(3)选择性粘贴

步骤 1:选定需要复制的单元格。

步骤 2:单击“复制”按钮 复制 。

步骤 3:选定要复制数据的目标区域的左上角单元格。

步骤 4:在“编辑”功能区上,单击“选择性粘贴”命令,弹出“选择性粘贴”对话框,如图 4-12所示。

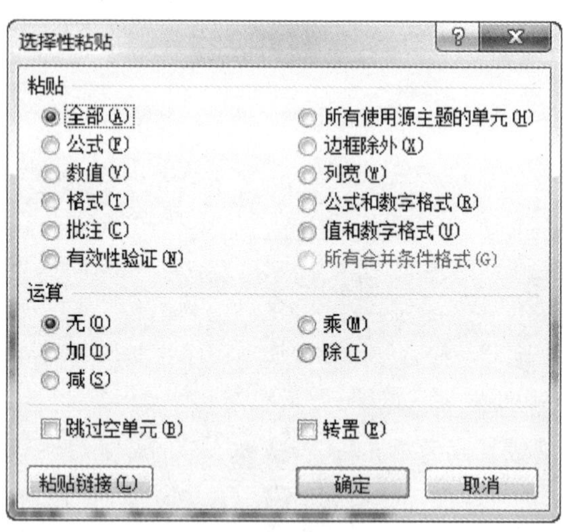

图 4-12 选择性粘贴

步骤 5：单击“粘贴”标题下的所需选项。

步骤 6：单击“确定”按钮，完成操作。

(4)将单元格中内容的一部分移动或复制到其他单元格

步骤 1：双击包含待复制或移动内容的单元格。

步骤 2：在单元格中，选定待复制或移动的部分字符。

步骤 3：如果要移动选定的字符，请单击“剪切”按钮 剪切 。

步骤 4：如果要复制选定的字符，请单击“复制”按钮 复制 。

步骤 5：再双击目标单元格，进入编辑状态。

步骤 6：在单元格中，单击需要粘贴字符处。

步骤 7：单击“粘贴”按钮 。

步骤 8：按 Enter 键。

6. 插入和删除单元格、行或列

(1)插入空单元格

步骤 1：在需要插入空单元格处选定相应的单元格，如果要同时插入多个单元格，则需选定相同数目的单元格。

步骤 2：在选定的单元格上单击鼠标右键，弹出“插入”快捷功能区。

步骤 3：在“插入”的对话框中，单击“活动单元格右移”或“活动单元格下移”选项，如图 4-13 所示。

步骤 4：单击“确定”按钮，完成操作。

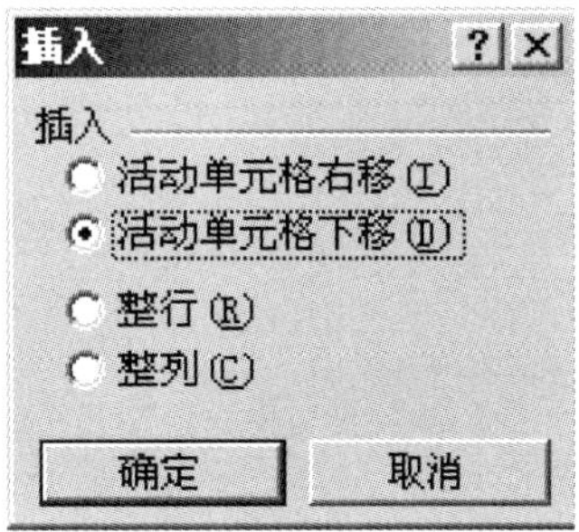

图 4-13 插入快捷功能区

(2)插入列

步骤 1：单击需要插入的新列右侧相邻列中的任意单元格。例如，如果要在 C 列左侧插入一列，请单击 C 列中任意单元格。

步骤 2：在选定的单元格上单击鼠标右键，弹出“插入”快捷功能区。在“插入”的对话框中，单击整列。

提示：如果需要插入多列，需要选择连续的若干列，选定的列数与待插入的空列数目要相同。

(3)插入行

步骤1:单击需要插入的新行之下相邻行中的任意单元格。例如,如果要在第6行之上插入一行,在第6行中任意单元格上单击鼠标左键。

步骤2:在选定的单元格上单击鼠标右键,弹出"插入"快捷功能区。在"插入"的对话框中,单击整行。

提示:如果需要插入多列,需要选择连续的若干列,选定的列数与待插入的空列数目要相同。

7.删除单元格、行或列

步骤1:选定需要删除的单元格、行、列或区域。

步骤2:右击鼠标,弹出"删除"快捷功能区,如图4-14所示。

步骤3:如果删除的是"单元格"或"区域",则弹出"删除"对话框,根据需要选择操作。

步骤4:单击"确定"按钮则可。

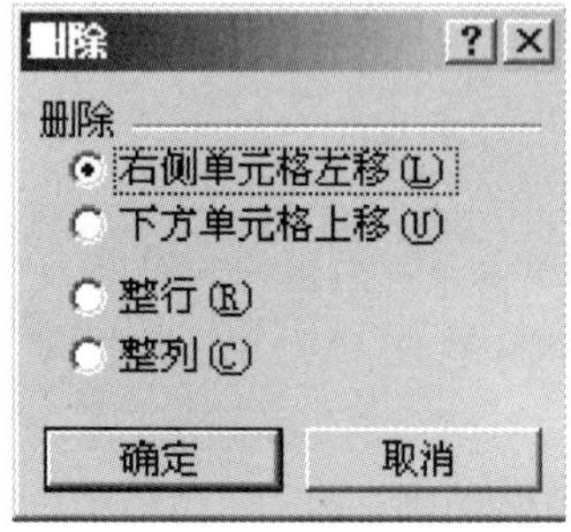

图4-14 "删除"快捷功能区

8.编辑和清除单元格内容

(1)编辑单元格内容

步骤1:双击要编辑数据单元格,进入单元格编辑状态。

步骤2:修改单元格中的内容。

步骤3:按Enter(回车)键确认,按Esc键取消所做的改动。

(2)清除单元格、行或列

清除单元格、行或列是指清除单元格、行或列中的内容、格式或批注,并不删除该单元格、行或列。

步骤1:选定需要清除的单元格、行或列。

步骤2:按键盘上的Delete键。

提示:如果选定单元格后按Delete,将所有选定的单元格中的内容全部清除。如果选定单元格后按Backspace键,将所有选定的单元格区域的左上角单元格中的内容清除。

9.设置单元格中文本格式

设置单元格中文本格式主要包括设置字体,设置文本颜色,设置文本为粗体、斜体或带下划线，用单元格格式对话框设置文本格式。

步骤 1：选定单元格。

步骤 2：右击鼠标，选择“设置单元格格式”。

步骤 3：选择“字体”选项卡，如图 4-15 所示。

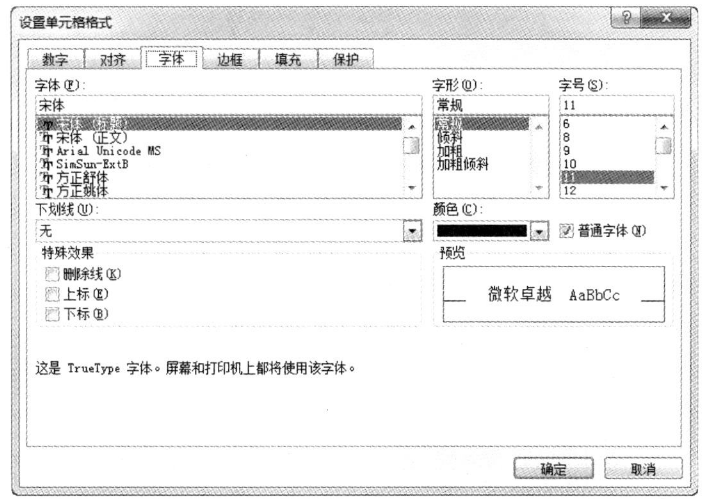

图 4-15　设置单元格格式

10. 设置数字、时间显示格式

在 Excel 中，可以使用数字格式更改数字（包括日期和时间）的显示，而不更改数字本身的值。所应用的数字格式并不会影响单元格中的实际数值。

步骤 1：选定单元格。

步骤 2：右击鼠标，选择“设置单元格格式”。

步骤 3：选择“数字”选项卡，如图 4-16 所示。

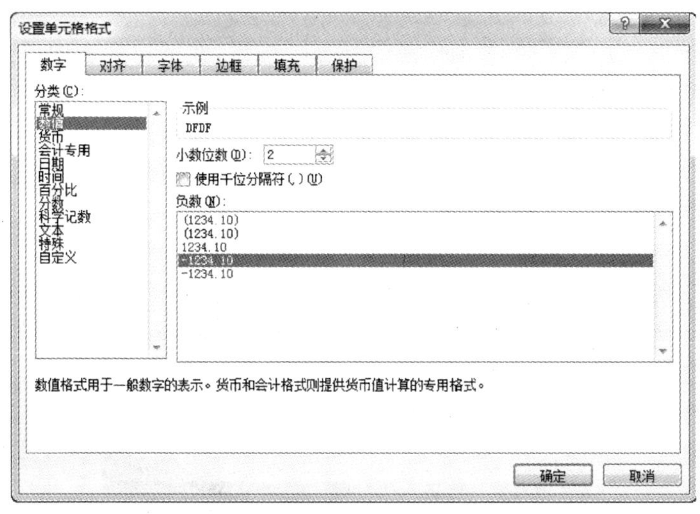

图 4-16　设置数值格式

4.2 工作簿的管理

4.2.1 新建和打开工作簿

1. 新建工作簿

(1)通过“启动”Excel 2010 程序的方式新建工作簿

启动 Excel 2010 程序的方式可以参考 4.1.1 节，在启动 Excel 2010 程序的同时，就新建了一个空白工作簿。

(2)通过已打开的工作簿新建工作簿

启动或打开一个工作簿；单击工作簿的“文件”按钮，在下拉列表中单击“新建”命令；选择“空白工作簿”，然后单击“创建”图标，如图 4-17 所示。

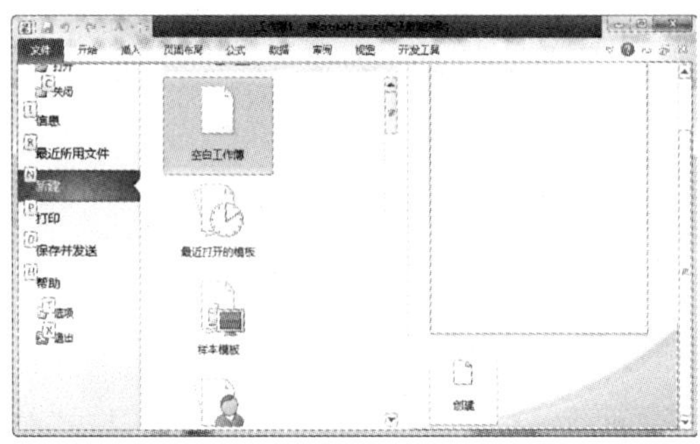

图 4-17 新建工作簿

(3)新建基于模板的工作簿

启动或打开一个工作簿；单击工作簿的“文件”按钮，在下拉列表中单击“新建”命令；选择“样本模板”，进入“样本模板”窗口，如图 4-18 所示。

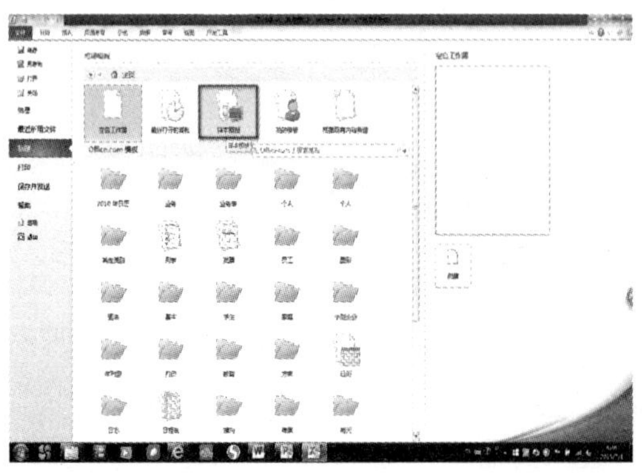

图 4-18 样本模板

选中某个特定“样本模板”；

单击“创建”按钮或双击选中的样本模板。

提示：除了样本模板，Excel 2010 还提供了 office.com 模板，样本模板属于本地模板，office.com 模板属于联机模板，然而操作步骤类似，即选择某个模板，然后单击“创建”按钮。

2. 打开工作簿

单击“文件”功能区下的“打开”按钮，如图 4-19 和图 4-20 所示。

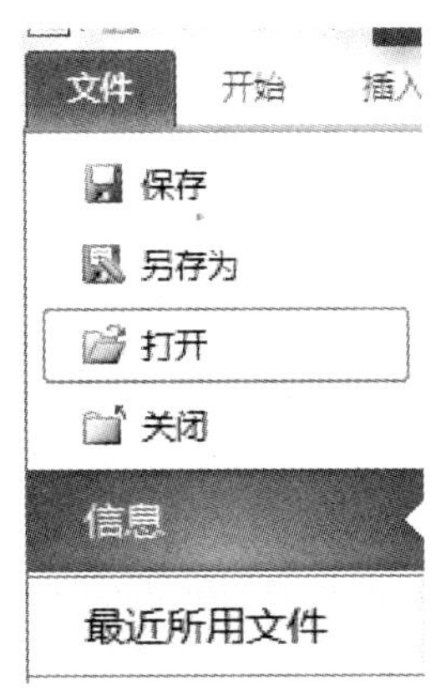

图 4-19　“打开”命令

图 4-20　“打开”对话框

4.2.2　保存和关闭工作簿

1. 保存工作簿

(1)工作簿命名

在给工作簿命令时，文件名中不能含有下列字符：斜杠(/)、反斜杠(\)、大于号(>)、小于号(<)、星号(*)、问号(?)、双引号("")、小节号(|)、冒号(:)或分号(;)

(2)保存工作簿

①保存未命名的新工作簿，具体步骤如下：

步骤 1：单击标题栏上的“保存”图标 。

步骤 2：在弹出的“另存为”对话框中，选择保存路径，并给工作簿分配文件名，如图 4-21所示。

②保存已有工作簿：单击标题栏上的 图标或使用快捷键 Ctrl+s。

③将已有的工作簿改名保存，具体步骤如下：

步骤 1：单击“文件”功能区中的“另存为”命令，如图 4-22 所示。

步骤 2：在弹出的“另存为”对话框中，选择保存路径，并给工作簿分配文件名。

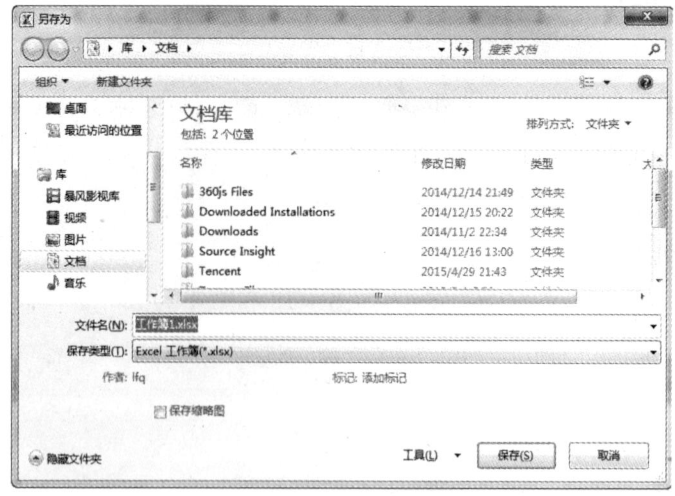

图 4-21　“另存为”对话框

图 4-22　另存为图标

2. 关闭工作簿

Excel 2010 程序的右上角，有三个按钮：Excel 程序最大化/还原按钮 、Excel 程序最小化按钮 和 Excel 程序关闭按钮 ，单击 按钮即可退出 Excel 2010 程序，同时关闭工作簿。

另外，在 下面还有三个按钮，分别为工作簿最大化/还原按钮 、最小化按钮 和 Excel 程序关闭按钮 ，单击 按钮即可关闭工作簿，但不退出 Excel 应用程序，如图 4-23 所示。

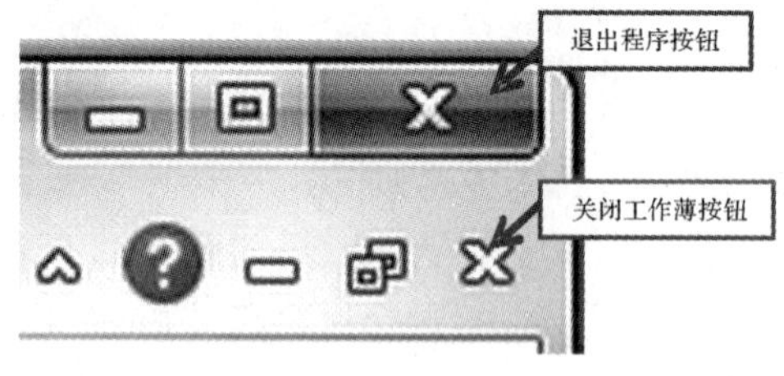

图 4-23　关闭按钮

4.2.3　工作表管理

1. 选定工作簿中的工作表

选定工作表的具体方式查看表 4-1。

表 4-1　选定工作簿中的工作表

如果要选定	请执行
单张工作表	单击工作表标签
两张以上相邻的工作表	先选定第一张工作表的标签，然后按住 Shift 键再单击最后一张工作表的标签
两张以上不相邻的工作表	先选定第一张工作表的标签，然后按住 Ctrl 键再单击其他工作表的标签
工作簿中所有工作表	以鼠标右键单击工作表标签，然后单击快捷功能区中的“选定全部工作表”命令

2. 添加新工作表

(1)添加一张工作表

步骤 1：在工作表标签上单击鼠标右键，在弹出的快捷功能区上，单击“插入”，如图 4-24所示。

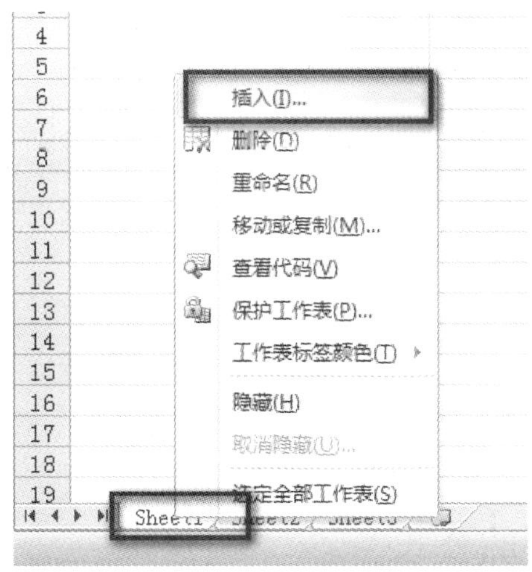

图 4-24　插入工作表

(2)添加多张工作表

步骤 1：按住 Shift 键，选定与待添加工作表数目相同的工作表标签。

步骤 2：单击鼠标右键，单击“插入”。

3. 移动或复制工作表

步骤 1：打开用于接收工作表的工作簿。

步骤 2：切换到包含需要移动或复制工作表的工作簿中。

步骤3:再选定工作表。

步骤4:打开“编辑”功能区,单击“移动或复制工作表”命令。

步骤5:在“工作簿”下拉列表框中,单击选定用来接收工作表的工作簿。如果单击“新工作簿”,即可将选定工作表移动或复制到新工作簿中。

步骤6:在“下列选定工作表之前”列表框中,单击需要在其前面插入移动或复制工作表的工作表。

步骤7:上述操作为移动工作表。如果要复制工作表,请选中“建立副本”复选框。

步骤8:单击“确定”按钮完成操作,如图4-25移动或复制工作表图4-25所示。

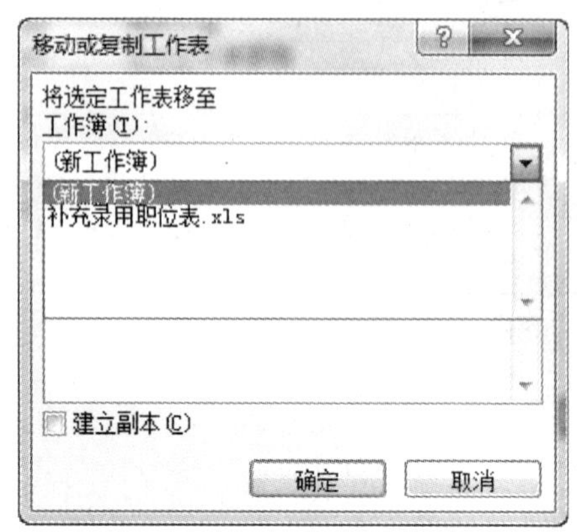

图4-25 移动或复制工作表

4. 从工作簿中删除工作表

步骤1:选定待删除的工作表;

步骤2:在“编辑”功能区上,单击“删除工作表”命令。

5. 重命名工作表

步骤1:双击相应的工作表标签。

步骤2:键入新的工作表名称。

步骤3:按回车键或点击工作表中的其他位置。

4.3 Excel 2010 中的公式

4.3.1 公式的结构

Excel中的公式由主要由等号(=)、操作数、运算符、函数组成。公式以等号(=)开始,用于表明之后的字符为公式。紧随等号之后的是需要进行计算的元素(操作数),各操作数之间以运算符分隔。

例如,公式“=(A2+67)/SUM(B2:F2)”说明图4-26所示。具体含义为:首先,将

A2 单元格中的数值加上 67；其次，计算 B2 单元格到 F2 单元格的和，即 B2＋C2＋D2＋E2＋F2；最后，将前者的结果除以后者的结果。

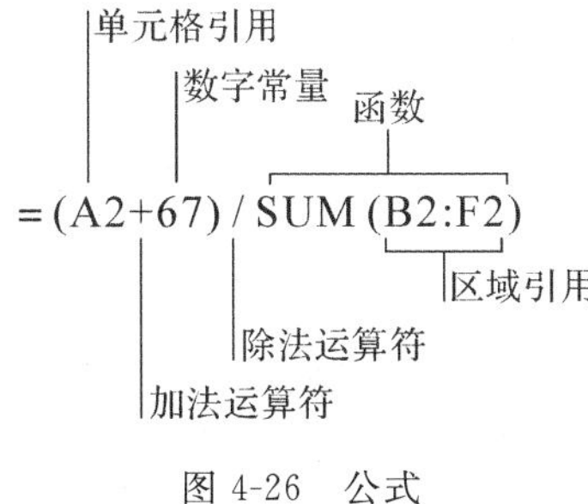

图 4-26　公式

4.3.2　公式中的运算符

1. 算术运算符

算术运算符用于完成基本的数学运算，主要算术运算符如表 4-2 所示。

表 4-2　算术运算符

算术运算符	含　义	示　例
＋(加号)	加	A1＋A2
-(减号)	减	A1 - B3
*(星号)	乘	A1*3
/(斜杠)	除	A1/4
%(百分号)	百分比	20%
^(脱字符，在数字 6 的上面)	乘方	4^2(与 4*4 相同)

【例 4-1】 计算图 4-27 所示工作表中毛莉的总分，操作如下：

K13　fx

	B	C	D	E	F	G
1	姓名	语文	数学	英语	总分	平均
2	毛莉	75	85	80		
3	杨青	68	75	64		
4	陈小鹰	58	69	75		
5	陆东兵	94	90	91		
6	闻亚东	84	87	88		
7	曹吉武	72	68	85		
8	彭晓玲	85	71	76		
9	傅珊珊	88	80	75		
10	钟争秀	78	80	76		
11	周旻璐	94	87	82		
12	柴安琪	60	67	71		
13	吕秀杰	81	83	87		

图 4-27　学生成绩表

步骤1:单击单元格F2。

步骤2:在编辑框中输入"=C2+D2+E2"。

步骤3:单击"输入"按钮 或按Enter键。

步骤4:结果如图4-28所示,(拖动F2的填充柄到F13,可以对公式进行复制,完成对所有学生的计算)。

F2　　fx　=C2+D2+E2

	B	C	D	E	F	G
1	姓名	语文	数学	英语	总分	平均
2	毛莉	75	85	80	240	
3	杨青	68	75	64		
4	陈小鹰	58	69	75		
5	陆东兵	94	90	91		
6	闻亚东	84	87	88		
7	曹吉武	72	68	85		
8	彭晓玲	85	71	76		
9	傅珊珊	88	80	75		
10	钟争秀	78	80	76		
11	周旻璐	94	87	82		
12	柴安琪	60	67	71		
13	吕秀杰	81	83	87		

图4-28　计算总分

2. 比较运算符

可以使用表4-3列出的操作符比较两个值。当用操作符比较两个值时,结果是一个逻辑值,为TRUE或FALSE,其中TRUE表示"真",FALSE表示"假"。

表4-3　比较运算符

比较运算符	含　义	示　例
=(等号)	等于	A1=B1
＞(大于号)	大于	A1＞B1
＜(小于号)	小于	A1＜B1
＞=(大于等于号)	大于等于	A1＞=B1
＜=(小于等于号)	小于等于	A1＜=B1
＜＞不等于	不等于	A1＜＞B1

【例4-2】 显示图4-27所示工作表中语文课程及格情况。

步骤1:单击G2,在编辑框中输入"=C2＞=60"。

步骤2:单击"输入"按钮 或按Enter键,G2显示为"TRUE"。

步骤3:显示结果如图4-29所示(拖动G2的填充柄到G13,可以对公式进行复制,完成对所有学生的计算)。

G2　　f_x　=C2>=60

	B	C	D	E	F	G
1	姓名	语文	数学	英语	总分	语文是否及格
2	毛莉	75	85	80	240	TRUE
3	杨青	68	75	64		
4	陈小鹰	58	69	75		
5	陆东兵	94	90	91		
6	闻亚东	84	87	88		
7	曹吉武	72	68	85		
8	彭晓玲	85	71	76		
9	傅珊珊	88	80	75		
10	钟争秀	78	80	76		
11	周旻璐	94	87	82		
12	柴安琪	60	67	71		
13	吕秀杰	81	83	87		

图 4-29　数据结构及格情况

3. 文本运算符

使用和号(&)连接一个或更多字符串以产生更大的文本，常用的文本运算符如表 4-4 所示。

表 4-4　文本运算符

文本运算符	含　义	示　例
&	将两个文本值连接起来产生一个连续的文本值	公式＝B9&“的”&D2&“成绩是”&D9 的结果为“钱震宇的数据结构成绩是 53”，其中[“的”]和[“成绩是”]表示文本，在公式中要用引号引上

【例 4-3】　根据图 4-27 所示工作表，在 F2 单元格中，使用 & 运算符，给出毛莉语文成绩的描述，如“毛莉语文＝75”。

步骤 1：单击 F2。

步骤 2：输入公式：＝B2 &C1& "＝"&C2。

显示结果如图 4-30 所示。

F2　　f_x　=B2 &C1& "="&C2

	B	C	D	E	F
1	姓名	语文	数学	英语	
	毛莉	75	85	80	毛莉语文=75
3	杨青	68	75	64	
4	陈小鹰	58	69	75	
5	陆东兵	94	90	91	
6	闻亚东	84	87	88	
7	曹吉武	72	68	85	
8	彭晓玲	85	71	76	
9	傅珊珊	88	80	75	
10	钟争秀	78	80	76	
11	周旻璐	94	87	82	
12	柴安琪	60	67	71	
13	吕秀杰	81	83	87	

图 4-30　和号(&)的使用

4. 引用运算符

用于标明工作表中的单元格或单元格区域，常用的引用运算符如表 4-5所示。

表 4-5 引用运算符

引用运算符	含　义	示　例
:(冒号)	区域运算符，对两个引用之间，包括两个引用在内的所有单元格进行引用	B5:B15
,(逗号)	联合操作符，将多个引用合并为一个引用	SUM(B5:B15,D5:D15)

4.3.3 编辑公式

1. 编辑包含函数的公式

Excel 2010 内置了很多函数，如 SUM、AVERAGE 等，用户在编辑公式时可以直接调用这些函数。

【例 4-4】 判断每个学生的语文是否超过该门课程的平均分。

操作步骤如下：

步骤 1：单击包含待编辑公式的单元格 F2。

步骤 2：在编辑栏中，输入=。

步骤 3：把光标放在=后面，点击 C2。

步骤 4：输入运算符>。

步骤 5：点击编辑栏上的 fx ，找到函数 average。

步骤 6：选择 C2:C13。

步骤 7：输入 Enter 或点击 ✓ 。

步骤 8：拖动 F2 的填充柄到 F13，完成对每个同学的计算，如图 4-31 所示。

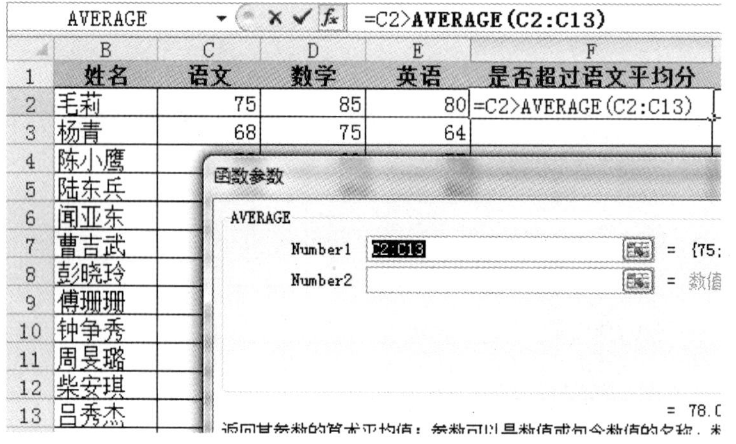

图 4-31 编辑公式

2. 移动或复制公式

当移动公式时，公式中的单元格引用并不改变。当复制公式时，单元格绝对引用也不改变；但单元格相对引用将会改变。

移动或复制公式的操作步骤如下：

步骤 1：选定包含待移动或复制公式的单元格。

步骤 2：指向选定区域的边框。

步骤 3：如果要移动单元格，请把选定区域拖动到粘贴区域左上角的单元格中，Excel 将替换粘贴区域中所有的现有数据。如果要复制单元格，请在拖动时按住 Ctrl 键。

提示： 可以通过使用填充柄将公式复制到相邻的单元格中。具体操作步骤如下：

步骤 1：选定包含公式的单元格。

步骤 2：拖动填充柄，使之覆盖需要填充的区域。

3. 删除公式

删除公式的操作步骤如下：

步骤 1：单击包含公式的单元格。

步骤 2：按“Delete”键。

4.3.4 单元格的引用

1. 相对引用

相对引用是指公式中引用的单元格的行标和列标都不添加美元（$）符号，这样公式复制到哪里，哪里就跟着变。例如，图 4-32 所示，单元格 B2 包含公式“＝A1”，公式中的 A1 单元格的行标 A 和列标 1 前面都没有美元符号。

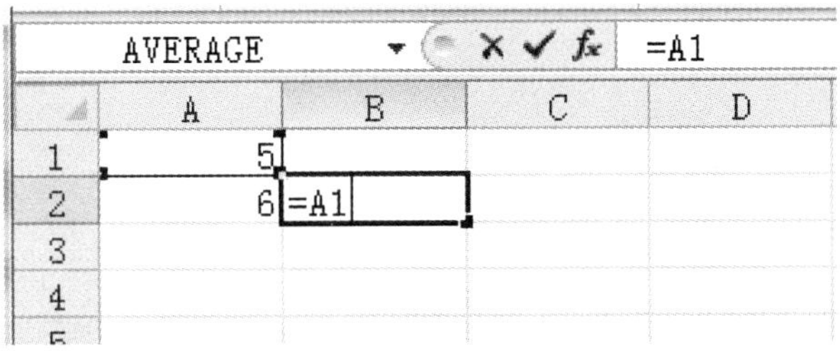

图 4-32 相对引用

如图 4-33 所示，当将单元格 B2 中的公式复制到单元格 B3 时，B3 单元格中的公式已经改为“＝A2”，即查找 B3 单元格左上方单元格中的数值。可以看出，B2 单元格与其公式中的单元格 A1 的距离关系为：A1 在 B2 的左上角，同样可以看出 B3 单元格与其公式中的单元格 A2 的距离关系为：A2 在 B3 的左上角。可见，对相对引用的公式进行复制时，公式中引用的单元格与公式所在单元格保持相同的距离关系。

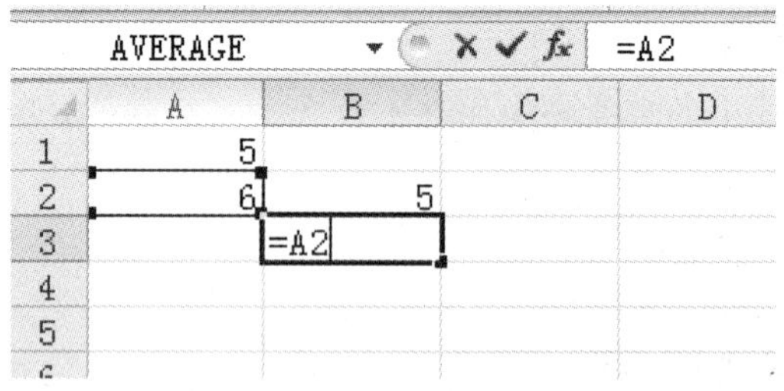

图 4-33　数据填充

2. 绝对引用

绝对引用是指公式中引用的单元格的行标和列标都添加美元($)符号,不管怎么复制公式,就是不会变。

例如,如果公式将单元格 A1 乘以单元格 A2 (＝A1 * A2)放到 A4 中,现在将公式复制到 B4 中,则 Excel 将调整公式中的两个引用,B4 中的公式被调整为(＝B1 * B2)。如果不希望 Excel 对公式中的单元格引用进行调整,须在引用的"行号"和"列号"前加上美元符号($),这样就是单元格的绝对引用。A4 中输入公式如下:"＝ $A$1 * $A$2"。

复制 A4 中的公式到任何一个单元格其值都不会改变。

【例 4-5】 在图 4-34 所示的收入报表中,计算今年每个季度的收入与上年度季平均收入的差值,将结果保存在 C 列。

	A	B	C
1	上年度季平均收入:	1234￥	
2			
3	季度	收入值	与上年度季平均收入之差
4	一季度	2312	
5	二季度	1245	
6	三季度	2345	
7	四季度	1212	

图 4-34　季度收入情况

操作步骤如下:

步骤 1:在 C4 单元格中输入公式:"＝B4－ $B$1"。

步骤 2:按住 C4 的填充句柄往下填充至 C7。

提示: 添加美元符号($)的快捷方法:

步骤 1:选中公式中需要添加美元符号的单元格。

步骤 2:按下功能键 F4,会在以下组合间切换:

①绝对列与绝对行(例如,$A$1);

②相对列与绝对行(A$1);

③绝对列与相对行($A1);

④相对列与相对行 (A1)。

3. 混合引用

混合引用只给行或者列美元($)符号，给行美元($)符号，行不变；给列美元($)符号，列不变。

4.4　Excel 2010 中数组公式的使用

4.4.1　数组公式的概述

数组公式是相对于普通公式而言的。普通公式(如上面的=SUM(B2:D2)，=B2+C2+D2 等)，只占用一个单元格，只返回一个结果。而数组公式可以占用一个单元格，也可以占用多个单元格。它对一组数或多组数进行多重计算，并返回一个或多个结果。

例如，集合在教室外面的学生，老师把他们叫进教室。老师说："第一组第一桌的同学进教室。"于是第一组第一桌的同学走进教室。老师接着叫："第一组第二桌的同学进教室。"然后是第二桌的同学进教室。老师再叫："第一组第三桌的同学进教室。"然后第三桌的同学走进教室。接着是第四桌，第五桌……就这样一个学生一个学生地叫，这就是普通公式的做法，学生回到座位，就像数值回到工作表的单元格里，一个座位叫一次，就像一个单元格输入一个公式。

如果老师说："第一组的全部进教室。"学生听到命令后，第一桌的同学走进去，然后是第二桌，第三桌……老师不用再一个一个地下命令，这是数组公式的处理方法。

1. 数组公式的标志

在 Excel 中数组公式的显示是用大括号对"{}"来括住以区分普通 Excel 公式。数组公式与普通公式在形式上的区别如图 4-35 和图 4-36 所示。

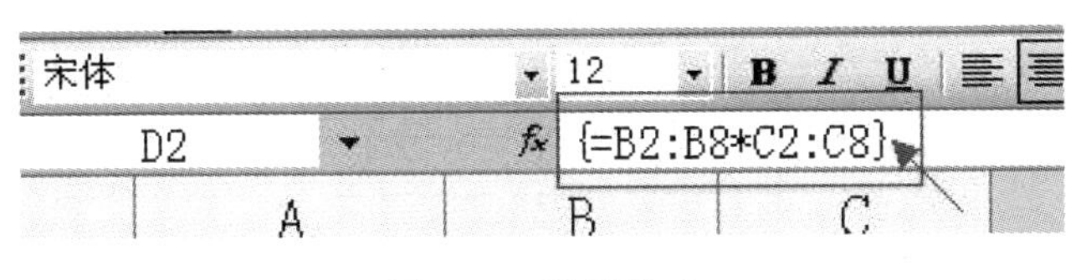

图 4-35　数组公式

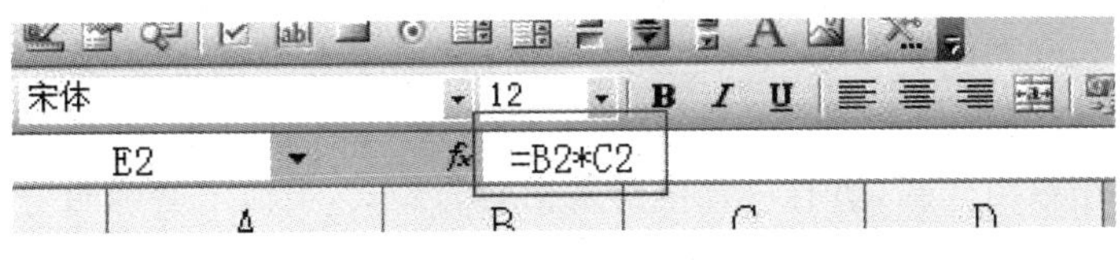

图 4-36　普通公式

2. 数组公式的编辑

【例 4-6】　用数组公式计算学生的总分，如图 4-37 所示。

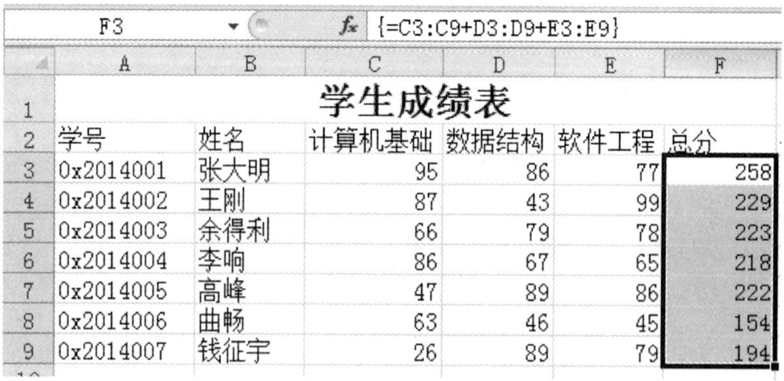

F3　　f_x {=C3:C9+D3:D9+E3:E9}

	A	B	C	D	E	F
1	学生成绩表					
2	学号	姓名	计算机基础	数据结构	软件工程	总分
3	0x2014001	张大明	95	86	77	258
4	0x2014002	王刚	87	43	99	229
5	0x2014003	余得利	66	79	78	223
6	0x2014004	李响	86	67	65	218
7	0x2014005	高峰	47	89	86	222
8	0x2014006	曲畅	63	46	45	154
9	0x2014007	钱征宇	26	89	79	194

图 4-37　数组公式

步骤 1:选中存放结果的空白单元格 F3:F9。

步骤 2:在公式编辑框中输入"=C3:C9+D3:D9+E3:E9"。

步骤 3:按下组合键 Ctrl+Shift+Enter。

提示:当你按下 Ctrl+Shift+Enter 组合键后,Excel 会自动给公式加上"{}"以和普通公式区别开来,不用用户输入"{}"。

4.4.2　数组公式的应用和修改

【例 4-7】　在 D2:D4 求出商品的销售金额。如图 4-38 所示。

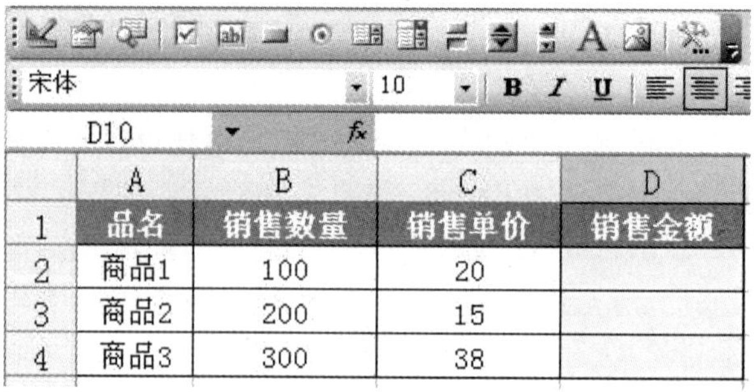

宋体　10　B I U

D10　f_x

	A	B	C	D
1	品名	销售数量	销售单价	销售金额
2	商品1	100	20	
3	商品2	200	15	
4	商品3	300	38	

图 4-38　销售金额

方法一:在 D2 单元格输入公式"=B2 * C2",在 D3,D4 中填充公式,相当于输入了三次公式"=B2 * C2"、"=B3 * C3"、"=B4 * C4",类似于老师叫了三次,三个学生才回到座位上。

方法二:利用数组公式,所有单元格都是相同的公式,类似于老师叫一次,所有学生都回到座位上。具体步骤如下:

步骤 1:选中 D2:D4。

步骤 2:编辑公式:=B2:B4 * C2:C4。如图 4-39 所示。

步骤 3:按下组合键 Ctrl＋Shift＋Enter。

D2　f_x {=B2:B4*C2:C4}

	A	B	C	D
1	品名	销售数量	销售单价	销售金额
2	商品1	100	20	2000
3	商品2	200	15	3000
4	商品3	300	38	11400

选中D2:D4输入公式

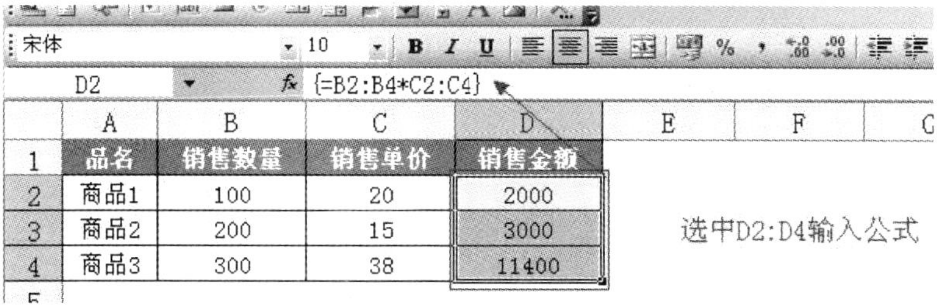

图 4-39　利用数组公式

当输入完数组公式后,如果尝试修改公式区域里其中一个单元格的公式,会弹出一个提醒对话框,提醒用户:不能修改数组的某一部分,如图 4-40 所示。这样,保证了公式集合的完整性不被修改。这可以防止用户在操作时无意间修改表格的公式。如果你要修改公式的话,必须得选中公式所在的所有单元格。

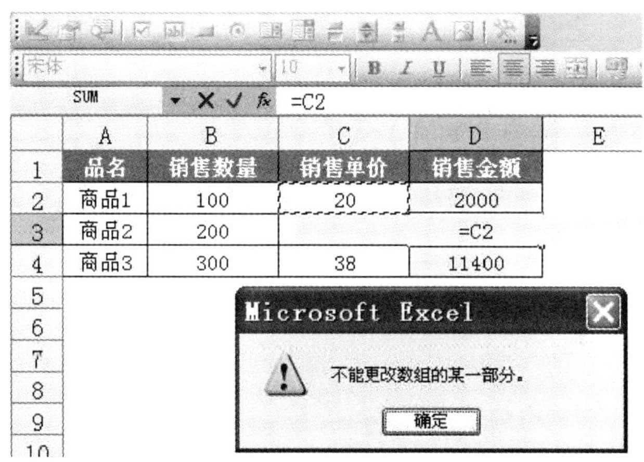

图 4-40　不能更改数组中的某一部分

【例 4-8】　由于商品促销,销售金额为原销售单价的 90%乘以销售数量,即将图 4-39 所示的销售金额的公式更改成销售数量×销售单价×90%。

步骤 1:选中"销售金额"所在列中的数据,即 D2:D4 区域。

步骤 2:将公式修改为:"＝B2:B4 * C2:C4 * 90%"。

步骤 3:按下组合键 Ctrl＋Shift＋Enter,如图 4-41 所示。

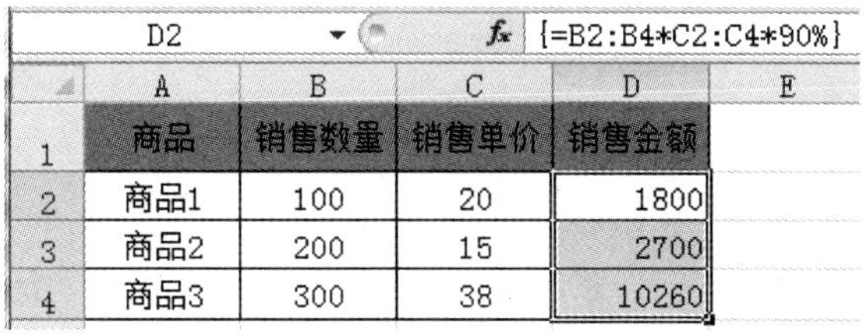

D2　f_x {=B2:B4*C2:C4*90%}

	A	B	C	D
1	商品	销售数量	销售单价	销售金额
2	商品1	100	20	1800
3	商品2	200	15	2700
4	商品3	300	38	10260

图 4-41　修改数组公式

4.5 Excel 2010 中函数介绍与应用

4.5.1 函数的概述

函数是一些预定义的公式,每个函数由函数名及其参数构成。例如,SUM 函数对单元格或单元格区域进行加法运算。

参数:参数可以是数字、文本、形如 TRUE 或 FALSE 的逻辑值或单元格引用等。参数也可以是常量、公式或其他函数。

结构:函数的结构以函数名称开始,后面是左圆括号、以逗号分隔的参数和右圆括号。如果函数以公式的形式出现,请在函数名称前面键入等号(=)。Excel 函数的一般形式为:函数名(参数 1,参数 2,……),例如:=SUM(C3:E3),其中 SUM 为函数名,C3:E3 为参数。

4.5.2 数学与三角函数与应用

1. SUM

用途:计算单元格区域中所有数值之和。

语法:SUM(number1,number1,…)

参数:number1,number2,…,1 到 255 个待求和的数值。

【例 4-9】 (1)对 A 列中的数据求和;

(2)对 A 列中的数据与 5 求和。

第(1)题的操作步骤如下:

步骤 1:选中单元格 B7。

步骤 2:有三种方式可以完成该步骤。方式一:在 B7 单元格中输入公式"=SUM(A1:A4)",如图 4-42 所示。方式二:单击 *fx* 在"插入函数"对话框中选择 SUM 函数,点

	A	B	C
1	120		
2	10		
3	150		
4	23		
5			
6	函数	结果	说明
7	=SUM(A1:A4)	303	对A列中的数据求和
8	=SUM(5,A1:A4)	308	对A列中的数据与5求和

图 4-42 SUM 函数

击“确定”，如图 4-43 所示；弹出“函数参数”对话框，将光标放在“Number1”参数输入框中，选中 A1:A4，如图 4-44 所示。方式三：选中“数据”功能页次，在功能区中选择“自动求和”，选择 A1:A4 作为求和参数，如图 4-45 所示。

步骤 3：按下“回车”键，或点击 按钮。

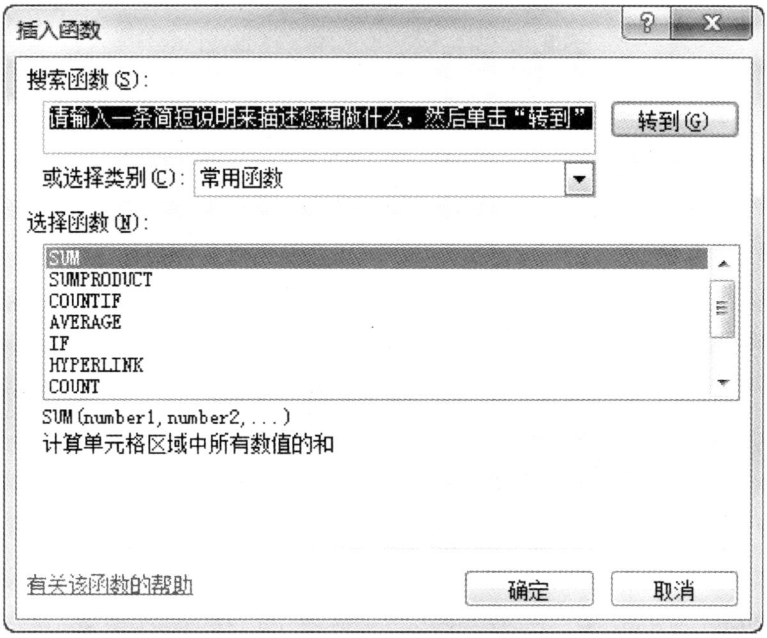

图 4-43　插入函数

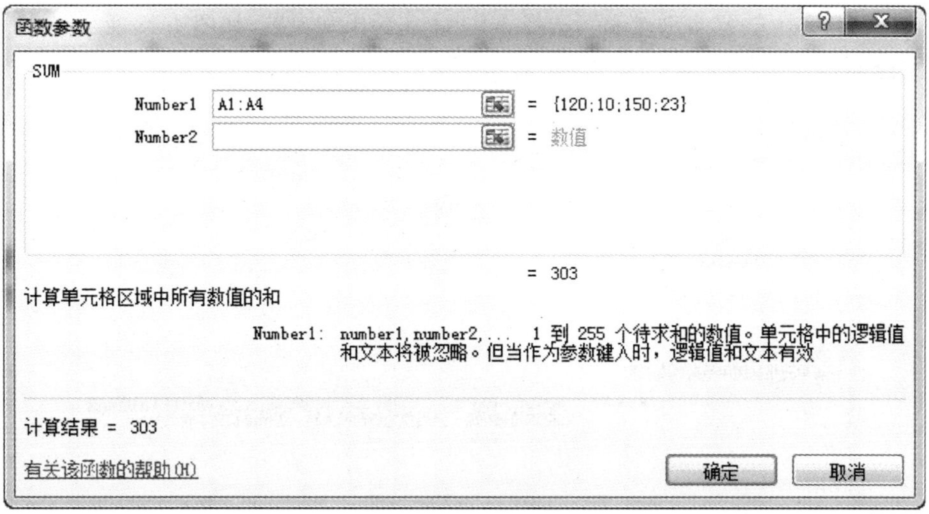

图 4-44　函数参数

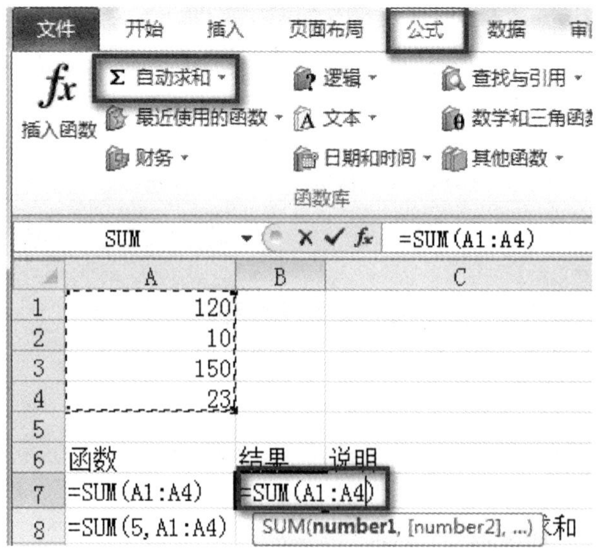

图 4-45 自动求和

第(2)题的操作步骤如下:

与第(1)题的操作步骤类似,只在步骤 2 中稍有差别。

步骤 1:选中单元格 B8。

步骤 2:有三种方式可以完成该步骤。方式一:在 B8 单元格中输入公式"=SUM(5,A1:A4)"。方式二:单击 fx 在"插入函数"对话框中选择 SUM 函数,点击"确定",如图 4-43所示;弹出"函数参数"对话框,将光标放在"Number1"参数输入框中,输入 5,将光标放在"Number2"参数输入框中选中,A1:A4,如图 4-46 所示。方式三:选中"数据"功能页次,在功能区中选择"自动求和",选择 A1:A4 作为求和参数,如图 4-47 所示。

步骤 3:按下"回车"键,或点击 ✓ 按钮。

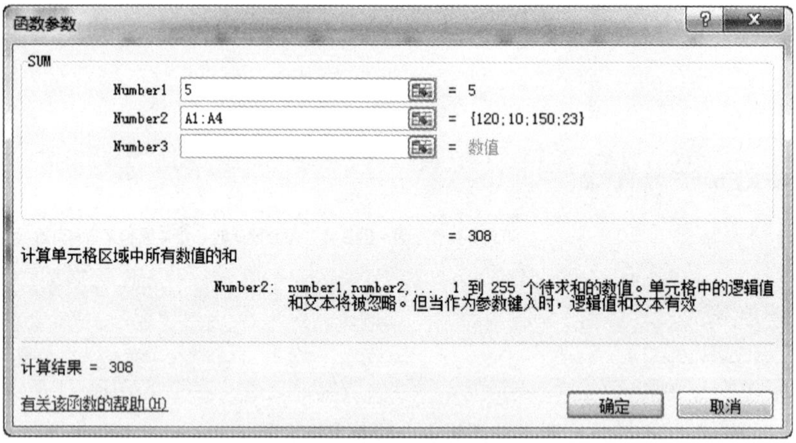

图 4-46 函数参数

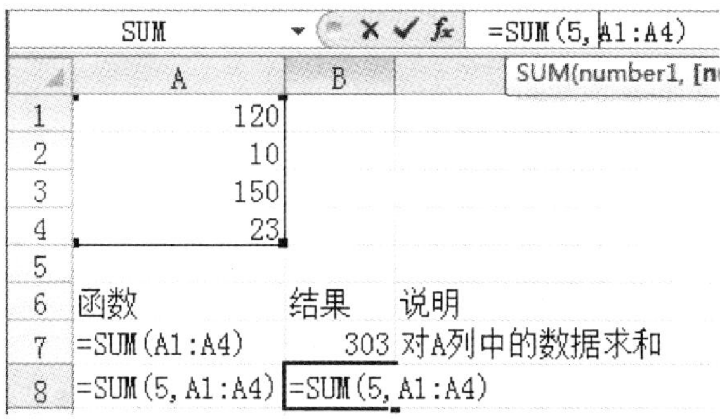

	A	B	
1	120		
2	10		
3	150		
4	23		
5			
6	函数	结果	说明
7	=SUM(A1:A4)	303	对A列中的数据求和
8	=SUM(5,A1:A4)	=SUM(5,A1:A4)	

图 4-47　自动求和

2. SUMIF

用途：对满足条件的单元格求和。

语法：SUMIF(Range,Criteria,Sum_range)

参数：Range 要参与条件判断的单元格区域，Criteria 以数字、表达式或文本形式定义的条件，Sum_range 用于求和计算的实际单元格，如果忽略，将使用区域中的单元格。

【例 4-10】 销售额超过“150000”的奖金的和。

操作步骤如下：

步骤 1：选中单元格 B8。

步骤 2：输入公式：=SUMIF(A2:A5,">150000",B2:B5)，其中 A2:A5 表示参与判断的区域，B2:B5 表示实际求和的区域。如图 4-48 所示。

步骤 3：按下“回车”键，或点击 ✔ 按钮。

	A	B	C
1	销售额	奖金	
2	100,000	7,000	
3	200,000	14,000	
4	300,000	21,000	
5	400,000	28,000	
6			
7	函数	结果	说明
8	=SUMIF(A2:A5,">150000",B2:B5)	63000	销售额超过"150000"的奖金的和

图 4-48　SUMIF 函数

3. SUMPRODUCT

用途：返回相应的数组或区域乘积之和。

语法：SUMPRODUCT (Array1,Array2,Array3,…)

参数：为 1 或多个数组，最多 255 个数组。所有数组的维数必须一样，如果只有一组数据，则结果为该组数据元素之和，如果是多维的，结果为每一维对应元素乘积之和。

【例 4-11】 计算 A1:B3 与 C1:D3 两组元素的乘积之和。如图 4-49 所示。

	A	B	C	D
1	3	4	2	7
2	8	6	6	7
3	1	9	5	3
4				
5	函数	结果	说明	
6	=SUMPRODUCT(A1:B3,C1:D3)	156	两个数组的所有元素对应相乘，然后把乘积相加，即3*2+4*7+8*6+6*7+1*5+9*3。(156)	

图 4-49　SUMPRODUCT 函数

4. 求余数 MOD

用途:返回两数相除的余数。

语法:MOD (Number,Divisor)

参数:Number 为被除数,Divisor 为除数。结果为被除数除以除数的余数。如图 4-50 所示。

函数	结果	说明
=MOD(5,4)	1	5/4的余数
=MOD(-5,4)	3	-5/4的余数
=MOD(5,-4)	-3	5/-4的余数
=MOD(-5,-4)	-1	-5/-4的余数

图 4-50　MOD 函数

【例 4-12】 计算图 4-51 所示数据中全部语文成绩中奇数的个数。

分析:(1)利用 MOD 函数,被除数为 C2:C18 的一组数,除数为 2,得到一组元素为 0 或 1 的数据,其中为 1 的数据的个数就为奇数的个数,所以需要将这一组数据求和。

(2)利用 SUMPRODUCT 函数,计算一维数组的所有元素之和,结果如图 4-51 所示。

	A	B	C	D	E	F	G	H
1	学号	姓名	语文	数学	英语			
2	20041001	毛莉	75	85	80			
3	20041002	杨青	68	75	64			
4	20041003	陈小鹰	58	69	75			
5	20041004	陆东兵	94	90	91			
6	20041005	闻亚东	84	87	88			
7	20041006	曹吉武	72	68	85			
8	20041007	彭晓玲	85	71	76			
9	20041008	傅珊珊	88	80	75			
10	20041009	钟争秀	78	80	76			
11	20041010	周旻璐	94	87	82			
12	20041011	柴安琪	60	67	71			
13	20041012	吕秀杰	81	83	87			
14	20041013	陈华	71	84	67			
15	20041014	姚小玮	68	54	70			
16	20041015	刘晓瑞	75	85	80			
17	20041016	肖凌云	68	75	64			
18	20041017	徐小君	58	69	75			
19								
20								
21								
22	计算全部语文成绩中奇数的个数。公式:				=SUMPRODUCT(MOD(C2:C18,2))			

图 4-51　MOD 与 SUMPRODUCT 函数

5. MROUND

用途:返回一个舍入到所需倍数的数字。

语法:MROUND(Number,Multiple)

参数:Number 为要进行舍入的值,Multiple 为要舍入到的倍数。如图 4-52 所示。

函数	结果	说明
=MROUND(18,4)	20	将18四舍五入到最接近4的倍数
=MROUND(10.5,2.5)	10	将10.5四舍五入到最接近2.5的倍数

图 4-52　MROUND 函数

【例 4-13】 将 A1 单元格中的时间值四舍五入到最接近 15 分钟的倍数。结果保存在 B1 单元格中,并把单元格格式设置为时间。

分析 1:

(1)需要把时间转换为分钟为单位的数值,因为 1 天为 24 小时,1 小时为 60 分钟,那么一天的时间值用分钟数表示为 24×60=1440。

(2)使用 MROUND(Number,Multiple)函数,其中 Number 为 A1 的分钟值:12×60+38,Multiple 为 15。

(3)将计算结果转换为时间值,则需要将(2)计算的结果除以 1440。

(4)公式:=MROUND(12×60+38,15)/1440,如图 4-53 所示。

B1　=MROUND(12*60+38,15)/1440

	A	B	C	D	E	F
1	12:38:12	12:45:00				
2						

图 4-53　将被除数先转换为以分钟为单位,再将结果转换为以天为单位

分析 2:

(1)直接将 15 分钟换算为时间值,由于一天的分钟数为 24×60=1440,则 15 分钟对应的时间值为 15/1440。

(2)使用 MROUND(Number,Multiple)函数,其中 Number 为 A1,Multiple 为 15/1440。

(3)使用公式=MROUND(A1,15/1440),如图 4-54 所示。

B1　=MROUND(A1,15/1440)

	A	B	C	D	E
1	12:38:12	12:45:00			
2					

图 4-54　直接将除数转换为以天为单位

6. ROUND

用途:按指定的位数对数值进行四舍五入。

语法:ROUND(Number,Num_digits)

参数:Number 为要四舍五入的数值,Num_digits 为执行四舍五入时采用的位数。如果此参数为负数,则四舍五入到小数点的左边;如果此参数为 0,则四舍五入到最接近的整数。如图 4-55 所示。

函数	结果	说明
=ROUND(0.3115,0)	0	0.3115四舍五入到整数
=ROUND(0.3115,1)	0.3	0.3115四舍五入到1个小数位
=ROUND(0.3115,2)	0.31	0.3115四舍五入到2个小数位
=ROUND(0.3115,3)	0.312	0.3115四舍五入到3个小数位
=ROUND(3115,-1)	3120	0.3115四舍五入到十位
=ROUND(3115,-2)	3100	0.3115四舍五入到百位

图 4-55　ROUND 函数

【例 4-14】　将单元格 A1 中的数据四舍五入到整百,将结果保存到 B1 单元格中。如图 4-56 所示。

B1　　fx　=ROUND(A1,-2)

	A	B	C	D	E
1	89302	89300			
2					

图 4-56　四舍五入

7. INT

用途:将数值向下取整为最接近的整数。如图 4-57 所示。

语法:INT(Number)

参数:Number 为要取整的实数。

函数	结果	说明
=INT(3.5)	3	将3.5向下舍入取整
=INT(-3.5)	-4	将-3.5向下舍入取整

图 4-57　INT 函数

8. ABS

用途:返回某一参数的绝对值。

语法:ABS(number)

参数:number 是需要计算其绝对值的一个实数。

【例 4-15】　如果 A1=-16,则公式"=ABS(A1)"返回 16。

【例 4-16】　分别计算 6 和-6 的绝对值。如图 4-58 所示。

	A	B	C
1	函数	结果	说明
2	=ABS(6)	6	返回数值6的绝对值
3	=ABS(-6)	6	返回数值-6的绝对值

图 4-58　ABS 函数

9. COUNTIF

用途：统计某一区域中符合条件的单元格数目。

语法：COUNTIF(range,criteria)

参数：range 为需要统计的符合条件的单元格数目的区域，criteria 为参与计算的单元格条件，其形式可以为数字、表达式或文本(如"36"、"＞160"和"男"等)。其中数字可以直接写入，表达式和文本必须加引号。

【例 4-17】　假设 A1:A5 区域内存放的文本分别为女、男、女、男、女，则公式＝COUNTIF(A1:A5,"女")返回 3。如图 4-59 所示。

C1　fx　=COUNTIF(A1:A5,"女")

	A	B	C	D
1	女	"女"的个数：	3	
2	男			
3	女			
4	男			
5	女			

图 4-59　COUNTIF 函数

4.5.3　财务函数与应用

财务函数可以进行一般的财务计算，如确定贷款的支付额、投资的未来值或净现值以及债券或息票的价值。这些财务函数大体上可分为四类：投资计算函数、折旧计算函数、偿还率计算函数、债券及其他金融函数。它们为财务分析提供了极大的便利。使用这些函数不必理解高级财务知识，只要填写变量值就可以了。下面，凡是投资的金额都以负数形式表示，收益以正数形式表示。

在介绍具体的财务函数之前，我们首先来了解一下财务函数中常见的参数：

未来值 (FV)——在所有付款发生后的投资或贷款的价值。

期间数 (NPER)——为总投资(或贷款)期，即该项投资(或贷款)的付款期总数。

付款 (PMT)——对于一项投资或贷款的定期支付数额。其数值在整个年金期间保持不变。通常 PMT 包括本金和利息，但不包括其他费用及税款。

现值 (PV)——在投资期初的投资或贷款的价值。例如，贷款的现值为所借入的本金数额。

利率 (RATE)——投资或贷款的利率或贴现率。

类型(TYPE)——付款期间内进行支付的间隔,如在月初或月末,用 0 或 1 表示。

日计数基准类型(BASIS)——为日计数基准类型。BASIS 为 0 或省略代表 US (NASD) 30/360,为 1 代表实际天数/实际天数,为 2 代表实际天数/360,为 3 代表实际天数/365,为 4 代表欧洲 30/360。

接下来,我们将分别举例说明各种不同的财务函数的应用。

1. 求某项投资的未来值 FV

用途:在日常工作与生活中,我们经常会遇到要计算某项投资的未来值的情况,此时利用 Excel 函数 FV 进行计算后,可以帮助我们进行一些有计划、有目的、有效益的投资。FV 函数基于固定利率及等额分期付款方式,返回某项投资的未来值。

语法:FV(rate,nper,pmt,pv,type)

参数:rate 为各期利率,是一固定值。nper 为总投资(或贷款)期,即该项投资(或贷款)的付款期总数。pv 为各期所应付给(或得到)的金额,其数值在整个年金期间(或投资期内)保持不变,通常 pv 包括本金和利息,但不包括其他费用及税款,pv 为现值,或一系列未来付款当前值的累积和,也称为本金,如果省略 pv,则假设其值为零。type 为数字 0 或 1,用以指定各期的付款时间是在期初还是期末,如果省略 t,则假设其值为零。

【例 4-18】 假设目前一次性投资 2000 元,并且在今后的每月从收入中提取 500 元存入银行,以年利率 4.125%计算 15 年后的金额,如图 4-60 所示。

	A	B	C
1	假设目前一次性投资2000元,并且在今后的每月从收入中提取500元存入银行,以年利率4.125%计算15年后的金额		
2	年利率	4.125%	
3	付款期总数(年)	15	
4	各期应付金额	-500	
5	现值	-2000	
6	函数	计算结果	函数说明
7	=FV(B2,B3,B4,B5,1)	¥14,189.52	以期末付款的方式计算的15年后的金额
8	=FV(B2,B3,B4,B5,0)	¥13,772.67	以期末付款的方式计算的16年后的金额

图 4-60 FV 函数

2. 求贷款分期应还的利息值 IPMT

用途:IPMT 基于固定利率及等额分期付款方式,返回给定期数内对投资的利息偿还额。

语法:PMT(rate,per,nper,pv,fv,type)

参数:rate 为各期利率。per 用于计算其利息数额的期数,必须在 1 到 nper 之间。Nper 为总投资期,即该项投资的付款期总数,pv 为现值,即从该项投资开始计算时已经入账的款项,或一系列未来付款的当前值的累积和,也称为本金。fv 为未来值,或在最后一次付款后希望得到的现金余额。如果省略 fv,则假设其值为零(一笔贷款的未来值即为零)。type 数字 0 或 1,用以指定各期的付款时间是在期初还是期末。如果省略 type,则假设其值为零。

【例 4-19】 假设贷款 100000 元,年利息为 7.25%,分 15 年还清,计算第 1 季度和第 2 年需要还的利息,如图 4-61 所示。

	A	B	C
1	年利率	7.25%	
2	贷款的年限(年)	15	
3	贷款的现值	100000	
4			
5	函数	计算结果	函数说明
6	=IPMT(B1/12,3,B2*12,B3,1)	¥-600.43	按照未来值为0,期初付款的条件,计算第1季度的利息
7	=IPMT(B1,2,B2,B3)	¥-6,967.00	计算第2年的利息
8			

图 4-61　IPMT 函数

3. 求贷款分期偿还额 PMT

用途:PMT 函数基于固定利率及等额分期付款方式,返回投资或贷款的每期付款额。PMT 函数可以计算为偿还一笔贷款,要求在一定周期内支付完时,每次需要支付的偿还额,也就是我们平时所说的"分期付款"。比如借购房贷款或其他贷款时,可以计算每期的偿还额。

语法:PMT(rate,nper,pv,fv,type)

参数:rate 为各期利率,是一固定值。nper 为总投资(或贷款)期,即该项投资(或贷款)的付款期总数。pv 为现值,或一系列未来付款当前值的累积和,也称为本金。fv 为未来值,或在最后一次付款后希望得到的现金余额,如果省略 fv,则假设其值为零(如一笔贷款的未来值即为零)。type 为 0 或 1,用以指定各期的付款时间是在期初还是期末。如果省略 type,则假设其值为零。

【例 4-20】 需要 10 个月付清的年利率为 8%的¥10000 贷款的月支额为:

PMT(8%/12,10,10000)计算结果为:-¥1037.03。

【例 4-21】 分别计算需要 20 年付清的年利率为 4.13%的¥200000 贷款的月偿还额(月初)和年偿还额(年末),如图 4-62 所示。

	A	B	C
1	年利率	4.13%	
2	付款时长(年)	20	
3	贷款额	200000	
4			
5	函数	计算结果	函数说明
6	=PMT(B1/12,B2*12,B3)	¥-1,225.17	按期初付款将贷款还清的月支付额
7	=PMT(B1,B2,B3,0,1)	¥-14,290.23	按期末付款将贷款还清的年支付额
8			
9			

图 4-62　PMT 函数

4. 求某项投资的现值 PV

用途:PV 函数用来计算某项投资的现值。年金现值就是未来各期年金现在的价值的总和。如果投资回收的当前价值大于投资的价值,则这项投资是有收益的。

语法:PV(rate,nper,pmt,fv,type)

参数:rate 为各期利率,nper 为总投资(或贷款)期,即该项投资(或贷款)的付款期总数,pmt 为各期所应支付的金额,其数值在整个年金期间保持不变。通常 pmt 包括本金和利息,但不包括其他费用及税款。fv 为未来值,或在最后一次支付后希望得到的现金余额,如果省略 fv,则假设其值为零(一笔贷款的未来值即为零)。type 用以指定各期的付款时间是在期初还是期末。

【例 4-22】 如果预计在 10 年后使得存款数额达到 150000 元,且现在每月存入 1000 元,计算其开始应存入银行的现值数额,已知年利率为 4.125%,投资期 10 年。计算结果如图 4-63 所示。

	A	B	C
1	如果预在10年后使得存款数额达到150000元,且现在每月存入1000元,计算其开始应存入银行的现值数额		
2	年利率	4.125%	
3	投资期(年)	10	
4	每月末支付的金额	-1000	
5	未来值	150000	
6			
7	函数	计算结果	函数说明
8	=PV(B2/12,B3*12,B4,B5)	¥-1,176.27	计算开始应存入银行的现值
9			

图 4-63 PV 函数

4.5.4 日期与时间函数与应用

Excel 2010 中的内置日期和时间函数可以执行复杂的日期和时间计算。Excel 将所有日期存储为整数,将所有时间存储为小数。有了此系统,Excel 可以像处理任何其他数字一样对日期和时间进行加、减或比较操作,而且所有的日期都可以使用此系统进行处理。在此系统中,序数 1 代表 1/1/1900 12:00:00 a.m.。时间存储为 .0 到 .99999 之间的小数,其中 .0 为 00:00:00,.99999 为 23:59:59。日期整数和时间小数可以组合在一起,生成既有小数部分又有整数部分的数字。例如,数字 32331.06 代表的日期和时间为 7/7/1988 1:26:24 a.m.。Excel 包括了许多内置的日期和时间函数。下面讲解常用的日期与时间函数。

1. 当前日期和时间 NOW

用途:返回当前日期和时间。

语法:NOW()

参数:无

【例 4-23】 如果正在使用的是 1900 日期系统，则公式"=NOW()"返回 2015/6/20 5:12。如图 4-64 所示。

	A	B	C
1	函数	结果	说明
2	=NOW()	2015/6/20 5:12	使用该函数可以返回当前的时间值
3			

图 4-64　NOW 函数

2. YEAR

用途：返回某日期的年份。其结果为 1900 到 9999 之间的一个整数。

语法：YEAR(serial_number)

参数：Serial_number 是一个日期值，其中包含要查找的年份。日期有多种输入方式：带引号的文本串(例如"1998/01/30")、序列号(例如，如果使用 1900 日期系统则 35825 表示 1998 年 1 月 30 日)或其他公式或函数的结果(例如 DATEVaLUE("1998/1/30"))。

【例 4-24】 公式"=YEAR("2000/8/6")返回"2000"，=YEAR("2003/05/01")返回 2003，=YEAR(35825)返回 1998。

【例 4-25】 计算时间"2005/6/17"的年份值和当前时间的年份值。如图 4-65 所示。

	A	B
1	函数	结果
2	=YEAR("2005/6/17")	2005
3	=YEAR(now())	2015

图 4-65　YEAR 函数

3. MONTH

用途：返回以序列号表示的日期中的月份，它是介于 1(1 月)和 12(12 月)之间的整数。

语法：MONTH(serial_number)

参数：Serial_number 表示一个日期值，其中包含着要查找的月份。日期有多种输入方式：带引号的文本串(如"1998/01/30")、序列号(如表示 1998 年 1 月 30 日的 35825)或其他公式或函数的结果(如 DATEVaLUE("1998/1/30"))等。

【例 4-26】 公式"=MONTH("2001/02/24")"返回 2，=MONTH(35825)返回 1。

【例 4-27】 返回当前时间的月份值。如图 4-66 所示。

	A	B	C
1	函数	结果	说明
2	=Month(Now())	6	返回当前时间值中的月份

图 4-66　MONTH 函数

4. DAY

用途:返回用序列号(整数 1 到 31)表示的某日期的天数,用整数 1 到 31 表示。

语法:DAY(serial_number)

参数:Serial_number 是要查找的天数日期,它有多种输入方式:带引号的文本串(如"1998/01/30")、序列号(如 1900 日期系统的 35825 表示的 1998 年 1 月 30 日),以及其他公式或函数的结果(如 DATEVaLUE("1998/1/30"))。

【例 4-28】 公式"=DAY("2001/1/27")"返回 27,=DAY(35825)返回 30,=DAY(DATEVaLUE("2001/1/25"))返回 25。

【例 4-29】 返回当前时间的天数值。如图 4-67 所示。

	A	B	C
1	函数	结果	说明
2	=Day(Now())	20	返回当前时间的天数值

图 4-67 DAY 函数

5. HOUR

用途:返回时间值的小时数,即介于 0(12:00 AM)到 23(11:00 PM) 之间的一个整数。

语法:HOUR(serial_number)

参数:Serial_number 表示一个时间值,其中包含着要返回的小时数。它有多种输入方式:带引号的文本串(如"6:45 PM")、十进制数(如 0.78125 表示 6:45PM)。

【例 4-30】 公式"=HOUR("3:30:30 PM")"返回 15,=HOUR(0.5)返回 12 即 12:00:00 AM,=HOUR(29747.7)返回 16。

6. MINUTE

用途:返回时间值中的分钟,即介于 0 到 59 之间的一个整数。

语法:MINUTE(serial_number)

参数:Serial_number 是一个时间值,其中包含着要查找的分钟数。时间有多种输入方式:带引号的文本串(如"6:45 PM")、十进制数(如 0.78125 表示 6:45 PM)。

【例 4-31】 公式"=MINUTE("15:30:00")"返回 30

【例 4-32】 公式"=MINUTE(0.06)"返回 26(0.06×24=1.44 即 1 小时,0.44×60=26.4 即 26 分钟,0.4×60=24 秒)

【例 4-33】 公式"=MINUTE(TIMEVaLUE("9:45 PM"))"返回 45。

7. SECOND

用途:返回时间值的秒数(为 0 至 59 之间的一个整数)。

语法:SECOND(serial_number)

参数:Serial_number 表示一个时间值,其中包含要查找的秒数。关于时间的输入方式见上文的有关内容。

【例 4-34】 公式"=SECOND("3:30:26 PM")"返回 26。

【例 4-35】 公式"=SECOND(0.016)"返回 2。(0.016 * 24=0.384 即 0 小时,

0.384 * 60=23.04 即 23 分钟,0.04 * 60=2.4 即 2 秒)返回 2。

8. TODAY

用途:返回系统当前日期。

语法:TODAY()

参数:无

【例 4-36】 公式"=TODAY()"返回 2015-6-20(执行公式时的系统时间)。如图 4-68所示。

	A	B	C
1	函数	结果	说明
2	=TODAY()	2015/6/20	显示当前计算机时间

图 4-68 TODAY

4.5.5 统计函数与应用

统计函数是指统计工作表函数,用于对数据区域进行统计分析。下面讲解常用的统计函数。

1. 统计平均值 AVERAGE

用途:计算所有参数的算术平均值。

语法:AVERAGE(number1,number2,…)。

参数:Number1,number2,…是要计算平均值的 1~30 个参数。

【例 4-37】 如果 A1:A5 区域命名为分数,其中的数值分别为 100、70、92、47 和 82,则公式"=AVERAGE(A1:A5)"返回 78.2。

【例 4-38】 A1:C1 区域内数值的算术平均值。

计算如图 4-69 所示。

	A	B	C
1	4	3	8
2	函数	结果	说明
3	=AVERAGE(A1:C1)	5	A1:C1区域内数值的算术平均值

图 4-69 区域平均值

【例 4-39】 计算 3,5,6 这 3 个数的平均值。

计算如图 4-70 所示。

2	函数	结果	说明
4	=AVERAGE(3,5,6)	4.666666667	数值"3, 5, 6"的算术平均值

图 4-70 计算平均值

2. 统计数字单元格个数 COUNT

用途:返回数字参数的个数。它可以统计数组或单元格区域中含有数字的单元格个数。

语法:COUNT(value1,value2,…)。

参数:value1,value2,…是包含或引用各种类型数据的参数(1～30 个),其中只有数字类型的数据才能被统计。

【例 4-40】 如果 A1=90、A2=人数、A3=""、A4=54、A5=36,则公式"=COUNT(A1:A5)"返回 3。

【例 4-41】 返回 A1:C1 数值单元格的个数。如图 4-71 所示。

	A	B	C
1	你好	100	2006/1/9
2	函数	结果	说明
3	=COUNT(A1:C1)	2	计算A1:C1区域中数值个数，不能转换为数字的文本被忽略

图 4-71　统计数字单元格个数

3. 统计非空值的单元格个数 COUNTA

用途:返回参数组中非空值的数目。利用函数 COUNTA 可以计算数组或单元格区域中数据项的个数。如图 4-72 所示。

语法:COUNTA(value1,value2,…)

说明:value1,value2,…所要计数的值,参数个数为 1～30 个。在这种情况下的参数可以是任何类型,它们包括空格但不包括空白单元格。如果参数是数组或单元格引用,则数组或引用中的空白单元格将被忽略。如果不需要统计逻辑值、文字或错误值,则应该使用 COUNT 函数。

【例 4-42】 如果 A1=6.28、A2=3.74,其余单元格为空,则公式"=COUNTA(A1:A7)"的计算结果等于 2。

【例 4-43】 返回 A2:A6 中非空单元格的个数。如图 4-72 所示。

	A	B	C
1	数据		说明
2	快乐		文本型
3	2006/1/9		日期型
4	100		数值型
5	TRUE		逻辑值
6			空白单元格
7			
8	函数	结果	说明
9	=COUNTA(A2:A6)	4	A2:A6区域中非空单元格的个数

图 4-72　统计非空值单元格个数

4. 统计空值单元格个数 COUNTBLANK

用途：计算某个单元格区域中空白单元格的数目。

语法：COUNTBLANK(range)

参数：Range 为需要计算其中空白单元格数目的区域。

【例 4-44】 如果 A1 = 88、A2 = 55、A3 = ""、A4 = 72、A5 = ""，则公式“= COUNTBLANK(A1:A5)”返回 2。

【例 4-45】 返回 A1:B3 中空格单元格的个数。如图 4-73 所示。

	A	B	C
1	@		
2	6	2.3	
3	AP	#	
4	函数	结果	说明
5	=COUNTBLANK(A1:B3)	1	计算A1:B3区域中空白单元格的个数

图 4-73　统计空值单元格个数

5. 统计满足给定条件的单元格个数 COUNTIF

用途：计算区域中满足给定条件的单元格的个数。

语法：COUNTIF(range,criteria)

参数：range 为需要计算其中满足条件的单元格数目的单元格区域。criteria 为确定哪些单元格将被计算在内的条件，其形式可以为数字、表达式或文本。

【例 4-46】 (1)统计 A2:A6 中单元格的内容为"C001"的单元格个数。

(2)统计 C2:C6 中大于 10 的单元格个数。

统计如图 4-74 所示。

	A	B	C
1	数据		数据
2	C001		12
3	C005		9
4	C003		2
5	C001		16
6	C001		7
7	函数	结果	说明
8	=COUNTIF(A2:A6,"C001")	3	计算A2:A6区域中“C001”的个数
9	=COUNTIF(C2:C6,">10")	2	计算C2:C6区域中大于10的个数

图 4-74　统计满足给定条件的单元格个数

6. 求最大值 MAX

用途：返回一组数值中的最大值，忽略逻辑值和文本值。

语法：max(number1,number2,…)

参数：最多可以有 255 个参数，可以为数值、单元格、文本或逻辑值。

【例 4-47】 (1)统计 A1:C2 中的最大值;

(2)统计 A1:C2 和 90 中的最大值。

统计如图 4-75 所示。

	A	B	C
1	52	86	24
2	36	75	15
3	函数	结果	说明
4	=MAX(A1:C2)	86	区域A1:C2中数据的最大值
5	=MAX(A1:C2, 90)	90	区域A1:C2中数据与90之中的最大值

图 4-75　最大值

7. 求最小值 MIN

用途:返回一组数值中的最小值,忽略逻辑值和文本值。

语法:Min(number1,number2,…)

参数:最多可以有 255 个参数,可以为数值、单元格、文本或逻辑值。

【例 4-48】 (1)统计 A1:C2 中的最小值。

(2)统计 A1:C2 和 1 中的最小值。

统计如图 4-76 所示。

	A	B	C
1	86	15	54
2	12	52	6
3	函数	结果	说明
4	=MIN(A1:C2)	6	区域中A1:C2中数据的最小值
5	=MIN(A1:C2, 1)	1	区域中A1:C2中数据与1之中的最小值

图 4-76　最小值

8. 排序 RANK

用途:返回某数字在一列数字中相对于其他数值的大小排名。

语法:Rank(Number,Ref,Order)

参数:Number 是要排名的数字,Ref 是一组数或对一个数据列表的引用,非数字将被忽略,Order 为 0 或忽略时表示降序,非 0 时表示升序。

【例 4-49】 (1)数字 5.4 在区域中按照降序排列的位数;

(2)数字 7 在区域中按照升序排列的位数;

(3)单元格 A1 中的数字 2 在区域中按照降序排列的位数。

排序如图 4-77 所示。

	A	B	C
1	2		
2	2.7		
3	5.4		
4	3.5		
5	9.3		
6	6.2		
7			
8	函数	计算结果	函数说明
9	=RANK(5.4,A1:A6,0)	3	数字5.4在区域中按照降序排列的位数
10	=RANK(6.2,A1:A6,1)	5	数字7在区域中按照升序排列的位数
11	=RANK(A1,A1:A6,1)	1	单元格A1中的数字2在区域中按照降序排列的位数

图 4-77 排序

4.5.6 查找与引用函数与应用

1. HLOOKUP

用途:给定一个查找的目标,它就能从指定的查找区域中查找返回想要查找到的值。当匹配值位于查找区域首行时,可以使用函数 HLOOKUP。

语法:HLOOKUP(查找目标,查找范围,返回值的行数,精确 OR 模糊查找)

参数:查找目标就是你指定的查找的内容或单元格引用,是需要在“查找范围”第一行中查找的数值。查找范围包含查找目标的数据表,其中第一行包含查找目标,并在其他行包含了需要返回的数据。返回值的行数:需要返回的数据在“查找范围”的行序号。精确 OR 模糊查找:true 或 false,true 为模糊查找,false 为精确查找。

【例 4-50】 使用 HLOOKUP 函数,根据“停车价目表”中各种车型的停车价格,查找车型为“小汽车”的停车价格。如图 4-78 所示。

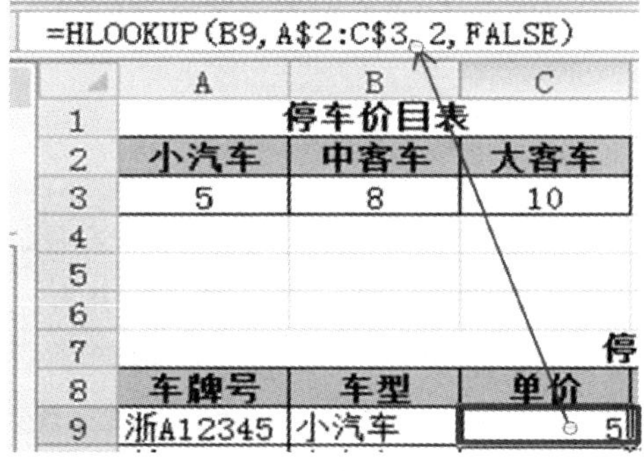

=HLOOKUP(B9,A$2:C$3,2,FALSE)

	A	B	C
1	停车价目表		
2	小汽车	中客车	大客车
3	5	8	10
4			
5			
6			
7			停
8	车牌号	车型	单价
9	浙A12345	小汽车	5

图 4-78 查找小汽车的单价

参数说明：B9 用于匹配的值，即“小汽车”，A＄2:C＄3 用于指定查找的区域，2 用于指定需要返回的值位于 A＄2:C＄3 区域的第 2 行，即返回 5，False 用于指定查找时是精确匹配。

2. VLOOKUP

用途：给定一个查找的目标，它就能从指定的查找区域中查找返回想要查找到的值。当匹配值位于查找区域首列时，可以使用函数 VLOOKUP。

语法：VLOOKUP(查找目标，查找范围，返回值的行数，精确 OR 模糊查找)

参数：查找目标就是你指定的查找的内容或单元格引用，是需要在“查找范围”第一列中查找的数值。查找范围包含查找目标的数据表，其中第一列包含查找目标，并在其他列包含了需要返回的数据。返回值的列数需要返回的数据在“查找范围”的列序号。精确 OR 模糊查找：true 或 false，true 为模糊查找，false 为精确查找。

【例 4-51】 如图 4-79 所示，要求根据采购表中的“衣服”到“价格表”中查找“衣服”的单价。

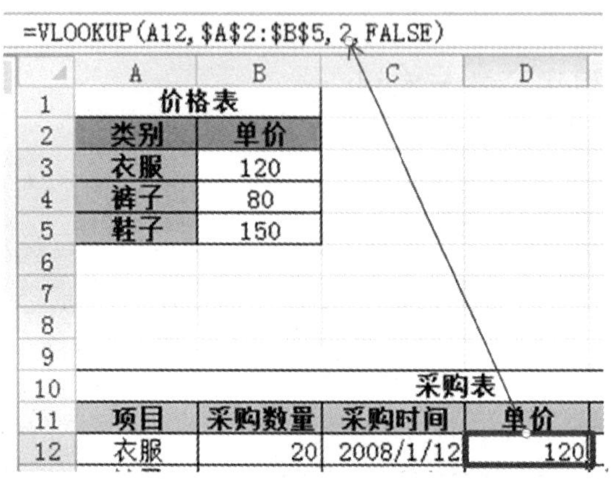

图 4-79　查找衣服的单价

参数说明：A12 用于指定进行匹配的内容，即“衣服”，＄A＄2:＄B＄5 用于指定查找的区域，2 用于指定需要返回的值位于＄A＄2:＄B＄5 区域的第 2 列，即返回 120，False 用于指定查找时是精确匹配。

4.5.7　数据库函数与应用

在 Excel 2010 中包含了一些工作表函数，它们用于对存储在数据清单或数据库中的数据进行分析，这些函数统称为数据库函数。这一类函数具有一些共同特点：①每个函数均有三个参数：database、field 和 criteria。这些参数指向函数所使用的工作表区域。②每个函数都以字母 D 开头。③如果将字母 D 去掉，可以发现其实大多数数据库函数已经在 Excel 的其他类型函数中出现过了。比如，DAVERAGE 将 D 去掉的话，就是求平均值的函数 AVERAGE。

该类函数的语法形式为：函数名称(database，field，criteria)。

database 为构成数据清单或数据库的单元格区域。field 为指定函数所使用的数据列。数据清单中的数据列必须在第一行具有标志项。field 可以是文本,即两端带引号的标志项,如"使用年数"或"产量";此外,field 也可以是代表数据清单中数据列位置的数字:1 表示第一列,2 表示第二列,等等。criteria 为一组包含给定条件的单元格区域。可以为参数 criteria 指定任意区域,只要它至少包含一个列标志和列标志下方用于设定条件的单元格。

下面对常用的数据库函数进行讲解。

1. DAVERAGE

用途:返回数据库或数据清单中满足指定条件的列中数值的平均值。

语法:DAVERAGE(database,field,criteria)

参数:database 构成列表或数据库的单元格区域。field 指定函数所使用的数据列。criteria 为一组包含给定条件的单元格区域。

【例 4-52】 根据学生成绩表,求出"体育"成绩中男生的平均分。如图 4-80 所示。

=DAVERAGE(A2:I24,I2,M12:M13)

学生成绩表

学号	新学号	姓名	性别	语文	数学	英语	信息技术	体育
001	2009001	钱梅宝	男	88	98	82	85	90
002	2009002	张平光	男	100	98	100	97	87
003	2009003	许动明	男	89	87	87	85	70
004	2009004	张　云	女	77	76	80	78	85
005	2009005	唐　琳	女	98	96	89	99	80
006	2009006	宋国强	男	50	60	54	58	76
007	2009007	郭建峰	男	97	94	89	90	81
008	2009008	凌晓婉	女	88	95	100	86	86
009	2009009	张启轩	男	98	96	92	96	92
010	2009010	王　丽	女	78	92	84	81	78
011	2009011	王　敏	女	85	96	74	85	94
012	2009012	丁伟光	男	67	61	66	76	74
013	2009013	吴兰兰	女	75	82	77	98	77
014	2009014	许光明	男	80	79	92	89	83
015	2009015	程坚强	男	67	76	78	80	76
016	2009016	姜玲燕	女	61	75	65	78	68
017	2009017	周兆平	男	78	88	97	71	91
018	2009018	赵永敏	男	100	82	95	89	90
019	2009019	黄永良	男	67	45	56	66	60
020	2009020	梁泉涌	男	85	96	74	79	86
021	2009021	任广明	男	68	72	68	67	75
022	2009022	郝海平	男	89	94	80	100	87

情况	计算结果
"体育"成绩中男生的平均分:	81.2

条件区域1:

语文	数学
>=85	>=85

条件区域2:

体育	性别
>=90	女

条件区域3:

性别
男

M12:M13

图 4-80　DAVERAGE 实例

说明:A2:I24 为数据库的单元区域,I24 为体育所在的列,M12:M13 为条件的单元格区域。

2. DCOUNT

参数:统计满足指定条件并且包含数字的单元格的个数。

语法:DCOUNT(database,field,criteria)

参数:database 构成列表或数据库的单元格区域。field 指定函数所使用的数据列,要求选择任意的数值列,可以省略。criteria 为一组包含给定条件的单元格区域。

【例 4-53】 根据学生成绩表,求出"语文"和"数学"成绩都大于或等于 85 的学生人数。如图 4-81 所示。

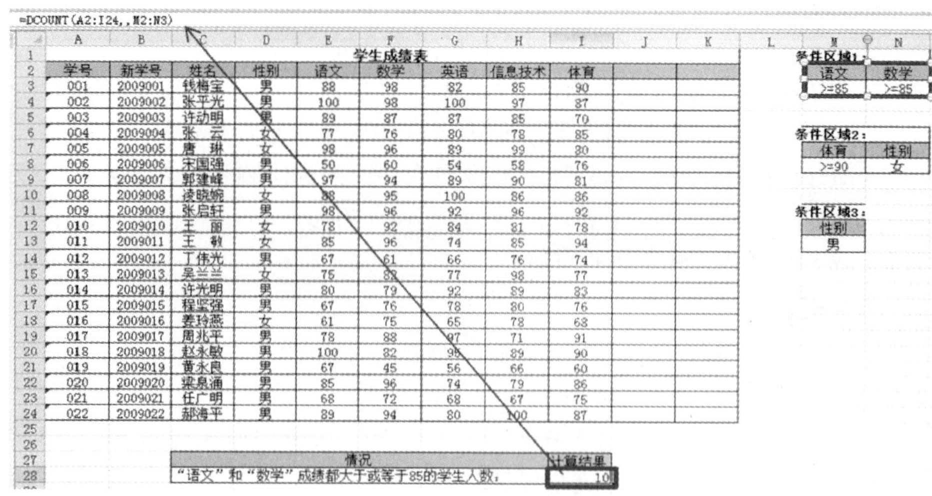

=DCOUNT(A2:I24,,M2:N3)

学生成绩表

学号	新学号	姓名	性别	语文	数学	英语	信息技术	体育
001	2009001	钱梅宝	男	88	98	82	85	90
002	2009002	张平光	男	100	98	100	97	87
003	2009003	许动明	男	89	87	87	85	70
004	2009004	张　云	女	77	76	80	78	85
005	2009005	唐　琳	女	98	96	89	99	80
006	2009006	宋国强	男	50	60	54	58	76
007	2009007	郭建峰	男	97	94	89	90	81
008	2009008	凌晓婉	女	88	95	100	86	86
009	2009009	张启轩	男	98	96	92	96	92
010	2009010	王　丽	女	78	92	84	81	78
011	2009011	王　敏	女	85	96	74	85	94
012	2009012	丁伟光	男	67	61	66	76	74
013	2009013	吴兰兰	女	75	82	77	98	77
014	2009014	许光明	男	80	79	92	89	83
015	2009015	程坚强	男	67	76	78	80	76
016	2009016	姜玲燕	女	61	75	65	78	68
017	2009017	周兆平	男	78	88	97	71	91
018	2009018	赵永敏	男	100	82	98	89	90
019	2009019	黄永良	男	67	45	56	66	60
020	2009020	梁泉涌	男	85	96	74	79	86
021	2009021	任广明	男	68	72	68	67	75
022	2009022	郝海平	男	89	94	80	100	87

情况	计算结果
“语文”和“数学”成绩都大于或等于85的学生人数：	10

条件区域1：

语文	数学
>=85	>=85

条件区域2：

体育	性别
>=90	女

条件区域3：

性别
男

图 4-81　DCOUNT 实例

说明：A2：I24 为数据库的单元区域，field 省略，M2：M3 为条件的单元格区域。

3. DCOUNTA

参数：返回数据库或数据清单指定字段中满足给定条件的非空单元格数目。

语法：DCOUNTA(database,field,criteria)

参数：database 构成列表或数据库的单元格区域。field 指定函数所使用的数据列。criteria 为一组包含给定条件的单元格区域。

【例 4-54】 查找语文成绩大于 70、数学及格的记录，返回记录中第 2 列非空的单元格数。如图 4-82 所示。

	A	B	C	D
1	姓名	语文	数学	英语
2	李娜	80	82	88
3	高辉	85	72	70
4	宋琳	80	76	83
5	李侃	85	75	89
6	辛鑫	62	86	90
7	潘科	90	85	75
8				
9	语文	数学	A9:B10为条件区域	
10	>70	>59		
11				
12	函数	结果	说明	
13	=DCOUNTA(A1:D7,2,A9:B10)	5	查找语文成绩大于70、数学及格的记录，返回记录中第2列非空的单元格数	

图 4-82　DCOUNTA 实例

4. DGET

参数：从数据清单或数据库中提取符合指定条件的单个值。

语法：DGET(database,field,criteria)

参数：database 构成列表或数据库的单元格区域。field 指定函数所使用的数据列。criteria 为一组包含给定条件的单元格区域。

【例 4-55】 根据学生成绩表，求出“体育”成绩大于或等于 90 的“女生”姓名。如图 4-83所示。

=DGET(A2:I24,C2,M7:N8)

学生成绩表

学号	新学号	姓名	性别	语文	数学	英语	信息技术	体育
001	2009001	钱梅宝	男	88	98	82	85	90
002	2009002	张平光	男	100	98	100	97	87
003	2009003	许动明	男	89	87	87	85	70
004	2009004	张　云	女	77	76	80	78	85
005	2009005	唐　琳	女	98	96	89	99	80
006	2009006	宋国强	男	50	60	54	58	76
007	2009007	郭建峰	男	97	94	89	90	81
008	2009008	凌晓婉	女	88	95	100	86	86
009	2009009	张启轩	男	98	96	92	96	92
010	2009010	王　丽	女	78	92	84	81	78
011	2009011	王　敏	女	85	96	74	85	94
012	2009012	丁伟光	男	67	61	66	76	74
013	2009013	吴兰兰	女	75	82	77	98	77
014	2009014	许光明	男	80	79	92	89	83
015	2009015	程坚强	男	67	76	78	80	76
016	2009016	姜玲燕	女	61	75	65	78	68
017	2009017	周兆平	男	78	88	97	71	91
018	2009018	赵永敏	男	100	82	95	89	90
019	2009019	黄永良	男	67	45	56	66	60
020	2009020	梁泉涌	男	85	96	74	79	86
021	2009021	任广明	男	68	72	68	67	75
022	2009022	郝海平	男	89	94	80	100	87

条件区域1：

语文	数学
>=85	>=85

条件区域2：

体育	性别
>=90	女

条件区域3：

性别
男

情况	计算结果
“体育”成绩大于或等于90的“女生”姓名：	王　敏

图 4-83　DGET 实例

说明：A2：I24 为数据库的单元区域，field 字段为姓名，M7：M8 为条件的单元格区域。

5. DMAX

参数：返回数据清单或数据库的指定列中，满足给定条件单元格中的最大数值。

语法：DMAX(database,field,criteria)

参数：database 构成列表或数据库的单元格区域。field 指定函数所使用的数据列。criteria 为一组包含给定条件的单元格区域。

【例 4-56】 根据学生成绩表，求出“体育”成绩中男生的最高分。如图 4-84 所示。

参数说明：A2：I24 为数据库清单，field 字段为体育，M12：M13 为条件的单元格区域。

6. DMIN

参数：返回数据清单或数据库的指定列中满足给定条件的单元格中的最小数字。

语法：DMIN(database,field,criteria)

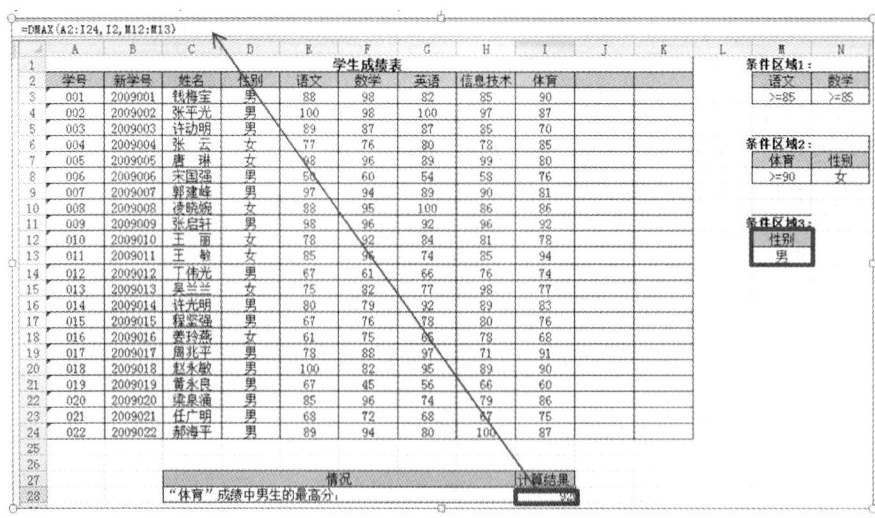
=DMAX(A2:I24,I2,M12:M13)

学生成绩表

学号	新学号	姓名	性别	语文	数学	英语	信息技术	体育
001	2009001	钱梅宝	男	88	98	82	85	90
002	2009002	张平光	男	100	98	100	97	87
003	2009003	许动明	男	89	87	87	85	70
004	2009004	张　云	女	77	76	80	78	85
005	2009005	唐　琳	女	98	96	89	99	80
006	2009006	宋国强	男	50	60	54	58	76
007	2009007	郭建峰	男	97	94	89	90	81
008	2009008	凌晓婉	女	88	95	100	86	86
009	2009009	张启轩	男	98	96	92	96	92
010	2009010	王　丽	女	78	92	84	81	78
011	2009011	王　敏	女	85	96	74	85	94
012	2009012	丁伟光	男	67	61	66	76	74
013	2009013	吴兰兰	女	75	82	77	98	77
014	2009014	许光明	男	80	79	92	89	83
015	2009015	程坚强	男	67	76	78	80	76
016	2009016	姜玲燕	女	61	75	65	78	68
017	2009017	周兆平	男	78	88	97	71	91
018	2009018	赵永敏	男	100	82	95	89	90
019	2009019	黄永良	男	67	45	56	66	60
020	2009020	梁泉涌	男	85	96	74	79	86
021	2009021	任广明	男	68	72	68	67	75
022	2009022	郝海平	男	89	94	80	100	87

情况	计算结果
“体育”成绩中男生的最高分：	92

条件区域1：

语文	数学
>=85	>=85

条件区域2：

体育	性别
>=90	女

条件区域3：

性别
男

图 4-84　DMAX 实例

参数:database 构成列表或数据库的单元格区域。field 指定函数所使用的数据列。criteria 为一组包含给定条件的单元格区域。

【例 4-57】 (1)查找成绩都及格的同学中最低的语文成绩;

(2)查找成绩都及格的同学中最低的数学成绩;

(3)查找成绩都及格的同学中最低的英语成绩。

具体如图 4-85 所示。

	A	B	C	D
1	姓名	语文	数学	英语
2	李娜	80	82	88
3	高辉	85	72	70
4	宋琳	80	76	83
5	李侃	85	75	89
6	辛鑫	62	86	90
7	潘科	90	85	75
8				
9	条件区域	语文	数学	英语
10		>59	>59	>59
11				
12	函数	结果	说明	
13	=DMIN(A1:D7,"语文",B9:D10)	62	查找成绩都及格的同学中最低的语文成绩	
14	=DMIN(A1:D7,3,B9:D10)	72	查找成绩都及格的同学中最低的数学成绩	
15	=DMIN(B1:D7,3,B9:D10)	70	查找成绩都及格的同学中最低的英语成绩	

图 4-85　DMIN 实例

4.5.8　文本函数与应用

文本函数是指通过文本函数，可以在公式中处理文字串。例如，可以改变大小写或确定文字串的长度，可以将日期插入文字串或连接在文字串上。下面对常用的文本函数进行讲解。

1. 查找文本 FIND

用途：FIND 用于查找其他文本串（within_text）内的文本串（find_text），并从 within_text 的首字符开始返回 find_text 的起始位置编号。此函数适用于双字节字符，它区分大小写但不允许使用通配符。

语法：FIND(find_text，within_text，start_num)，

参数：Find_text 是待查找的目标文本；Within_text 是包含待查找文本的源文本；Start_num 是指定从其开始进行查找的字符，即 within_text 中编号为 1 的字符。如果忽略 start_num，则假设其为 1。

【例 4-58】　如果 A1＝软件报，则公式“＝FIND("软件"，A1，1)”返回 1。

【例 4-59】　(1)从单元格 A1 中查找字符 C 的位置：＝FIND("C"，A1)；

(2)从单元格 A1 中第 4 个字符的位置查找字符 n 的位置：＝FIND("n"，A1，4)；

(3)从单元格 A1 中查找字符 m：＝FIND("m"，A1)；

(4)参数 find_text 为空，返回字符串的首字符：＝FIND(，A1)。

具体如图 4-86 所示。

	A	B	C
1	Can I help you? Yes. Thank You.		
2	函数	结果	说明
3	=FIND("C", A1)	1	从单元格A1中查找C的位置
4	=FIND("n", A1, 4)	23	从单元格A1中第4个字符的位置查找n的位置
5	=FIND("m", A1)	#VALUE!	从单元格A1中查找不存在的字符“m”
6	=FIND(, A1)	1	参数find_text为空，返回字符串的首字符

图 4-86　FIND 实例

2. LEFT

用途：根据指定的字符数返回文本串中从左边第一个开始的 num_chars 个字符。

语法：LEFT(text，num_chars)。

参数：text 是包含要提取字符的文本串；num_chars 指定函数要提取的字符数，它必须大于或等于 0。

【例 4-60】　如果 A1＝电脑爱好者，则 LEFT(A1，2)返回“电脑”。

【例 4-61】　(1)返回 A1 中的前两个字符；

(2)省略参数 num_chars，默认返回第一个字符；

(3)参数 num_chars 大于文本长度,返回所有文本;

(4)参数 num_chars 小于 0,返回错误值。

结果如图 4-87 所示。

	A	B	C
1	蓝天白云	Sunny	a8b9c10
2	函数	结果	说明
3	=LEFT(A1,2)	蓝天	返回A1中的前两个字符
4	=LEFT(B1)	S	省略参数num_chars,默认返回第一个字符
5	=LEFT(C1,8)	a8b9c10	参数num_chars大于文本长度,返回所有文本
6	=LEFT(A1,-1)	#VALUE!	参数num_chars小于0,返回错误值

图 4-87 LEFT 函数实例

3. LEN

用途:LEN 返回文本串的字符数。

语法:LEN(text)

参数:text 待要查找其长度的文本。

【例 4-62】 如果 A1="电脑爱好者",则公式"=LEN(A1)"返回 5。

【例 4-63】 返回 A1 中字符串的长度,其中空格也作为字符进行计数。具体如图 4-88所示。

	A	B	C
1	Happy Birthday to You!		
2	函数	结果	说明
3	=LEN(A1)	22	返回A1中字符串的长度
4	=LEN(" ")	1	空格也作为字符进行计数
5	=LEN("你好")	2	返回字符串“你好”的长度

图 4-88 LEN 实例

4. LOWER

用途:将一个文字串中的所有大写字母转换为小写字母。

语法:LOWER(text)

语法:text 是包含待转换字母的文字串。

注意:LOWER 函数不改变文字串中非字母的字符。

【例 4-64】 如果 A1=Excel,则公式“=LOWER(A1)”返回 Excel。

5. MID

用途:MID 返回文本串中从指定位置开始的特定数目的字符,该数目由用户指定。

语法:MID(text,start_num,num_chars)

参数:text 是包含要提取字符的文本串;start_num 是文本中要提取的第一个字符的

位置，文本中第一个字符的 start_num 为 1，以此类推；Num_chars 指定希望 MID 从文本中返回字符的个数。

【例 4-65】 如果 A1＝"电子计算机"，则公式"＝MID(A1,3,2)"返回"计算"。

【例 4-66】 (1)返回 A1 中第 5 个字符起的 6 个字符；

(2)返回 C1 中第 3 个字符起的 2 个字符。

具体如图 4-89 所示。

	A	B	C
1	May I help you?		碧海蓝天
2	函数	结果	说明
3	=MID(A1,5,6)	I help	返回A1中第5个字符起的6个字符
4	=MID(C1,3,2)	蓝天	返回C1中第3个字符起的2个字符

图 4-89　MID 实例

6. REPLACE

用途：REPLACE 使用其他文本串并根据所指定的字符数替换另一文本串中的部分文本。

语法：REPLACE(old_text,start_num,num_chars,new_text)

参数：old_text 是要替换其部分字符的文本；start_num 是要用 new_text 替换的 old_text 中字符的位置；Num_chars 是希望 REPLACE 使用 new_text 替换 old_text 中字符的个数。

【例 4-67】 如果 A1＝"学习的革命"、A2＝"电脑"，则公式"＝REPLACE(A1,3,3,A2)"返回"学习电脑"。表示用 A2 单元格中的数据替换 A1 单元格的第 3 个字符开始的 3 个字符。

【例 4-68】 (1)将 A1 中的字符串第 4 个字符开始的 2 个字符替换为"&"；

(2)将 B1 中的字符串第 2 个字符开始的 1 个字符替换为"和"。

具体如图 4-90 所示。

	A	B	C
1	ABCHELMN	你与我	
2	函数	结果	说明
3	=REPLACE(A1,4,2,"&")	ABC&LMN	将A1中的字符串第4个字符开始的2个字符替换为"&"
4	=REPLACE(B1,2,1,"和")	你和我	将B1中的字符串第2个字符开始的1个字符替换为"和"

图 4-90　REPLACE 实例

7. RIGHT

用途:RIGHT 根据所指定的字符数返回文本串中最后一个或多个字符。

语法:RIGHT(text,num_chars)

参数:text 是包含要提取字符的文本串;Num_chars 指定希望 RIGHT 提取的字符数,它必须大于或等于 0。如果 num_chars 大于文本长度,则 RIGHT 返回所有文本。如果忽略 num_chars,则假定其为 1。

【例 4-69】 如果 A1="学习的革命",则公式"=RIGHT(A1,2)"返回"革命"。

8. TEXT

用途:TEXT 将数值转换为按指定数字格式表示的文本。

语法:TEXT(value,format_text)

参数:value 是数值的公式或对数值单元格的引用;format_text 是所要选用的文本型数字格式,即"单元格格式"对话框"数字"选项卡的"分类"列表框中显示的格式,它不能包含星号"*"。

【例 4-70】 如果 A1=2986.638,则公式"=TEXT(A5,"#,##0.00")"返回 2,986.64。

9. UPPER

用途:将文本转换成大写形式。

语法:UPPER(text)

参数:text 为需要转换成大写形式的文本,它可以是引用或文字串。

【例 4-71】 公式"=UPPER("apple")"返回 APPLE。

4.5.9　逻辑函数与应用

用来判断真假值,或者进行复合检验的 Excel 函数,我们称为逻辑函数。在 Excel 2010 中提供了 7 种逻辑函数,即 AND、OR、NOT、FALSE、IF、IFERROR、TRUE 函数。下面对常用的逻辑函数进行讲解。

1. 判断是否同时满足条件 AND

用途:所有参数的逻辑值为真时返回 TRUE(真);只要有一个参数的逻辑值为假,则返回 FALSE(假)。

语法:AND(logical1,logical2,…)

参数:logical1,logical2,…为待检验的 1~30 个逻辑表达式,它们的结论或为 TRUE(真)或为 FALSE(假)。参数必须是逻辑值或者包含逻辑值的数组或引用,如果数组或引用内含有文字或空白单元格,则忽略它的值。数值 0 表示逻辑 false,非 0 数值表示逻辑 true。如果指定的区域中不包含逻辑值,OR 函数将返回错误#value!。

【例 4-72】 如果 A1=2、A2=6,那么公式"=AND(A1,A2)"返回 true。如果 B4=0,那么公式"=AND(A1,B4)"返回 false。

【例 4-73】 判断三科成绩是否均超过平均分。

分析：

(1)分别判断语文、数学、英语是否超过平均分：C2＞AVERAGE(C2：C13)、D2＞AVERAGE(D2：D13)、E2＞AVERAGE(E2：E13)；

(2)将(1)中的计算结果分别作为 AND 函数的参数，判断三个条件是否同时满足；

(3)计算公式：＝AND(C2＞AVERAGE(C2：C13)，D2＞AVERAGE(D2：D13)，E2＞AVERAGE(E2：E13))。

具体如图 4-91 所示。

COUNTIF　=AND(C2>AVERAGE($C$2:$C$13),D2>AVERAGE($D$2:$D$13),E2>AVERAGE($E$2:$E$13))
AVERAGE(number1, [number2

	B	C	D	E	F	G	H	I
1	姓名	语文	数学	英语	总分	平均	排名	三科成绩是否均超过平均
2	毛莉	75	85	80	240	80.00	15	2>AVERAGE($E$2:$E$13))
3	杨青	68	75	64	207	69.00	29	FALSE
4	陈小鹰	58	69	75	202	67.33	32	FALSE
5	陆东兵	94	90	91	275	91.67	1	TRUE
6	闻亚东	84	87	88	259	86.33	5	TRUE
7	曹吉武	72	68	85	225	75.00	24	FALSE
8	彭晓玲	85	71	76	232	77.33	19	FALSE
9	傅珊珊	88	80	75	243	81.00	12	FALSE
10	钟争秀	78	80	76	234	78.00	18	FALSE
11	周昊璐	94	87	82	263	87.67	4	TRUE
12	柴安琪	60	67	71	198	66.00	36	FALSE
13	吕秀杰	81	83	87	251	83.67	10	TRUE

图 4-91　三科成绩是否均超过平均分

【例 4-74】 判断是否具有评选高级工程师的资格，其要求是工龄大于 20 年，职称为工程师。

分析：

(1)首先分别判断两个条件：H2＞20，I2＝"工程师"；

(2)将(2)中的结果分别作为 AND 函数的参数，判断是否两个条件同时满足。

(3)计算公式：＝AND(H2＞20，I2＝"工程师")

具体如图 4-92 所示。

K2　=AND(H2>20,I2="工程师")

	A	B	C	D	E	F	G	H	I	J	K
1	员工姓名	员工代码	升级员工代码	性别	出生年月	年龄	参加工作时间	工龄	职称	岗位级别	是否评选高级工程师
2	毛莉	PA103	PA0103	女	1977年12月	38	1995年8月	20	技术员	2级	FALSE
3	杨青	PA125	PA0125	女	1978年2月	37	2000年8月	15	助工	5级	FALSE
4	陈小鹰	PA128	PA0128	男	1963年11月	52	1987年11月	28	助工	5级	FALSE
5	陆东兵	PA212	PA0212	女	1976年7月	39	1997年8月	18	助工	5级	FALSE
6	闻亚东	PA216	PA0216	男	1963年12月	52	1987年12月	28	高级工程师	8级	FALSE
7	曹吉武	PA313	PA0313	男	1982年10月	33	2006年5月	9	技术员	1级	FALSE
8	彭晓玲	PA325	PA0325	女	1960年3月	55	1983年3月	32	高级工	5级	FALSE
9	傅珊珊	PA326	PA0326	女	1969年1月	46	1987年1月	28	技术员	3级	FALSE

图 4-92　是否具有评选高级工程师的资格

2. OR

用途：所有参数中的任意一个逻辑值为真时即返回 TRUE(真)。

语法：OR(logical1，logical2，…)

参数：logical1，logical2，…是需要进行检验的 1～30 个逻辑表达式，其结论分别为 TRUE 或 FALSE。如果数组或引用的参数包含文本、数字或空白单元格，它们将被忽略。数值 0 表示逻辑 false,非 0 数值表示逻辑 true。如果指定的区域中不包含逻辑值,OR 函数将返回错误#value!。如图 4-93 所示。

	A	B	C
1	函数	结果	说明
2	=OR(TRUE,FALSE)	TRUE	只要有一个参数为TRUE时的返回值
3	=OR(FALSE,FALSE)	FALSE	所有参数为FALSE时的返回值
4	=OR(FALSE,FALSE,TRUE)	TRUE	只要有一个参数为TRUE时的返回值
5	=OR(1+1=3,1,5)	TRUE	逻辑表达式的并集返回值

图 4-93　OR 函数说明

【例 4-75】 如果 A1=6、A2=8,则公式"=OR(A1+A2>A2,A1=A2)"返回 TRUE;而公式"=OR(A1>A2,A1=A2)"返回 FALSE。

3. 分情况判断 IF

用途:执行逻辑判断,它可以根据逻辑表达式的真假,返回不同的结果,从而执行数值或公式的条件检测任务。

语法:IF(logical_test,value_if_true,value_if_false)

参数:logical_test 计算结果为 TRUE 或 FALSE 的任何数值或表达式;value_if_true 是 logical_test 为 TRUE 时函数的返回值,如果 logical_test 为 TRUE 并且省略了 value_if_true,则返回 TRUE。而且 value_if_true 可以是一个表达式;value_if_false 是 logical_test 为 FALSE 时函数的返回值。如果 logical_test 为 FALSE 并且省略 value_if_false,则返回 FALSE。value_if_false 也可以是一个表达式。

【例 4-76】 (1)判断 A2 是否大于 A3,是则显示"TRUE",否则显示"FALSE";

(2) 判断 A2 是否大于 A3,是则显示"A2>A3",否则显示"A2<A3"。

具体如图 4-94 所示。

	A	B	C
1	数据	函数	结果
2	50	=IF(A2>A3,TRUE,FALSE)	FALSE
3	80	=IF(A2>A3,"A2>A3","A2<A3")	A2<A3
4			

图 4-94　IF 函数实例

【例 4-77】 判断 A2 中的年份值是否为闰年,判断是否为闰年的条件:年份值能被 400 整除,或者能被 4 整除且不能被 100 整除。

分析:

(1)判断年份值除以 4 的余数是否等于 0,即 MOD(A2,4)=0;

(2)判断年份值除以 100 的余数是否不等于 0,即 MOD(A2,100)<>0;

(3)判断(1)和(2)的结果是否都为 true,即 AND(MOD(A2,4)=0,MOD(A2,100)<>0);

(4) 判断年份值除以 400 的余数是否等于 0,即 MOD(A2,400)=0;

(5)(3)和(4)的计算结果只要有一个为 true,则该年份值就为闰年,因此(3)和(4)是函数 OR 的参数，即 OR(AND(MOD(A2,4)=0,MOD(A2,100)<>0),MOD(A2,400)=0)；

(6)如果(5)的结果为 true，则在 B2 中输出“闰年”，否则，在 B2 中输出“平年”，使用公式：=IF(OR(AND(MOD(A2,4)=0,MOD(A2,100)<>0),MOD(A2,400)=0),"闰年","平年")。

具体如图 4-95 所示。

B2　fx　=IF(OR(MOD(A2,400)=0,AND(MOD(A2,4)=0,MOD(A2,100)<>0)),"闰年","平年")

	A	B	C	D	E	F	G	H	I	J	K
1	年份	是否闰年									
2	1954	平年									

图 4-95　年份值是否为闰年

另外，在解决实际问题时经常会用到 IF 的嵌套。

例如：公式“=IF(C2>=85,"A",IF(C2>=70,"B",IF(C2>=60,"C",IF(C2<60,"D"))))”，其中第二个 IF 语句同时也是第一个 IF 语句的参数。同样，第三个 IF 语句是第二个 IF 语句的参数，以此类推。例如，若第一个逻辑判断表达式 C2>=85 成立，则 D2 单元格被赋值“A”；如果第一个逻辑判断表达式 C2>=85 不成立，则计算第二个 IF 语句“IF(C2>=70)”；以此类推直至计算结束，该函数广泛用于需要进行逻辑判断的场合。

4. 取反 NOT

用途：求出一个逻辑值或逻辑表达式的相反值。如果您要确保一个逻辑值等于其相反值，就应该使用 NOT 函数。

语法：NOT(logical)

参数：logical 是一个可以得出 TRUE 或 FALSE 结论的逻辑值或逻辑表达式。如果逻辑值或表达式的结果为 FALSE，则 NOT 函数返回 TRUE；如果逻辑值或表达式的结果为 TRUE，那么 NOT 函数返回的结果为 FALSE。如图 4-96 所示。

	A	B	C
1	函数	结果	说明
2	=NOT(FALSE)	TRUE	返回FALSE的相反值
3	=NOT(5)	FALSE	返回5即TRUE的相反值
4	=NOT(2>5)	TRUE	返回2>5的相反值

图 4-96　NOT 函数说明

【例 4-78】　如果 A1=6、A2=8，那么公式“=NOT(A1>A2)”返回 TRUE。

4.5.10　信息函数与应用

信息函数主要用于显示 Excel 内部的一些提示信息，如数据错误信息、操作环境参数、数据类型等。本节主要介绍用来检验数值或引用类型的 IS 类函数，它们可以检验数值的类型并根据参数的值返回 TRUE 或 FALSE。例如，数值为空白单元格引用时，

ISBLANK 函数返回逻辑值 TRUE,否则返回 FALSE。

1. ISBLANK

用途:判断一个单元格是否为空白单元格。

语法:ISBLANK(value)

参数:value 对一个单元格的引用。

【例 4-79】 A1 单元格为空,使用公式"=ISBLANK(A1)"返回 TRUE。

2. ISERR

用途:判断一个单元格中的数据是否为错误信息。

语法:ISERR(value)

参数:value 对一个单元格的引用。

【例 4-80】 A1=#VALUE!,使用公式"=ISBLANK(A1)"返回 TRUE。

3. ISTEXT(value)

用途:判断一个单元格中的数据是否为文本类型。

语法:ISTEXT(value)

参数:value 对一个单元格的引用。

【例 4-81】 A1=23,使用公式"=ISBLANK(A1)"返回 FALSE。如图 4-97 所示。

【例 4-82】 如果 A1=23,使用公式"=ISBLANK(A1)"返回 TRUE。如图 4-98 所示。

=ISTEXT(A1)

	A	B	C
1	23	A1单元格中的内容是否为文本类型:	FALSE
2			

图 4-97　A1 中的值为数字

=ISTEXT(A1)

	A	B	C
1	23	A1单元格中的内容是否为文本类型:	TRUE
2			

图 4-98　A1 中的值为文本

4.6　数据管理与分析

Excel 具有强大的数据管理与分析能力,能够对工作表中的数据进行排序、筛选、分类汇总等,还能够使用数据透视表对工作表的数据进行重组,对特定的数据行或数据列进行各种概要分析,并且可以生成数据透视图(表),直观地表示分析结果。

4.6.1　数据排序

Excel 提供了多种方法对工作表区域进行排序，用户可以根据需要按行或列、按升序或降序、使用自定义排序命令。当用户按行进行排序时，数据列表中的列将被重新排列，但行保持不变，如果按列进行排序，行将被重新排列而列保持不变。没有经过排序的数据列表看上去杂乱无章，不利于我们对数据进行查找和分析。所以，此时我们需要按照数据表进行整理。

【例 4-83】 如图 4-99 所示有一个学生成绩表，如果要将语文成绩从高到低进行排列，具体的操作步骤如下：

步骤 1：选中“语文”。

步骤 2：点击“降序”排列方式。

图 4-99　语文降序排列

也可以使用“排序”对话框进行排序。具体步骤如下：

步骤 1：选择任意单元格。

步骤 2：选择“数据”功能区项下的“排序”工具，弹出对话框。

步骤 3：在弹出的对话框中，将主要关键字设置为“语文”，次序设置为“降序”。

具体如图 4-100 所示。

图 4-100　使用排序对语文进行排序

除了可以对数据表进行单一列的排序之外,还可以设置多个排序条件,比如在按语文的降序排列的基础上,按数学的降序排列。操作步骤如下:

步骤 1:选择任意单元格。

步骤 2:单击“数据”功能区下的“排序”。

步骤 3:在弹出的对话框中设置主要关键字为“语文”,次序为“降序”。

步骤 4:单击“添加条件”,设置次要关键字为“数学”,次序为“降序”。

具体如图 4-101 所示。

图 4-101　设置多个排序条件

在 Excel 2010 中,排序条件最多可以支持 64 个关键字。

4.6.2　数据筛选

筛选数据列表的意思就是将不符合用户特定条件的行隐藏起来,这样可以更方便地让用户对数据进行查看。Excel 提供了两种筛选数据列表的命令:自动筛选和高级筛选。自动筛选适用于简单的筛选条件,高级筛选适用于复杂的筛选条件。

【例 4-84】 使用自动筛选,筛选出表 4-6 中语文成绩大于 80 分的学生记录。

表 4-6　学生成绩表

学号	姓名	语文	数学	英语
20041001	毛莉	75	85	80
20041002	杨青	68	75	64
20041003	陈小鹰	58	69	75
20041004	陆东兵	94	90	91
20041005	闻亚东	84	87	88
20041006	曹吉武	72	68	85
20041007	彭晓玲	85	71	76
20041008	傅珊珊	88	80	75
20041009	钟争秀	78	80	76
20041010	周旻璐	94	87	82
20041011	柴安琪	60	67	71

步骤 1:选择数据表中的任意单元格。

步骤 2:单击“数据”功能区下的“筛选”工具。如图 4-102 所示。

	A	B	C	D	E
1	学号	姓名	语文	数学	英语
2	20041001	毛莉	75	85	80
3	20041002	杨青	68	75	64
4	20041003	陈小鹰	58	69	75
5	20041004	陆东兵	94	90	91
6	20041005	闻亚东	84	87	88
7	20041006	曹吉武	72	68	85
8	20041007	彭晓玲	85	71	76
9	20041008	傅珊珊	88	80	75
10	20041009	钟争秀	78	80	76
11	20041010	周旻璐	94	87	82
12	20041011	柴安琪	60	67	71

图 4-102　自动筛选

步骤 3:单击在“语文”所在列的下拉列表,选择“数字筛选”下的大于,弹出对话框。如图 4-103 所示。

图 4-103　设置筛选条件

步骤 4:在弹出的对话框中,设置大于 80,如图 4-104 所示。

自定义自动筛选方式

显示行:
语文
大于 80
与(A) 或(O)

可用 ? 代表单个字符
用 * 代表任意多个字符
确定 取消

图 4-104 自定义自动筛选方式

如果条件比较多,可以使用“高级筛选”来进行。使用高级筛选功能可以一次把我们想要看到的数据都找出来。

【例 4-85】 如图 4-105 所示,筛选出满足以下条件的记录:“语文”>=75,“数学”>=75,“英语”>=75,“总分”>=250。

学号	姓名	语文	数学	英语	总分	平均	排名	三科成绩是否均超过平均
20041001	毛莉	75	85	80	240	80.00	6	FALSE
20041002	杨青	68	75	64	207	69.00	12	FALSE
20041003	陈小鹰	58	69	75	202	67.33	14	FALSE
20041004	陆东兵	94	90	91	275	91.67	1	TRUE
20041005	闻亚东	84	87	88	259	86.33	3	TRUE
20041006	曹吉武	72	68	85	225	75.00	10	FALSE
20041007	彭晓玲	85	71	76	232	77.33	9	FALSE
20041008	傅珊珊	88	80	75	243	81.00	5	FALSE
20041009	钟争秀	78	80	76	234	78.00	8	FALSE
20041010	周旻璐	94	87	82	263	87.67	2	TRUE
20041011	柴安琪	60	67	71	198	66.00	16	FALSE
20041012	吕秀杰	81	83	87	251	83.67	4	TRUE
20041013	陈华	71	84	67	222	74.00	11	FALSE
20041014	姚小玮	68	54	70	192	64.00	17	FALSE
20041015	刘晓瑞	75	85	80	240	80.00	6	FALSE
20041016	肖凌云	68	75	64	207	69.00	12	FALSE
20041017	徐小君	58	69	75	202	67.33	14	FALSE

图 4-105 学生成绩

步骤 1:编辑条件。

首先,将筛选条件所涉及的列标题进行复制,然后在其他空白单元格上进行粘贴(注意:粘贴的位置要与数据表隔开至少一行或一列)。如图 4-106 所示。

1	学号	姓名	语文	数学	英语	总分	平均	排名	三科成绩是否均超过平均
2	20041001	毛莉	75	85	80	240	80.00	6	FALSE
3	20041002	杨青	68	75	64	207	69.00	12	FALSE
4	20041003	陈小鹰	58	69	75	202	67.33	14	FALSE
5	20041004	陆东兵	94	90	91	275	91.67	1	TRUE
6	20041005	闻亚东	84	87	88	259	86.33	3	TRUE
7	20041006	曹吉武	72	68	85	225	75.00	10	FALSE
8	20041007	彭晓玲	85	71	76	232	77.33	9	FALSE
9	20041008	傅珊珊	88	80	75	243	81.00	5	FALSE
10	20041009	钟争秀	78	80	76	234	78.00	8	FALSE
11	20041010	周旻璐	94	87	82	263	87.67	2	TRUE
12	20041011	柴安琪	60	67	71	198	66.00	16	FALSE
13	20041012	吕秀杰	81	83	87	251	83.67	4	TRUE
14	20041013	陈华	71	84	67	222	74.00	11	FALSE
15	20041014	姚小玮	68	54	70	192	64.00	17	FALSE
16	20041015	刘晓瑞	75	85	80	240	80.00	6	FALSE
17	20041016	肖凌云	68	75	64	207	69.00	12	FALSE
18	20041017	徐小君	58	69	75	202	67.33	14	FALSE
19									
20									
21									
22	语文	数学	英语	总分					

图 4-106 复制筛选条件的列标题

其次，在语文、数学、英语、总分标签下分别编辑>75，>75，>75，>250，“而且”关系的条件，即要求同时满足的条件写在同一行，“或者”关系的条件，即只要满足其中之一的条件写在不同行。如图 4-107 所示。

	学号	姓名	语文	数学	英语	总分	平均	排名	三科成绩是否均超过平均
2	20041001	毛莉	75	85	80	240	80.00	6	FALSE
3	20041002	杨青	68	75	64	207	69.00	12	FALSE
4	20041003	陈小鹰	58	69	75	202	67.33	14	FALSE
5	20041004	陆东兵	94	90	91	275	91.67	1	TRUE
6	20041005	闻亚东	84	87	88	259	86.33	3	TRUE
7	20041006	曹吉武	72	68	85	225	75.00	10	FALSE
8	20041007	彭晓玲	85	71	76	232	77.33	9	FALSE
9	20041008	傅珊珊	88	80	75	243	81.00	5	FALSE
10	20041009	钟争秀	78	80	76	234	78.00	8	FALSE
11	20041010	周昊璐	94	87	82	263	87.67	2	TRUE
12	20041011	柴安琪	60	67	71	198	66.00	16	FALSE
13	20041012	吕秀杰	81	83	87	251	83.67	4	TRUE
14	20041013	陈华	71	84	67	222	74.00	11	FALSE
15	20041014	姚小玮	68	54	70	192	64.00	17	FALSE
16	20041015	刘晓瑞	75	85	80	240	80.00	6	FALSE
17	20041016	肖凌云	68	75	64	207	69.00	12	FALSE
18	20041017	徐小君	58	69	75	202	67.33	14	FALSE
19									
20									
21									
22	语文	数学	英语	总分					
23	>75	>75	>75	>250					
24									

图 4-107　设置筛选条件

步骤 2：在数据表的任意单元格上单击一下，即选择数据表中的任意单元格，然后，单击“数据”功能区下的“高级”。如图 4-108 所示。

	A	B	C	D	E	F	G	H	I
1	学号	姓名	语文	数学	英语	总分	平均	排名	三科成绩是否均超过平均
2	20041001	毛莉	75	85	80	240	80.00	6	FALSE
3	20041002	杨青	68	75	64	207	69.00	10	FALSE
4	20041003	陈小鹰	58	69	75	202	67.33		
5	20041004	陆东兵	94	90	91	275	91.67		
6	20041005	闻亚东	84	87	88	259	86.33		
7	20041006	曹吉武	72	68	85	225	75.00		
8	20041007	彭晓玲	85	71	76	232	77.33		
9	20041008	傅珊珊	88	80	75	243	81.00		
.0	20041009	钟争秀	78	80	76	234	78.00		
.1	20041010	周昊璐	94	87	82	263	87.67		
.2	20041011	柴安琪	60	67	71	198	66.00		
.3	20041012	吕秀杰	81	83	87	251	83.67		
.4									
.5									
.6	语文	数学	英语	总分					
.7	>75	>75	>75	>250					

图 4-108　高级筛选

步骤 3：在弹出的对话框中，将鼠标放在“条件区域”，然后选择“A6：D7”区域，确定以后完成高级筛选。筛选结果如图 4-109 所示。

	A	B	C	D	E	F	G	H	I
1	学号	姓名	语文	数学	英语	总分	平均	排名	三科成绩是否均超过平均
5	20041004	陆东兵	94	90	91	275	91.67	1	TRUE
6	20041005	闻亚东	84	87	88	259	86.33	3	TRUE
11	20041010	周昊璐	94	87	82	263	87.67	2	TRUE
13	20041012	吕秀杰	81	83	87	251	83.67	4	TRUE
14									
15									
16	语文	数学	英语	总分					
17	>75	>75	>75	>250					

图 4-109　筛选结果

4.6.3　数据透视表和数据透视图

数据透视表能帮助用户分析、组织数据。利用它可以很快地从不同角度对数据进行分类汇总。首先应该明确的是：不是所有工作表都有建立数据透视表(图)的必要。记录数量众多、以流水账形式记录、结构复杂的工作表，为了将其中的一些内在规律显现出来，可将工作表重新组合并添加算法，即建立数据透视表(图)。

例如，有一张工作表，是一个大公司员工(姓名、性别、出生年月、所在部门、工作时间、政治面貌、学历、技术职称、任职时间、毕业院校、毕业时间等)信息一览表，不但字段(列)多，且记录(行)数众多。为此，需要建立数据透视表，以便将一些内在规律显现出来。

1. 创建数据透视表

下面通过一个具体的实例给出创建数据透视表的过程。

【例 4-86】　根据“学生成绩表”Sheet1 中的结果，在 Sheet4 中创建一张数据透视表，要求：

(1)显示是否三科均超过平均分的学生人数；

(2)行区域设置为：“三科成绩是否均超过平均”；

(3)计数项为三科成绩是否均超过平均。

步骤 1：在 Sheet4 中选择“A1”单元格。

步骤 2：单击“插入”功能区下的“数据透视表”，弹出对话框，如图 4-110 所示。

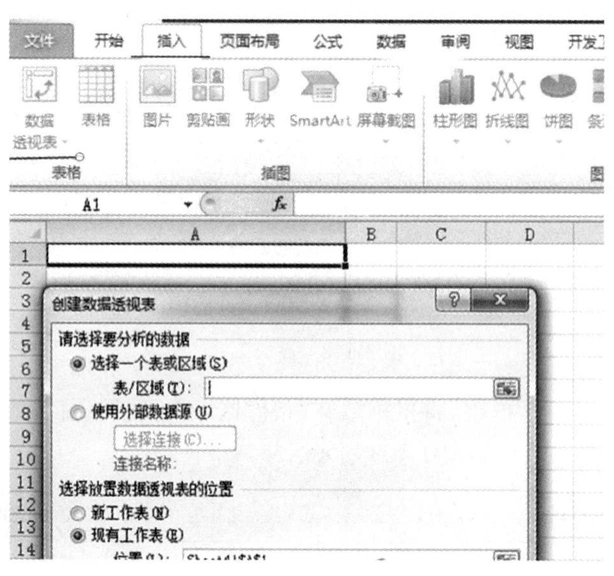

图 4-110　创建数据透视表

步骤 3：按照默认的选中状态，即选中“选择一个表或区域”和“现有工作表”，将光标放在“表/区域(T)：”中，然后选择 Sheet1 中的数据(注意：包含列标题)。如图 4-111 所示。

	A	B	C	D	E	F	G	H	I
9	20041008	傅珊珊	88	80	75	243	81.00	12	FALSE
10	20041009	钟争秀	78	80	76	234	78.00	18	FALSE
11	20041010	周昊璐	94	87	82	263	87.67	4	TRUE
12	20041011	柴安琪	60	67	71	198	66.00	36	FALSE
13	20041012	吕秀杰	81	83	87				
14	20041013	陈华	71	84	67				
15	20041014	姚小玮	68	54	70				
16	20041015	刘晓瑞	75	85	80				
17	20041016	肖凌云	68	75	64				
18	20041017	徐小君	58	69	75				
19	20041018	程俊	94	89	91				
20	20041019	黄威	82	87	88				
21	20041020	钟华	72	64	85				
22	20041021	郎怀民	85	71	70				
23	20041022	谷金力	87	80	75				
24	20041023	张南玲	78	64	76				
25	20041024	邓云	80	87	82				
26	20041025	贾丽娜	60	68	71				
27	20041026	万基莹	81	83	89	253	84.33	9	TRUE
28	20041027	吴冬玉	75	84	67	226	75.33	22	FALSE
29	20041028	项文双	68	50	70	188	62.67	38	FALSE
30	20041029	徐华	75	85	81	241	80.33	14	FALSE
31	20041030	罗金梅	67	75	64	206	68.67	31	FALSE
32	20041031	齐明	58	69	74	201	67.00	34	FALSE
33	20041032	赵援	94	90	88	272	90.67	3	TRUE
34	20041033	罗颖	84	87	83	254	84.67	8	TRUE
35	20041034	张永和	72	65	85	222	74.00	25	FALSE
36	20041035	陈平	80	71	76	227	75.67	21	FALSE
37	20041036	谢彦	84	80	75	239	79.67	17	FALSE
38	20041037	明小莉	78	80	73	231	77.00	20	FALSE
39	20041038	张立娜	94	82	82	258	86.00	6	TRUE

创建数据透视表
请选择要分析的数据
◉ 选择一个表或区域(S)
表/区域(T): Sheet1!$A$1:$I$39
○ 使用外部数据源(U)
选择连接(C)...
连接名称:
选择放置数据透视表的位置
○ 新工作表(N)
◉ 现有工作表(E)
位置(L): Sheet4!$A$1
确定　取消

Sheet1 / Sheet2 / Sheet3 / Sheet4 / Sheet5 / Sheet6

图 4-111　选择表或区域

步骤 4：点击“确定”，将“三科成绩是否均超过平均”拖到“行字段”区域。再将“三科成绩是否均超过平均”拖到“值字段”区域，如图 4-112 所示。筛选结果如图 4-113 所示。

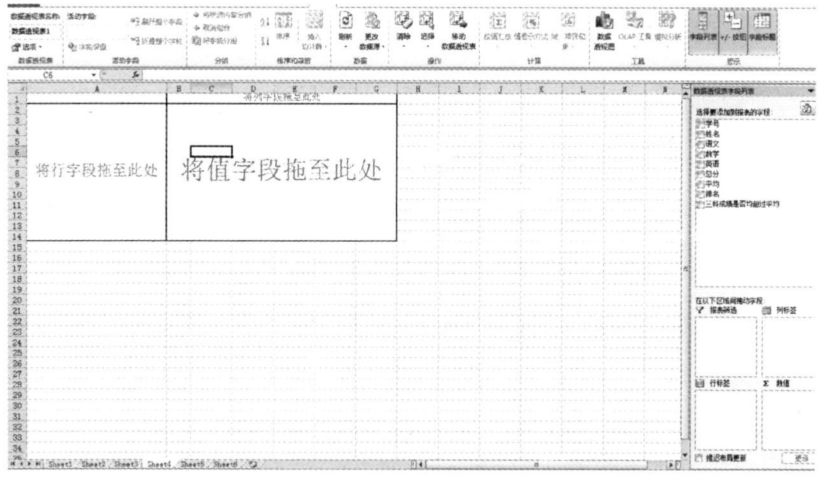

图 4-112　拖动字段

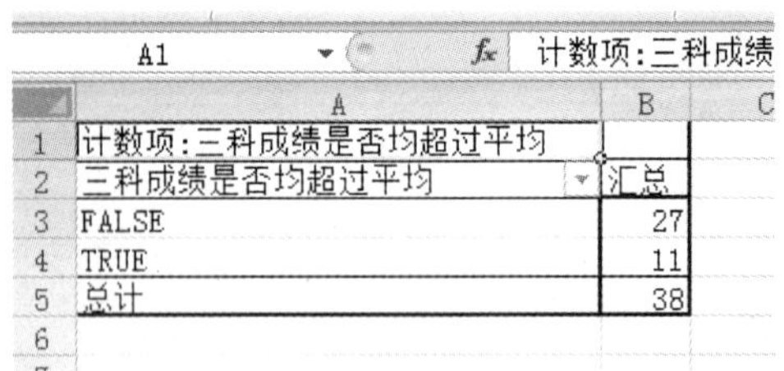

A1　fx　计数项:三科成绩

	A	B
1	计数项:三科成绩是否均超过平均	
2	三科成绩是否均超过平均	汇总
3	FALSE	27
4	TRUE	11
5	总计	38

图 4-113　最后结果

2. 创建数据透视图

数据透视图是以图形的方式显示数据的分类汇总情况。下面通过一个具体的例子给出创建数据透视图的具体过程。

【例 4-87】 根据 Sheet1 的结果,创建一张数据透视图 Chart1,要求:

(1)显示每个销售人员销售房屋所缴纳契税总额;

(2)行区域设置为"销售人员";

(3)求和项设置为契税总额;

(4)透视表保存在 sheet4 中。

步骤 1:在 Sheet4 中选择"A1"单元格。

步骤 2:单击"插入"功能区项下的"数据透视图",弹出对话框。如图 4-114 和图 4-115 所示。

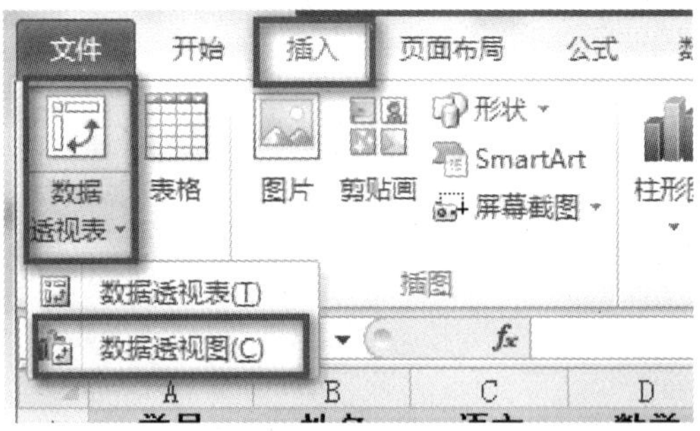

图 4-114　选择数据透视图

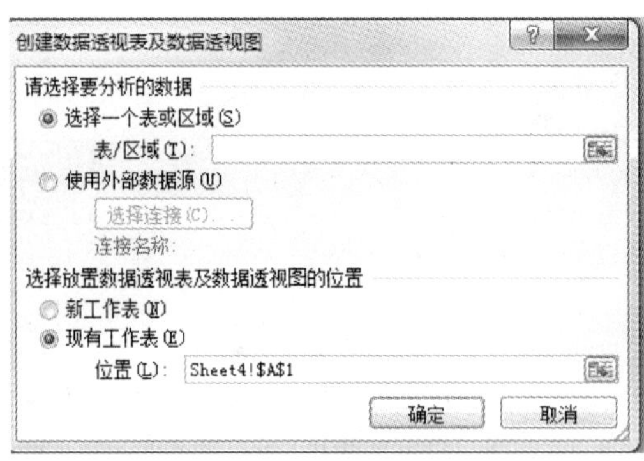

图 4-115　创建数据透视表及数据透视图

步骤 3：在弹出的对话框中，选中默认的选项，即“选择一个表或区域”和“现有工作表”，将光标放在“表/区域(T)：”中，然后选择 Sheet1 中的数据(注意，包括列标题)。如图 4-116 所示。

步骤 4：点击“确定”，将“销售人员”拖到“轴字段(分类)”区域，将“契税总额”拖到“数值”区域。如图 4-117 所示。

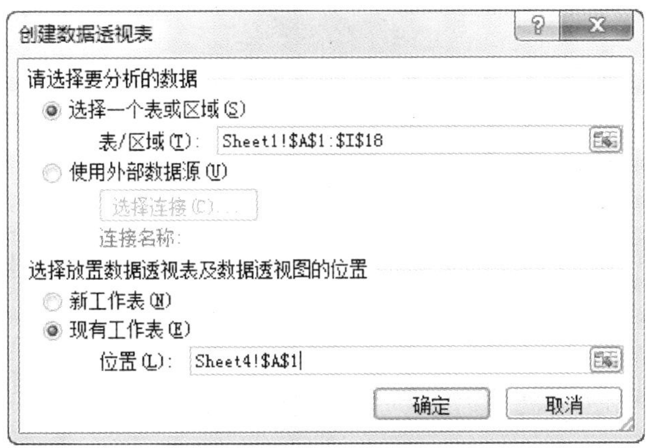

图 4-116　选择一个表或区域

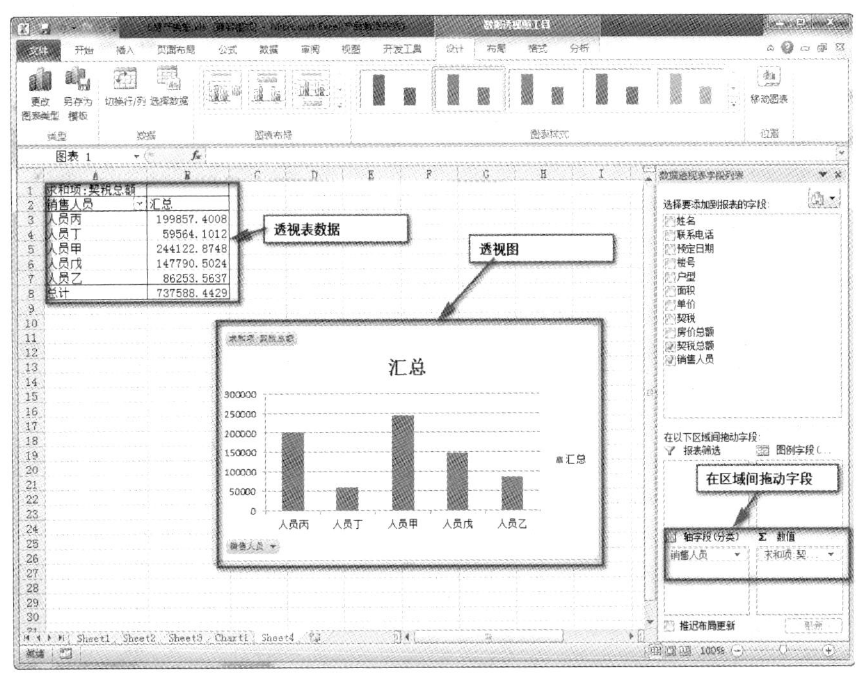

图 4-117　拖动字段到相应区域

步骤 5：选择“设计”功能页次下的“移动图表”，弹出“移动图表”对话框，在对话框中，选中新工作表，将名称设置为 Chat1，如图 4-118 所示。单击“确定”按钮，在“工作表页次”上新增一张名为“Chat1”的工作表，如图 4-119 所示。

图 4-118　移动图表

图 4-119　新增一张 Chat1 工作表

4.6.4　分类汇总

分类汇总是 Excel 中最常用的功能之一，它能够快速地以某一个字段为分类项，对数据列表中的数值字段进行各种统计计算，如求和、计数、平均值、最大值、最小值、乘积等。下面通过一个实例讲解对数据进行分类汇总的过程。

【例 4-88】　根据图 4-120 所示的房产销售表，得出每个销售人员的销售总额。

房产销售表

姓名	联系电话	预定日期	楼号	户型	面积	单价	契税	房价总额	契税总额	销售人员
客户1	13557112358	2008/5/12	5-101	两室一厅	125.12	6821	1.50%	853443.52	12801.65	人员甲
客户2	13557112359	2008/4/15	5-102	三室两厅	158.23	7024	3%	1111407.52	33342.23	人员丙
客户3	13557112360	2008/2/25	5-201	两室一厅	125.12	7125	1.50%	891480.00	13372.20	人员甲
客户4	13557112361	2008/1/12	5-202	三室两厅	158.23	7257	3%	1148275.11	34448.25	人员乙
客户5	13557112362	2008/4/30	5-301	两室一厅	125.12	7529	1.50%	942028.48	14130.43	人员丙
客户6	13557112363	2008/10/23	5-302	三室两厅	158.23	7622	3%	1206029.06	36180.87	人员丙
客户7	13557112364	2008/5/6	5-401	两室一厅	125.12	8023	1.50%	1003837.76	15057.57	人员戊
客户8	13557112365	2008/6/17	5-402	三室两厅	158.23	8120	3%	1284827.60	38544.83	人员戊
客户9	13557112366	2008/4/19	5-501	两室一厅	125.12	8621	1.50%	1078659.52	16179.89	人员乙
客户10	13557112367	2008/4/27	5-502	三室两厅	158.23	8710	3%	1378183.30	41345.50	人员甲
客户11	13557112368	2008/2/26	5-601	两室一厅	125.12	8925	1.50%	1116696.00	16750.44	人员丙
客户12	13557112369	2008/7/8	5-602	三室两厅	158.23	9213		1457772.99	0.00	人员甲
客户13	13557112370	2008/9/25	5-701	两室一厅	125.12	9358	1.50%	1170872.96	17563.09	人员乙
客户14	13557112371	2008/5/4	5-702	三室两厅	158.23	9458	3%	1496539.34	44896.18	人员甲
客户15	13557112372	2008/9/16	5-801	两室一厅	125.12	9624	1.50%	1204154.88	18062.32	人员乙
客户16	13557112373	2008/4/23	5-802	三室两厅	158.23	9810	3%	1552236.30	46567.09	人员丙
客户17	13557112374	2008/5/6	5-901	两室一厅	125.12	9950	1.50%	1244944.00	18674.16	人员甲
客户18	13557112375	2008/10/5	5-902	三室两厅	158.23	10250	3%	1621857.50	48655.73	人员甲
客户19	13557112376	2008/7/26	5-1001	两室一厅	125.12	11235	1.50%	1405723.20	21085.85	人员戊
客户20	13557112377	2008/9/18	5-1002	三室两厅	158.23	12548	3%	1985470.04	59564.10	人员丁
客户21	13557112378	2008/7/23	5-1101	两室一厅	125.12	13658	1.50%	1708888.96	25633.33	人员丙
客户22	13557112379	2008/1/5	5-1102	三室两厅	158.23	13562	3%	2145915.26	64377.46	人员甲
客户23	13557112380	2008/4/6	5-1201	两室一厅	125.12	14521	1.50%	1816867.52	27253.01	人员丙
客户24	13557112381	2008/5/26	5-1202	三室两厅	158.23	15400	3%	2436742.00	73102.26	人员戊

图 4-120　房产销售表

步骤 1：单击“销售人员”单元格，单击“数据”功能区中的升序按钮，把数据表按照“销售人员”进行排序，如图 4-121 所示（注意：升序或降序都可以）。

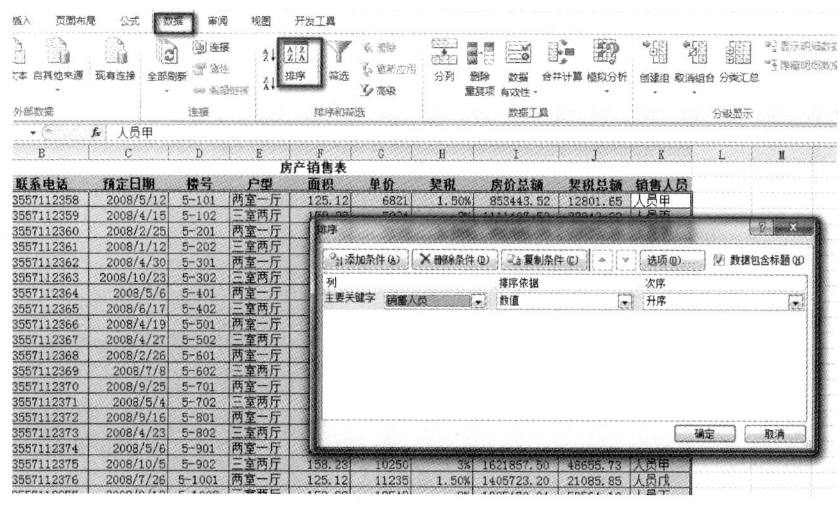

图 4-121　对“销售人员”排序

步骤 2：在“数据”功能区项中，单击“分类汇总”按钮，如图 4-122 所示。

步骤 3：在弹出的“分类汇总”对话框中，分类字段的下拉列表框中选择分类字段为“销售人员”，选择汇总方式为“求和”，汇总项选择一个“房价总额”，如图 4-123 所示。

步骤 4：单击“分类汇总”对话框的“确定”按钮，结果如图 4-124 所示。

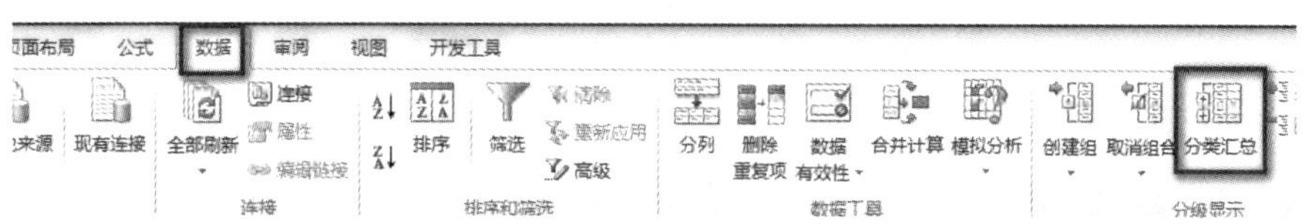

图 4-122　选择“分类汇总”

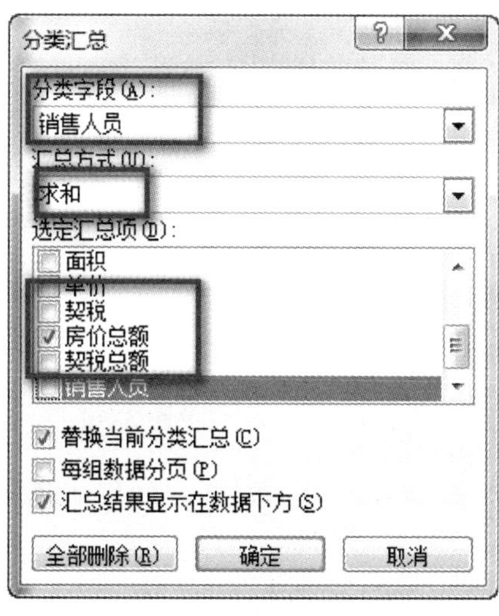

图 4-123　分类汇总

	A	B	C	D	E	F	G	H	I	J	K
1	姓名	联系电话	预定日期	楼号	户型	面积	单价	契税	房价总额	契税总额	销售人员
2	客户2	1.36E+10	2008/4/15	5-102	三室两厅	158.23	7024	3%	1111407.52	33342.23	人员丙
3	客户5	1.36E+10	2008/4/30	5-301	两室一厅	125.12	7529	1.50%	942028.48	14130.43	人员丙
4	客户6	1.36E+10	2008/10/23	5-302	三室两厅	158.23	7622	3%	1206029.06	36180.87	人员丙
5	客户11	1.36E+10	2008/2/26	5-601	两室一厅	125.12	8925	1.50%	1116696.00	16750.44	人员丙
6	客户16	1.36E+10	2008/4/23	5-802	三室两厅	158.23	9810	3%	1552236.30	46567.09	人员丙
7	客户21	1.36E+10	2008/7/23	5-1101	两室一厅	125.12	13658	1.50%	1708888.96	25633.33	人员丙
8	客户23	1.36E+10	2008/4/6	5-1201	两室一厅	125.12	14521	1.50%	1816867.52	27253.01	人员丙
9									9454153.84		**人员丙 汇总**
10	客户20	1.36E+10	2008/9/18	5-1002	三室两厅	158.23	12548	3%	1985470.04	59564.10	人员丁
11									1985470.04		**人员丁 汇总**
12	客户1	1.36E+10	2008/5/12	5-101	两室一厅	125.12	6821	1.50%	853443.52	12801.65	人员甲
13	客户3	1.36E+10	2008/2/25	5-201	两室一厅	125.12	7125	1.50%	891480.00	13372.20	人员甲
14	客户10	1.36E+10	2008/4/27	5-502	三室两厅	158.23	8710	3%	1378183.30	41345.50	人员甲
15	客户12	1.36E+10	2008/7/8	5-602	三室两厅	158.23	9213		1457772.99	0.00	人员甲
16	客户14	1.36E+10	2008/5/4	5-702	三室两厅	158.23	9458	3%	1496539.34	44896.18	人员甲
17	客户17	1.36E+10	2008/5/6	5-901	两室一厅	125.12	9950	1.50%	1244944.00	18674.16	人员甲
18	客户18	1.36E+10	2008/10/5	5-902	三室两厅	158.23	10250	3%	1621857.50	48655.73	人员甲
19	客户22	1.36E+10	2008/1/5	5-1102	三室两厅	158.23	13562	3%	2145915.26	64377.46	人员甲
20									11090135.91		**人员甲 汇总**
21	客户7	1.36E+10	2008/5/6	5-401	两室一厅	125.12	8023	1.50%	1003837.76	15057.57	人员戊
22	客户8	1.36E+10	2008/6/17	5-402	三室两厅	158.23	8120	3%	1284827.60	38544.83	人员戊
23	客户19	1.36E+10	2008/7/26	5-1001	两室一厅	125.12	11235	1.50%	1405723.20	21085.85	人员戊
24	客户24	1.36E+10	2008/5/26	5-1202	三室两厅	158.23	15400	3%	2436742.00	73102.26	人员戊
25									6131130.56		**人员戊 汇总**
26	客户4	1.36E+10	2008/1/12	5-202	三室两厅	158.23	7257	3%	1148275.11	34448.25	人员乙
27	客户9	1.36E+10	2008/4/19	5-501	两室一厅	125.12	8621	1.50%	1078659.52	16179.89	人员乙
28	客户13	1.36E+10	2008/9/25	5-701	两室一厅	125.12	9358	1.50%	1170872.96	17563.09	人员乙
29	客户15	1.36E+10	2008/9/16	5-801	两室一厅	125.12	9624	1.50%	1204154.88	18062.32	人员乙
30									4601962.47		**人员乙 汇总**
31									33262852.82		**总计**
32											

图 4-124　汇总后的结果

4.6.5 数据有效性

数据有效性是对单元格或单元格区域输入的数据从内容到数量上的限制。对于符合条件的数据,允许输入;对于不符合条件的数据,则禁止输入。下面通过具体实例进行讲解。

【例 4-89】 要求在 A1:F5 单元格区域中只能输入整数,并且整数范围为 0 到 100,如果出错,提示"警告"信息为"请输入 0 到 100 的整数"。

步骤 1:选择 A1:F5 单元格区域,单击"数据"功能区下的"数据有效性",如图 4-125 所示,弹出"数据有效性"对话框,如图 4-126 所示。

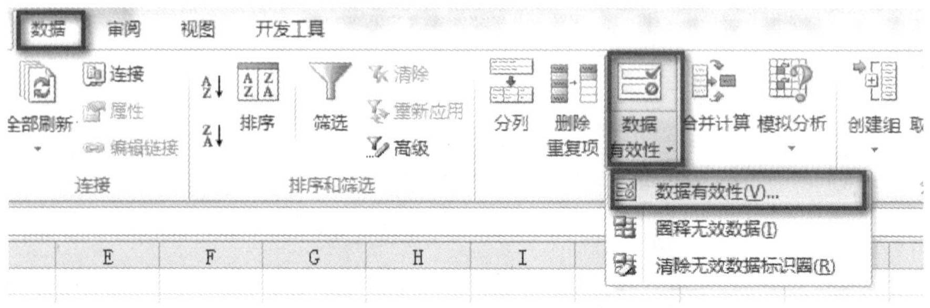

图 4-125　"数据有效性"选项

步骤 2:在"数据有效性"对话框的"设置"选项卡中对数据有效性条件进行设置,在"允许"列表中选择"整数",在"数据"列表中选择"介于",在"最小值"输入框中输入 0,在"最大值"输入框中输入 100,如图 4-127 所示。

图 4-126　“数据有效性”对话框

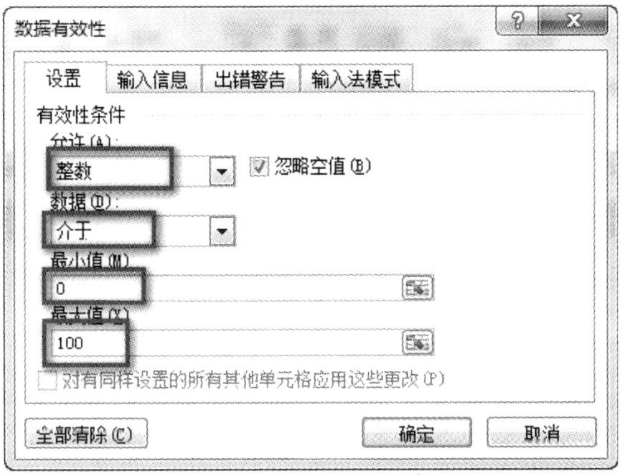

图 4-127　有效性条件设置

步骤 3：在“出错警告”选项卡中，选择“样式”列表中的“警告”，在“错误信息”输入框中输入“请输入 0 到 100 的整数”，如图 4-128 所示。然后点击“确定”按钮。

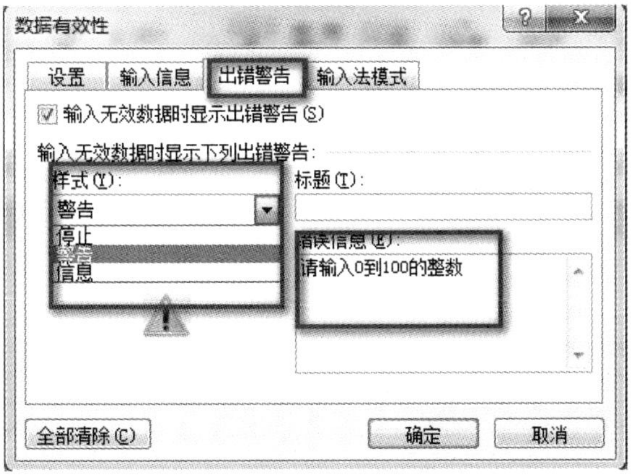

图 4-128　出错警告

提示:在选定单元格区域中输入的数据不满足数据有效性设置的条件时,则运行出错警告,否则不运行。出错警告的“样式”列表中有“停止”、“警告”和“信息”三个选项。“停止”表示一旦数据不满足条件则不能继续;“警告”表示一旦数据不满足条件还可以继续操作,但会弹出“警告”对话框;“信息”表示一旦数据不满足条件还可以继续操作,但会弹出“信息”对话框。

【例 4-90】 要求在 F 列中输入的值不能重复,即在输入时要判断是否与前面的数据重复,重复时阻止输入,即不能继续操作,并提示 “不能重复”。

步骤 1:选择“数据”功能区下的数据有效性,在下拉列表中单击“数据有效性”,如图 4-129 所示。

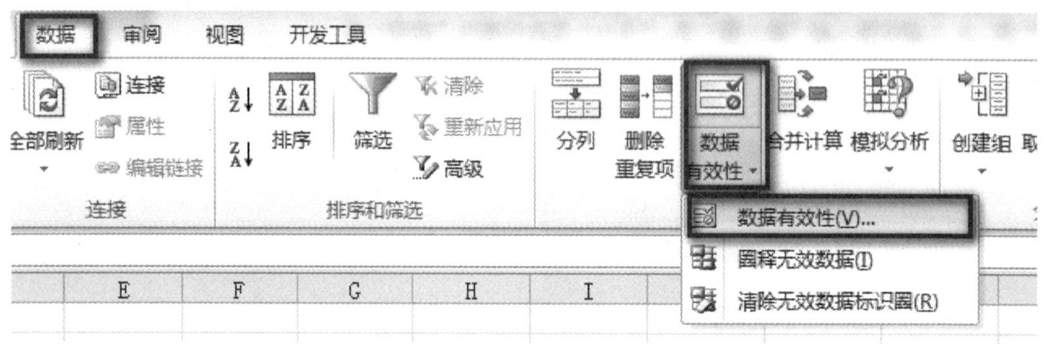

图 4-129 数据有效性

步骤 2:在弹出的“输入有效性”对话框中选择“允许”列表中的“自定义”,如图 4-130 所示。

步骤 3:在弹出的“数据有效性”对话框中,选择“设置”选项卡,选择“自定义”,在公式中输入:=countif(F:F,F1)<2。如图 4-130 所示。

数据有效性
设置 输入信息 出错警告 输入法模式
有效性条件
允许(A):
自定义
忽略空值(B)
数据(D):
介于
公式(F)
=COUNTIF(F:F,F1)<2
对有同样设置的所有其他单元格应用这些更改(P)
全部清除(C)
确定
取消

图 4-130 设置有效性条件

步骤 4:选择“数据有效性”对话框的“出错警告”选项卡,样式选择“停止”,错误信息输入“不能重复”,如图 4-131 所示。

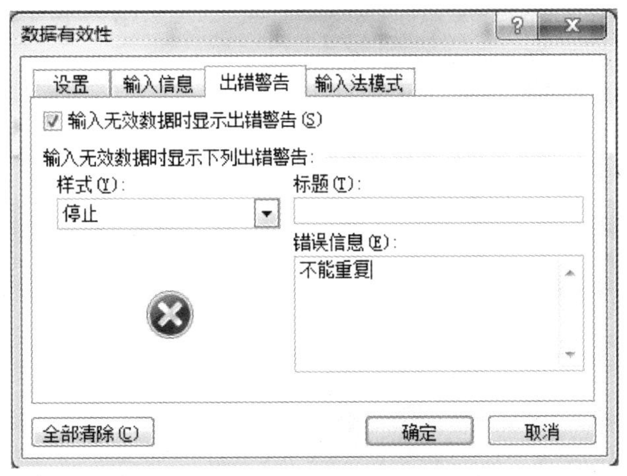

图 4-131　出错警告

【例 4-91】 在 A1 单元格中,设置下拉列表,效果如图 4-132 所示。

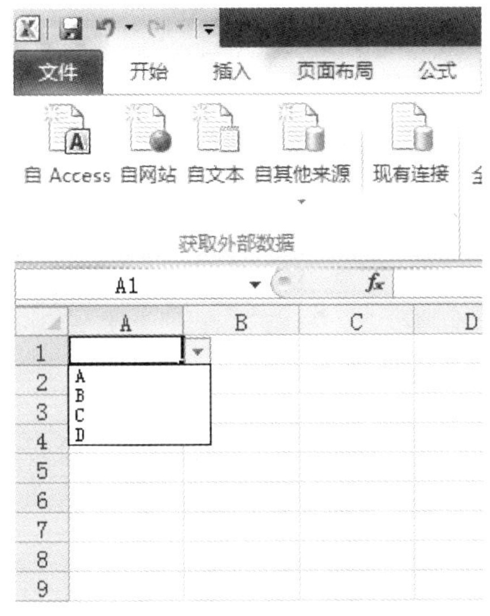

图 4-132　下拉列表

步骤 1:选中 A1 单元格,选择“数据”功能区下的“数据有效性”,在弹出的“数据有效性”对话框中,选择“允许”列表中的“序列”,如图 4-133 所示。

步骤 2:在“数据有效性”对话框的“来源”输入框中输入“A,B,C,D”,注意:要求列表项之间用英文标点逗号。

步骤 3:在“数据有效性”对话框中,单击“确定”按钮。

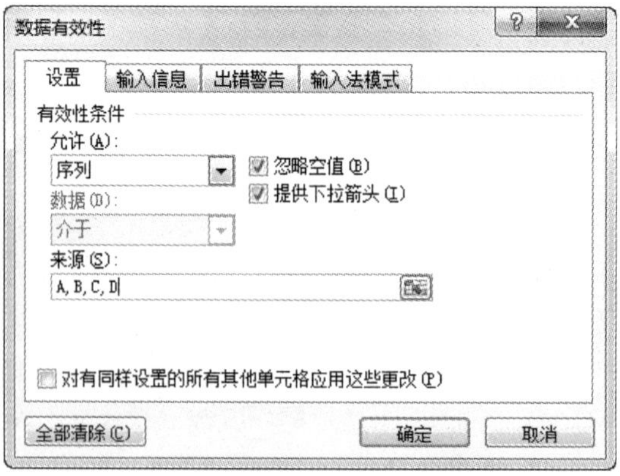

数据有效性

设置 | 输入信息 | 出错警告 | 输入法模式

有效性条件

允许(A):

序列

☑ 忽略空值(B)

☑ 提供下拉箭头(I)

数据(D):

介于

来源(S):

A,B,C,D

☐ 对有同样设置的所有其他单元格应用这些更改(P)

全部清除(C) 确定 取消

图 4-133 数据有效性对话框

4.6.6 条件格式

条件格式,顾名思义就是对满足条件的单元格设置格式。条件格式可以在很大程度上改进电子表格的设计和可读性,允许指定多个条件来确定单元格的行为,根据单元格的内容自动地应用单元格的格式。可以设定多个条件,但 Excel 只会应用一个条件所对应的格式,即按顺序测试条件,如果该单元格满足某条件,则应用相应的格式规则,而忽略其他条件测试。其操作步骤可以分为两步:首先,选中需要设置格式的单元格或单元格区域;然后,应用"开始"功能区下的条件格式选项。

下面通过几个实例来学习条件格式的具体使用方法。

【例 4-92】 将语文成绩中大于 75 分的用灰色背景填充,效果如图 4-134 所示。

	A	B	C	D	E
1	学号	姓名	语文	数学	英语
2	20041001	毛莉	75	85	80
3	20041002	杨青	68	75	64
4	20041003	陈小鹰	58	69	75
5	20041004	陆东兵	94	90	91
6	20041005	闻亚东	84	87	88
7	20041006	曹吉武	72	68	85
8	20041007	彭晓玲	85	71	76
9	20041008	傅珊珊	88	80	75
10	20041009	钟争秀	78	80	76
11	20041010	周旻璐	94	87	82
12	20041011	柴安琪	60	67	71
13	20041012	吕秀杰	81	83	87
14	20041013	陈华	71	84	67
15	20041014	姚小玮	68	54	70
16	20041015	刘晓瑞	75	85	80
17	20041016	肖凌云	68	75	64
18	20041017	徐小君	58	69	75

4-134 将语文成绩中大于 75 分的用灰色背景填充

步骤 1:选中"语文"所在列的数字区域,即 C2:C18。

步骤 2:选择“开始”→“条件格式”→“突出显示单元格规则(H)”→“大于”,弹出“大于”对话框,如图 4-135 所示。

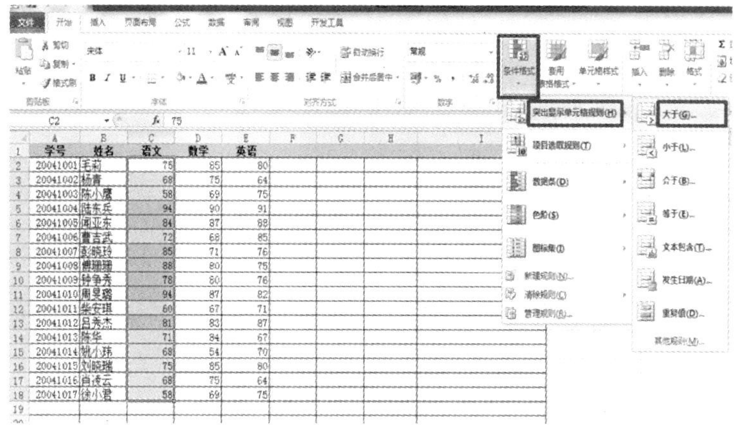

图 4-135　条件格式

步骤 3:在弹出的“大于”对话框中,在输入框中输入 75,在“设置为”下拉列表中选择“自定义格式”,如图 4-136 所示。

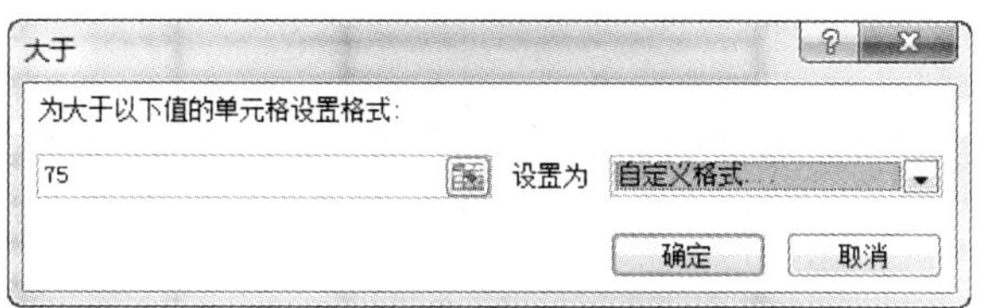

图 4-136　“大于”对话框

步骤 4:在弹出的“设置单元格格式”对话框中,选择“填充”选项卡,选择“灰色”作为填充颜色,点击“确定”按钮。如图 4-137 所示。

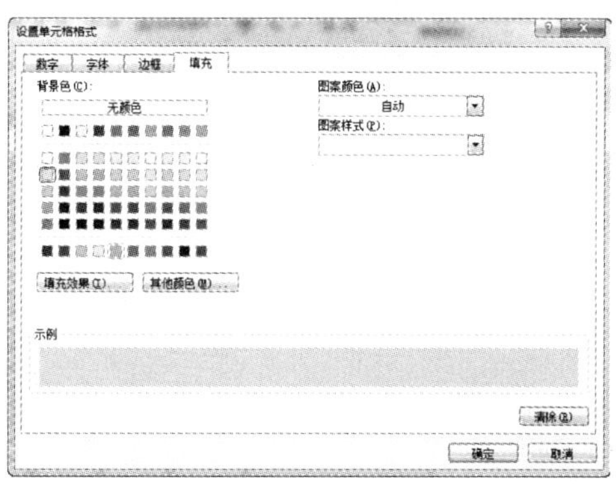

图 4-137　设置单元格格式

Excel 2010 中,“条件格式”预设了“突出显示单元格规则”、“项目选取规则”、“数据条”、“色阶”、“图标集”等显示效果选项,另外还设置了“新建规则”、“清除规则”和“管理规则”等功能选项。如图 4-138 所示。下面对这些选项进行简单介绍。

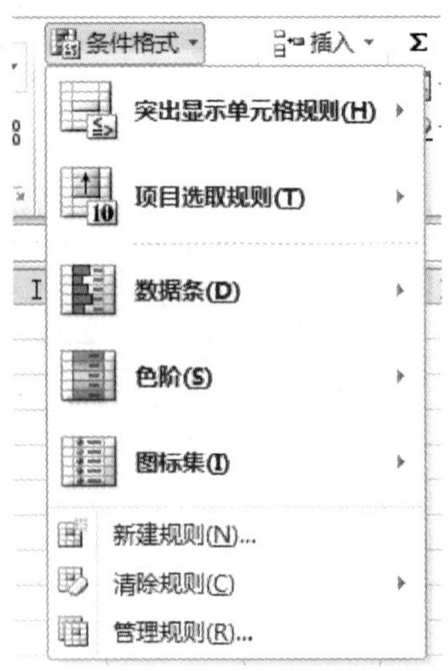

图 4-138　条件格式

1. 突出显示单元格规则

“突出显示单元格规则”选项下设置了“大于”、“小于”、“介于”、“等于”等选项，可以用于内容为数值的单元格的格式进行设置，“文本包含”选项可以用于对内容为文本的单元格的格式进行设置，判断单元格中是否包含特定的文本，如果包含则用特定的显示效果进行显示，“发生日期”选项用于对单元格发生日期进行特定显示，“重复值”对发生了重复的内容进行特殊显示或对唯一值进行特殊显示。如图 4-139 所示。

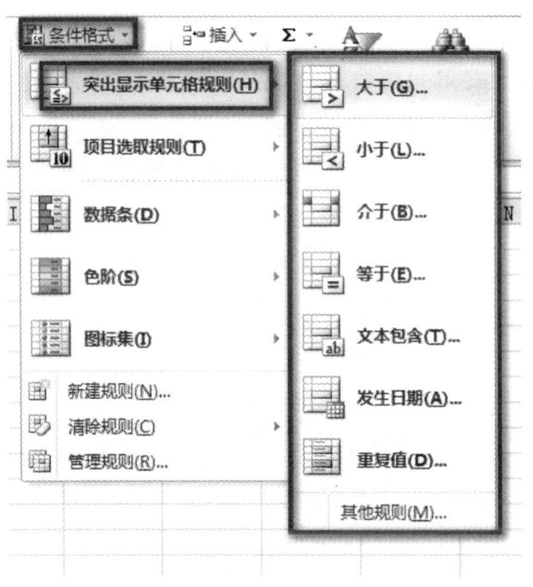

图 4-139　突出显示单元格规则

2. 项目选取规则

“项目选取规则”选项用于对内容为数值的单元格的格式进行设置,可以对“值最大的10 项”、“值最大的 10%项”、“值最小的 10 项”、“值最小的 10%项”、“高于平均值”、“低于平均值”等进行设置。如图 4-140 所示。

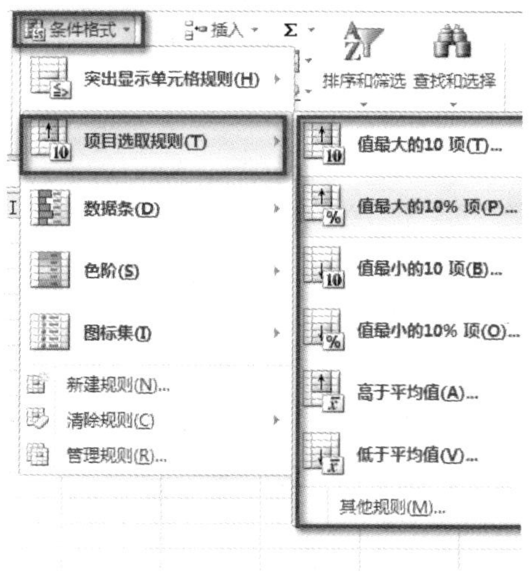

图 4-140　项目选取规则

3. 数据条

“数据条”选项用于对内容为数值的单元格的格式进行设置,采用数据条的形式直观地显示数值的大小。如图 4-141 所示。

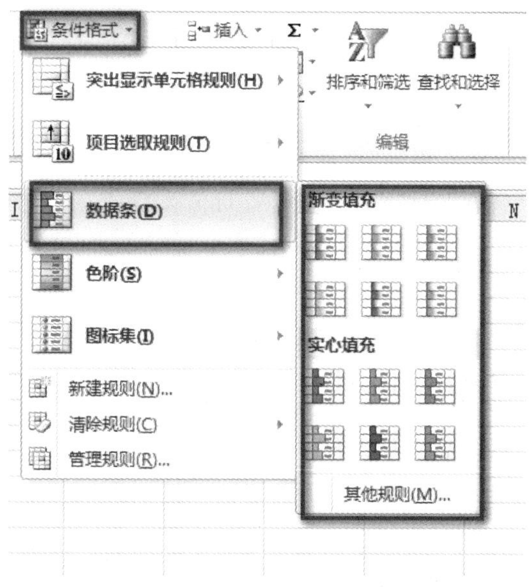

图 4-141　数据条

4. 色阶

“色阶”选项用于对内容为数值的单元格的格式进行设置，用不同的颜色直观地显示数值的大小。如图 4-142 所示。

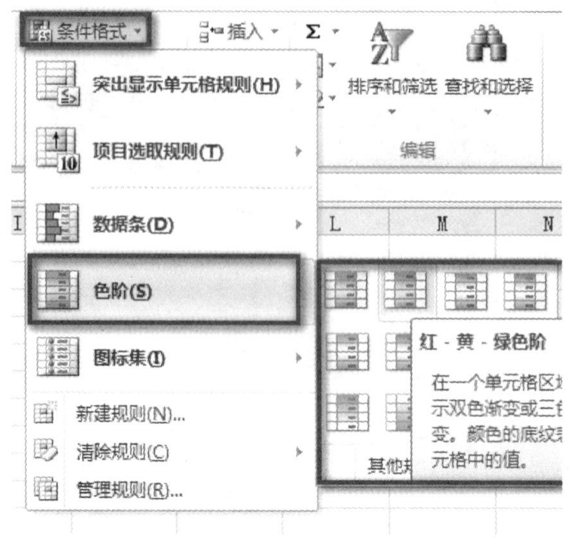

图 4-142 色阶

5. 图标集

“图标集”选项用于对内容为数值的单元格的格式进行设置，用不同的图标直观地显示数值的大小。

6. 新建规则

前面介绍的“突出显示单元格规则”、“项目选取规则”、“数据条”、“色阶”、“图标集”都是 Excel 2010 预设的格式显示规则，采用“新建规则”功能可以设置出其他的显示效果。如图 4-144 所示，在“新建格式规则”对话框中包含了“选择规则类型”和“编辑规则说明”两部分，其中“选择规则类型”部分包括“基于各自值设置所有单元格的格式”、“只为包含以下内容的单元格设置格式”、“仅对排名靠前或靠后的数值设置格式”、“仅为低于或高于平均值的数值设置格式”、“仅对唯一值或重复值设置格式”、“使用公式确定要设置格式的单元格”。“编辑规则说明”部分则是针对不同的类型给出不同的格式编辑说明。

(1)“基于各自值设置所有单元格的格式”用于对内容为数值的单元格的格式进行设置，可以采用“数据条”或“色阶”或“图标集”对不同的数值进行直观的显示。

(2)“只为包含以下内容的单元格设置格式”用于对内容为文本的单元格的格式进行设置，判断单元格中是否包含特定的文本，如果包含则用特定的显示效果进行显示。

(3)“仅对排名靠前或靠后的数值设置格式”用于对内容为数值的单元格的格式进行设置，对排名靠前或靠后的数值单元格设置格式。

(4)“仅为低于或高于平均值的数值设置格式”用于对内容为数值的单元格的格式进行设置，对低于或高于平均值的数值设置格式。

图 4-143　图标集

(5)“仅对唯一值或重复值设置格式”用于对内容为任意类型的数据单元格的格式进行设置，将重复的内容进行特殊格式设置或对具有唯一值的单元格进行特殊格式设置。

(6)“使用公式确定要设置格式的单元格”，是指编写公式确定需要设置格式的单元格。

图 4-144　新建格式规则

【例 4-93】 利用"新建规则",将语文成绩中大于 75 分的单元格的字体设置为红色。

步骤 1:选中语文成绩所对应的单元格区域 C2:C18,如图 4-145 所示。

	A	B	C	D	E
1	学号	姓名	语文	数学	英语
2	20041001	毛莉	75	85	80
3	20041002	杨青	68	75	64
4	20041003	陈小鹰	58	69	75
5	20041004	陆东兵	94	90	91
6	20041005	闻亚东	84	87	88
7	20041006	曹吉武	72	68	85
8	20041007	彭晓玲	85	71	76
9	20041008	傅珊珊	88	80	75
10	20041009	钟争秀	78	80	76
11	20041010	周旻璐	94	87	82
12	20041011	柴安琪	60	67	71
13	20041012	吕秀杰	81	83	87
14	20041013	陈华	71	84	67
15	20041014	姚小玮	68	54	70
16	20041015	刘晓瑞	75	85	80
17	20041016	肖凌云	68	75	64
18	20041017	徐小君	58	69	75

图 4-145 选择"语文"成绩列中的数据

步骤 2:选择"开始"→"条件格式"→"新建规则",弹出"新建格式规则"对话框,如图 4-146所示。

A	B	C	D	E	F	G	H
学号	姓名	语文	数学	英语	总分	平均	排名
20041001	毛莉	75	85	80	240	80.00	6
20041002	杨青	68	75	64	207	69.00	12
20041003	陈小鹰	58	69	75	202	67.33	14
20041004	陆东兵	94	90	91	275	91.67	1
20041005	闻亚东	84	87	88	259	86.33	3
20041006	曹吉武	72	68	85	225	75.00	10
20041007	彭晓玲	85	71	76	232	77.33	9
20041008	傅珊珊	88	80	75	243	81.00	5
20041009	钟争秀	78	80	76	234	78.00	8

图 4-146 选择"新建规则"

步骤 3:在弹出的"新建格式规则"对话框中,选择"只为包含以下内容的单元格设置格式",并在"编辑规则说明"中设置"单元格值"、"大于"、"75",然后单击"格式"按钮。如图 4-147 所示。

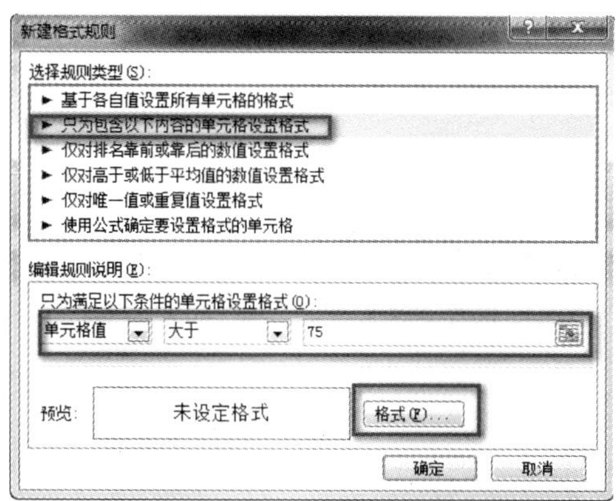

图 4-147　新建格式规则

步骤 4:在弹出的“设置单元格格式”对话框,设置字体颜色为红色,如图 4-148 所示。

图 4-148　设置字体颜色

步骤 5:单击“确定”,结果如图 4-149 所示。

	学号	姓名	语文	数学	英语
2	20041001	毛莉	75	85	80
3	20041002	杨青	68	75	64
4	20041003	陈小鹰	58	69	75
5	20041004	陆东兵	94	90	91
6	20041005	闻亚东	84	87	88
7	20041006	曹吉武	72	68	85
8	20041007	彭晓玲	85	71	76
9	20041008	傅珊珊	88	80	75
10	20041009	钟争秀	78	80	76
11	20041010	周旻璐	94	87	82
12	20041011	柴安琪	60	67	71
13	20041012	吕秀杰	81	83	87
14	20041013	陈华	71	84	67
15	20041014	姚小玮	68	54	70
16	20041015	刘晓瑞	75	85	80
17	20041016	肖凌云	68	75	64
18	20041017	徐小君	58	69	75

图 4-149　设置结果

第 5 章

PowerPoint 2010 高级应用

PowerPoint 2010 是 Office 中的演示文稿制作工具。制作一个 PPT 容易,做好却很难。如果所设计的 PPT 杂乱无章,那么在演示时就不能引人入胜。本章将介绍演示文稿的设计与制作过程以及特殊效果的设置,以提高读者制作 PPT 的应用能力。

5.1 PowerPoint 2010 与基本操作

5.1.1 PowerPoint 2010 的启动与退出

1. PowerPoint 2010 的启动

启动 PowerPoint 2010 的常用方法如下:

方法一:单击“开始”→“所有程序”→“Microsoft office”→“Microsoft PowerPoint 2010”命令启动 PowerPoint 2010,如图 5-1 所示。

图 5-1 启动 PowerPoint 2010 方法一

方法二:双击桌面上的 PowerPoint 2010 程序图标的快捷方式,如图 5-2 所示。

方法三：双击文件夹中的 PowerPoint 2010 演示文稿文件（扩展名为.pptx 的文件），将启动 PowerPoint 2010，并打开该演示文稿，如图 5-3 所示。

图 5-2　启动 PowerPoint 2010 方法二　　图 5-3　启动 PowerPoint 2010 方法三

2. PowerPoint 2010 的退出

退出 PowerPoint 2010 的常用方法如下：

方法一：单击 PowerPoint 2010 窗口右上角的“关闭” 按钮。

方法二：单击窗口快速访问工具栏左端的控制菜单图标，如图 5-4 所示。

图 5-4　退出 PowerPoint 方法二

方法三：单击“文件”选项卡下的“退出”命令，如图 5-5 所示。

方法四：同时按下 Alt＋F4 组合键。

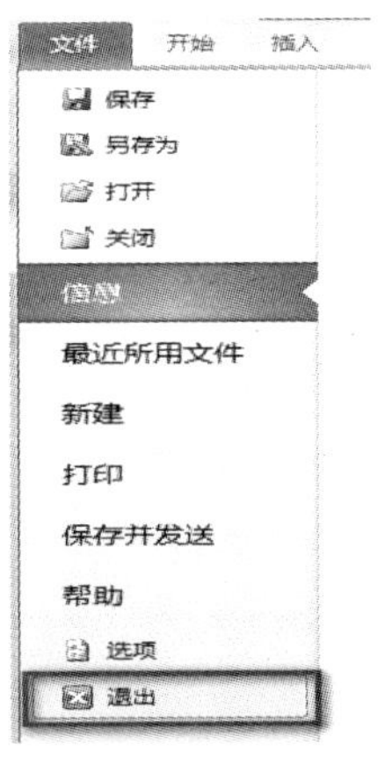

图 5-5　退出 PowerPoint 方法三

5.1.2 PowerPoint 2010 的界面

启动 PowerPoint 2010 之后,会出现如图 5-6 所示的界面。可以看到,界面的菜单区和功能区样式与 Office 的其他软件相同。

图 5-6 PowerPoint 初始界面

PowerPoint 初始界面的邮编区域为“幻灯片”窗格,可以直接处理各个幻灯片;左边区域为“幻灯片”选项卡,显示“幻灯片”窗格中显示的每个完整大小幻灯片的缩略图。

5.2 PowerPoint 2010 文档的一般制作

幻灯片的制作有编辑幻灯片、编辑文本、编辑图片、插入表格等。

1. 编辑幻灯片

编辑幻灯片包括添加幻灯片、选择幻灯片、幻灯片排序和删除幻灯片等任务。

(1)添加幻灯片有不同的操作方法:

①单击“开始”→“幻灯片”→“新建幻灯片”按钮。

②直接单击“新建幻灯片”按钮,产生一张空白幻灯片。

③单击“新建幻灯片”旁边的箭头,出现下拉菜单,按需求添加幻灯片。

一般情况下,第一张幻灯片是标题幻灯片,相当于一个演示文稿的封面或目录页。启动 PowerPoint 2010 以后，系统自动为空白演示文稿新建一张“标题”幻灯片。在工作区中对该幻灯片添加相应的标题和副标题。

(2)选择幻灯片：包含选择单张幻灯片、选择连续多张幻灯片和选择不连续的多张幻灯片。

(3)幻灯片排序：将光标定位在左侧“大纲区”窗格中，切换到“幻灯片”选项卡下，单击要移动的幻灯片，将其拖动到合适的位置。

(4)删除幻灯片：将光标定位在左侧“大纲区”窗格中，切换到“幻灯片”选项卡下，选中需要删除的幻灯片，单击右键，然后单击“删除幻灯片”即可。

2. 编辑文本

编辑文本可以完成添加文本、修饰文本和对齐文本等任务。

(1)添加文本：可以向文本占位符、文本框和形状中添加文本。

(2)修饰文本：可以为文本设置字体、段落和颜色等。

(3)对齐文本：文本在文本框中的位置可以有多种选择，可以是左对齐、右对齐、左右居中或两端对齐。

3. 编辑图片

插入图片后，可以对图片进行编辑，包括旋转、对齐、层叠、组合和隐藏重叠对象等操作。这 5 种操作都可以在“格式”选项卡中的“排列”组中完成。

4. 插入图表和表格

在 PowerPoint 演示中插入图表，不仅可以快速、直观地表达你的观点，还可以用图表转换表格数据，来展示比较、模式和趋势，给观众留下深刻的印象。PowerPoint 2010 中可以插入多种图表和图形，如柱形图、折线图、饼图、散点图等共 11 类。

成功的图表都具有以下几项关键要素：

(1)每张图表都传达一个明确的信息。

(2)图表与标题相辅相成。

(3)格式简单明了且前后连贯。

(4)少而精、清晰易读。

5.2.1 标题幻灯片的制作

新建一个演示文稿后，第一页一般为标题幻灯片，相当于一个演示文稿的封面或目录页。在该页的标题处键入该演示文稿的题目；副标题处键入作者、日期等信息，如图 5-7 所示。

图 5-7 标题幻灯片

5.2.2 普通幻灯片的制作

在一个演示文稿中，一般从第二页开始，为普通幻灯片，包含了各种信息，制作方法多种多样，如文本框的插入、图片的插入与编辑、图表的插入与编辑等，根据用户需求，制作各个相关页面即可。

5.3 修饰与模板

一个完整的演示文稿，需要统一幻灯片中的背景、配色方案和文字格式等，这些可通过设置演示文稿的母版和模板进行设置。

5.3.1 模板的使用

演示文稿的模板包含了版式、主题、背景样式和内容。母版可以自行创建，然后存储、重用和共享。还可以找到不同类型的 PowerPoint 免费模板。

1. 模板的创建

修改演示文稿后，若要保存为模板，单击“文件”→“另存为”，在“保存类型”列表中，选中“PowerPoint 模板(. potx)”，然后单击“保存”即可。

2. 模板的调用

可以应用 PowerPoint 的内置模板、自己创建并保存在计算机中的模板、下载的模板。

单击“文件”→“新建”，在“可用的模板和主题”窗口进行模板选择。若要使用最近用过的模板，单击“最近打开的模板”；若要使用先前安装到本地驱动器上的模板，单击“我的模板”，再单击所需要的模板；若要网络下载，则从所需网站上下载一个模板到本地驱动器上。

5.3.2　母版的使用

在演示文稿设计中，除了每张幻灯片的制作外，最核心、最重要的就是母版设计，因此母版决定了演示文稿的风格，甚至还是创建演示文稿模板和自定义主题的前提。PowerPoint 2010 提供了幻灯片母版、讲义母版和备注母版三种。

打开演示文稿后，在“视图”选项卡上的“母版视图”组中选择相应母版，即可进入相应的模板编辑状态。

(1)幻灯片母版是幻灯片层次结构中的顶层幻灯片，用于存储有关演示文稿的主题和幻灯片版式的信息，包括背景、颜色、字体、效果、占位符大小和位置等。

(2)讲义母版课为讲义设置统一的格式。在讲义母版中进行设置后，可在一张纸上打印多张幻灯片，供会议使用。

(3)备注母版可为演示文稿的备注页设置统一的格式。若打印演示文稿时一同打印备注，可使用打印备注页功能。如在所有的备注页上放置 logo。

幻灯片母版设计如下：打开演示文稿，单击“视图”→“母版视图”→“幻灯片母版”，打开“幻灯片母版”视图，此时显示一个默认版式的幻灯片母版。

在“幻灯片母版”视图下创建和编辑幻灯片母版或相应版式，会影响整个演示文稿的外观。可对幻灯片母版进行以下操作：

(1)改变标题、正文和页脚文本的字体。

(2)改变文本和对象的占位符位置。

(3)改变项目符号的样式

(4)改变背景设计和配色方案。

5.3.3　设置页眉页脚

页眉页脚的设置可通过单击“插入”→“页眉和页脚”，跳出“页眉和页脚”窗口，如图 5-8所示。如果插入日期和时间，则在“日期和时间(D)”前打钩，并选择相应的时间格式；如果要插入幻灯片编号，则在“幻灯片编号(N)”前打钩；如果要插入页脚，则在“页脚

(F)"前打钩,并设置页脚内容;如果标题幻灯片中不显示,则在"标题幻灯片中不显示(S)"前打钩;要对所选幻灯片设置页眉页脚,单击"应用",再单击"关闭"退出。要对演示文稿的所有幻灯片设置页眉页脚,单击"全部应用",再单击"关闭"退出。

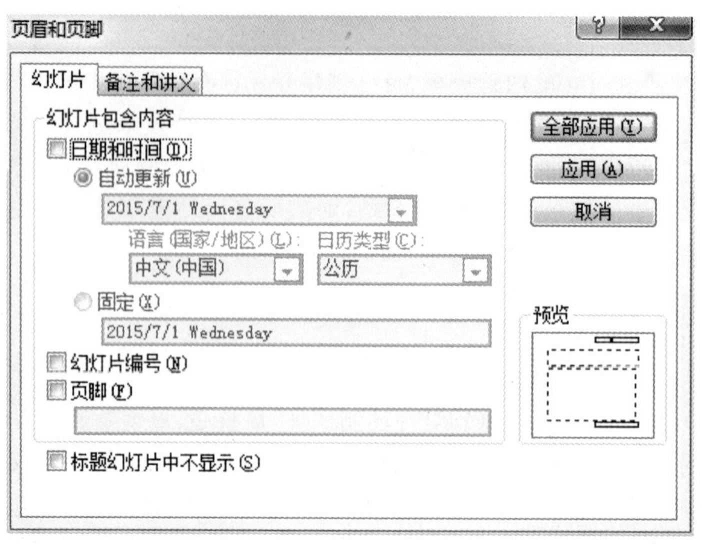

图 5-8 "页眉和页脚"对话框

5.3.4 背景设置

背景设置可通过单击"设计"→"背景"→"背景样式"下拉菜单完成。

1. 设置背景样式

背景样式是 PowerPoint 独有的样式,可以很快地为演示文稿设计所需要的背景。PowerPoint 2010 提供了 12 种背景样式。

选中要为其添加背景图片的幻灯片。单击"设计"→"背景"→"背景样式"下拉列表,在其中选择对应的背景样式即可。

2. 设置图片作为背景

如果对内置的背景样式不满意,可以通过设置背景格式进行修改。单击要为其添加背景图片的幻灯片,单击"设计"→"背景"→"背景样式"下拉列表,选择"设置背景格式"选项,打开"设置背景格式"对话框,如图 5-9 所示。

在"填充"选项卡中,选中"图片或纹理填充"选项,然后单击随后出现的"文件"按钮,打开"插入图片"对话框。选中作为背景的图片文件,单击"插入"按钮,返回到"设置背景格式"对话框中。要使图片作为所选幻灯片的背景,单击"关闭"。要使图片作为演示文稿中所有幻灯片的背景,单击"全部应用",再单击"关闭"退出。

3. 设置颜色作为背景

单击要为其添加背景色的幻灯片。单击"设计"→"背景"→"背景样式"→"设置背景格式”→“填充”→“纯色填充”→“颜色”，然后单击所需的颜色。要对所选幻灯片应用颜色，单击“关闭”。要对演示文稿的所有幻灯片应用颜色，单击“全部应用”，再单击“关闭”退出。

图 5-9　“设置背景格式”对话框

5.4　动画与多媒体

5.4.1　幻灯片切换

为了丰富演示文稿的播放效果，用户可以为幻灯片设置切换效果，使演示文稿变得更加生动。

幻灯片的切换是指幻灯片播放过程中，从一张幻灯片切换到另一张幻灯片时的动画效果、切换速度及发出的声音等。PowerPoint 2010 提供了 13 种内置的幻灯片切换动画效果，如图 5-10 所示。

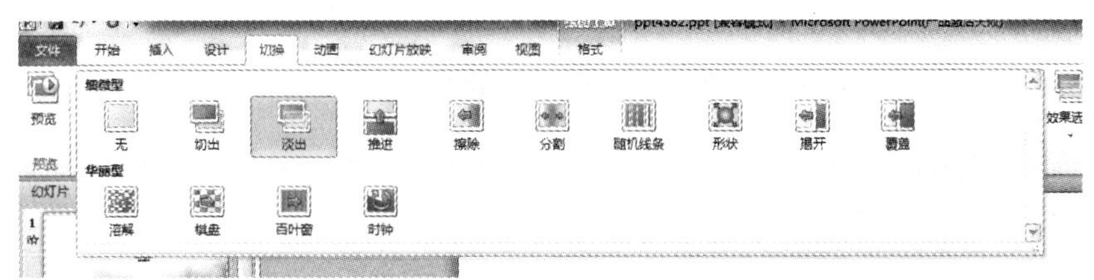

图 5-10　切换效果选项

下面介绍设置切换效果的步骤(见图 5-11)：

步骤 1：在演示文稿中选中任意一张幻灯片。

步骤 2：切换到“切换”功能选项卡。

步骤 3:在“切换到此幻灯片”组的列表框中通过单击右侧的下拉按钮,向上或向下滚动鼠标查找需要的切换方式,如“淡出”。

步骤 4:设置了切换方式之后,在“切换到此幻灯片”组中单击“效果选项”按钮。在弹出的下拉列表中可选择一种效果。

步骤 5:在“计时”组的“声音”下拉列表中,可为当前幻灯片设置切换声音。

步骤 6:在“持续时间”微调框中,可设置切换效果的播放时间。

步骤 7:在“计时”组的“换片方式”中,可设置换片方式,选中“单击鼠标时”复选框,则每次单击鼠标切换幻灯片,选中“设置自动换片时间”复选框,则幻灯片历时所设置的时间时自动切换幻灯片。

步骤 8:单击“全部应用”按钮,将当前幻灯片的切换方式、声音及持续时间应用到该演示文稿的所有幻灯片中。

步骤 9:完成设置后,系统会自动播放该幻灯片的切换效果,或者通过单击“预览”组中的“预览”按钮,以便预览其切换效果。

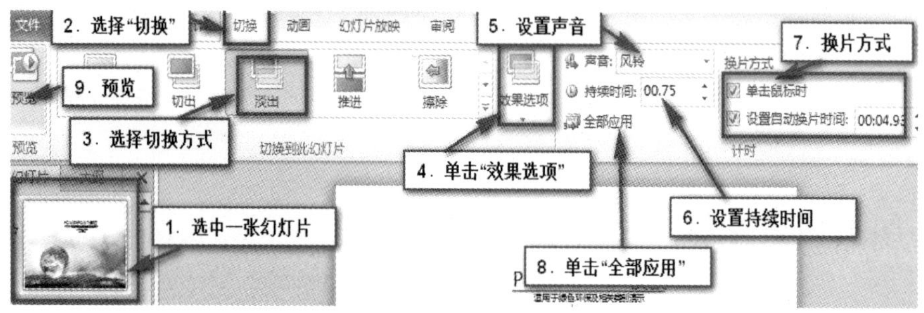

图 5-11 幻灯片切换设置

5.4.2 动　画

为了使幻灯片更具有观赏性,可以对幻灯片中的标题、文本和图片等对象设置动画效果,PowerPoint 2010 可以为对象设置进入、强调、退出和动作路径 4 种类型的动画效果,从而使这些对象以动态的方式出现在屏幕中。

下面介绍对象动画设置的步骤(见图 5-12):

步骤 1:在幻灯片中选中要添加动画效果的对象。

步骤 2:切换到“动画”选项卡,在“动画”组中单击列表框中的下拉按钮,选择一种动画效果,如“彩色脉冲”。

提示:如果下拉列表的“进入”栏中没有需要的动画效果,可单击“更多进入效果”选项,在弹出的“更改进入效果”对话框中进行选择。

步骤 3:为了让幻灯片中对象的动画效果丰富、自然,有时还可以对其添加多个动画效果。

提示：可以通过单击"高级动画"组中的"添加动画"按钮给对象添加动画，使用"添加动画"按钮可以给同一个对象添加多个动画。

步骤4：在"动画"选项卡的"高级动画"组中单击"动画窗格"按钮，可打开"动画窗格"窗格，在"动画窗格"中可以选择一个或多个动画效果。

步骤5：在该窗格中将显示当前幻灯片的动画效果参数设置列表，直接单击某个选项，在出现的下拉列表中，便可对选中的对象动画效果设置动画参数。

步骤6：设置动画参数，动画参数可以通过"动画窗格"中的动画效果参数设置列表进行设置，也可以在"动画"功能区中进行设置。

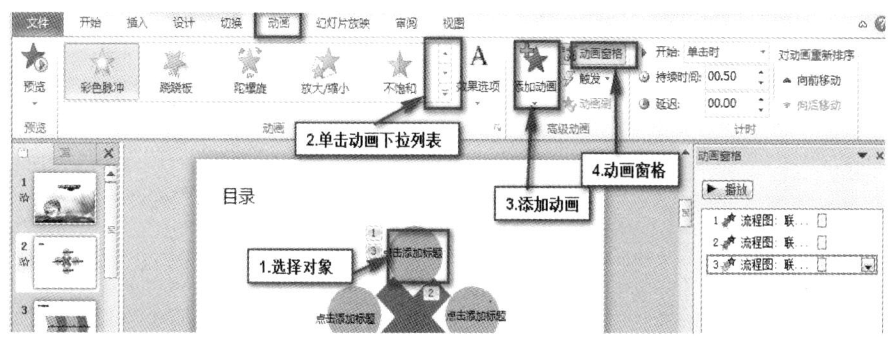

图5-12 动画设置

结合动画效果参数可以给对象设置出生动形象的动画效果，下面对动画效果参数进行讲解。

1. 开始

开始参数可以设置动画效果开始播放的时机，即什么情况下播放该动画。参数值有：单击时(或单击开始)、与上一动画同时(或从上一项开始)和上一动画之后(或从上一项开始之后)。"单击时"表示上一动画结束之后，单击鼠标该动画效果开始播放，"与上一动画同时"表示该动画效果与上一动画效果同时播放，"上一动画之后"表示该动画效果在上一动画效果播放之后进行播放。设置方式有两种：一种是在"计时"组中的"开始"下拉列表中进行选择，如图5-13所示。另一种是在"动画窗格"中进行设置，如图5-14所示。

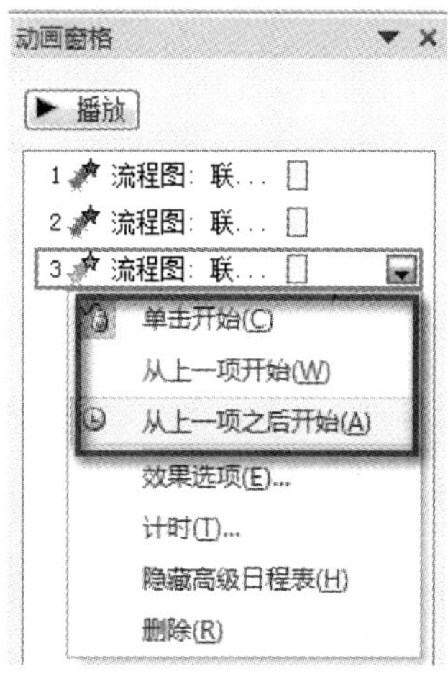

图5-14 在"动画窗格"中设置"开始"

图5-13 在"计时"组中设置"开始"

2. 效果选项

不同的动画选项具有不一样的"效果选项",设置方式有两种:一种是在"动画"组中的"效果选项"下拉列表中进行选择,如图 5-15 所示。另一种是在"动画窗格"中进行设置,如图 5-16 所示。

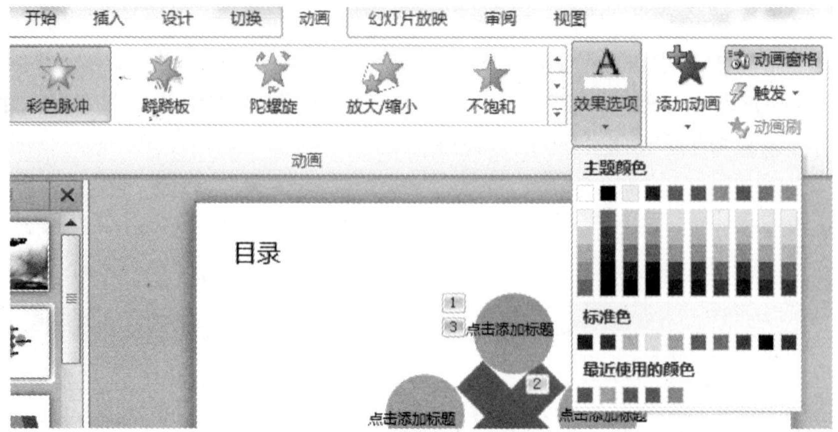

图 5-15　效果选项设置 1

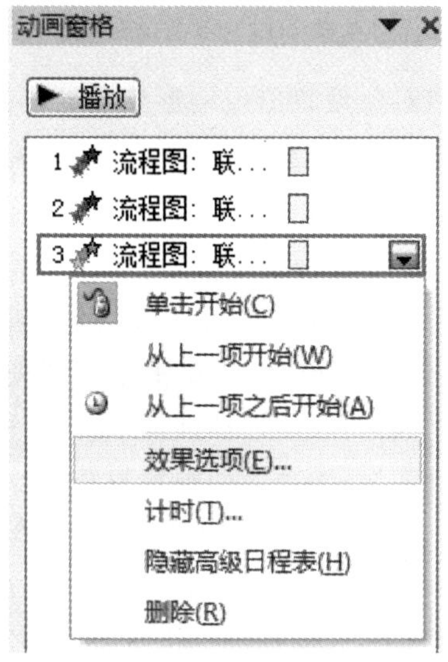

图 5-16　效果选项设置 2

3. 持续时间

动画持续时间是指动画播放所持续的时间。设置方式有两种:一种是在"计时"组中的"持续时间"中进行设置,如图 5-17 所示,其中 02 表示 2 秒,50 表示 50 毫秒,通过向上或向下的箭头可以调整动画播放所持续的时间。另一种是在"动画窗格"中进行设置,如图 5-18 所示。

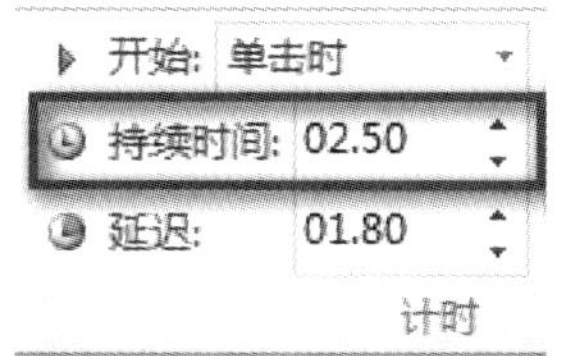

图 5-17　持续时间设置 1

图 5-18　持续时间设置 2

4. 延迟

动画延迟是指"触发开始"之后等待多长时间播放该动画，设置方式有两种：一种是在"计时"组中的"延迟"中进行设置，如图 5-19 所示，其中 02 表示 2 秒，50 表示 50 毫秒，通过向上或向下的箭头可以调整动画播放所持续的时间。另一种是在"动画窗格"中进行设置，如图 5-20 所示。

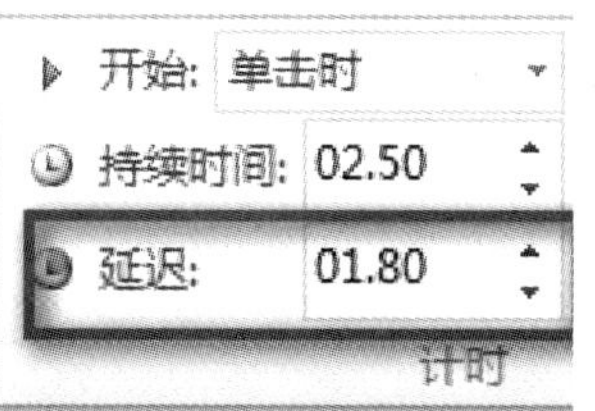

图 5-19　延迟设置 1

图 5-20　延迟设置 2

5. 触发器

使用 PowerPoint 2010 制作演示文稿时，可以通过使用触发器功能来灵活控制演示文稿中的动画效果，从而有效地实现人机交互的功能。

下面通过实例来讲解触发器的设置。

【例 5-1】 设置人物简介，用鼠标点击人物时，才出现对人物的描述文本。

步骤 1：设置文本信息的动画效果。选中文本框，单击“动画”组中“出现”动画效果。

步骤 2：设置触发器。选中文本框，单击“高级动画”组中“触发”，点击“触发”→“单击”→“图片 3”，如图 5-21 所示。

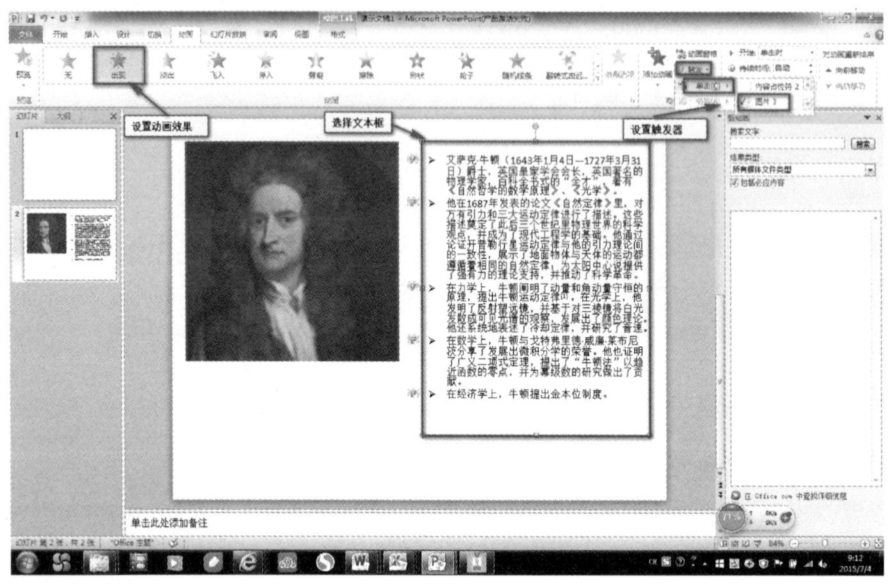

图 5-21 设置触发器实例

【例 5-2】 设置选择题提示效果，如图 5-22 所示。

图 5-22 提示效果

步骤 1：设置提示文本框的动画效果。选中提示文本框，单击“动画”组中“出现”动画效果。

步骤 2:设置触发器。选中提示文本框,单击“高级动画”组中“触发”,点击“触发”→“单击”→“提示框所对应文本框”,如图 5-23 所示。

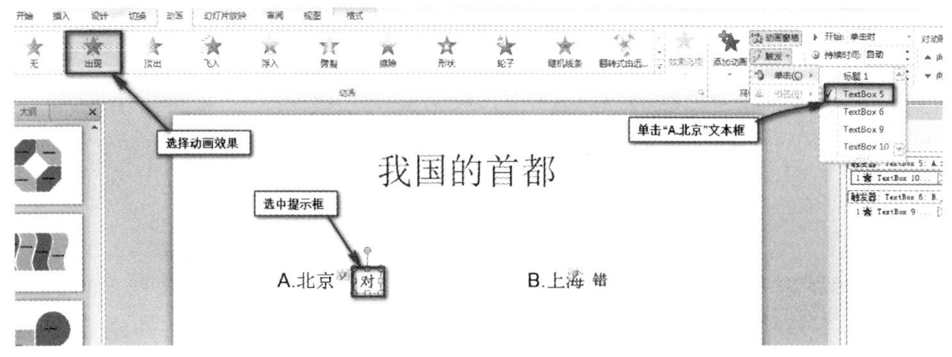

图 5-23 选择提示框

5.4.3 多媒体设置

1. 插入图形图像

为了让幻灯片中的内容更加丰富,还可在幻灯片中插入图片、自选图形及艺术字等对象,其方法与在 Word 中的操作相似,本节中将进行简单的介绍。

步骤 1:选中要插入图形图像的幻灯片,切换到“插入”选项卡。如图 5-24 所示。

步骤 2:在“图像”组中单击“图片”按钮可插入图片,单击“剪贴画”按钮可插入剪贴画,单击“屏幕截图”按钮可截取并插入屏幕图像。

步骤 3:在“插图”组中单击“形状”按钮可插入自选图形,单击“SmartArt”按钮可插入 SmartArt 图形。

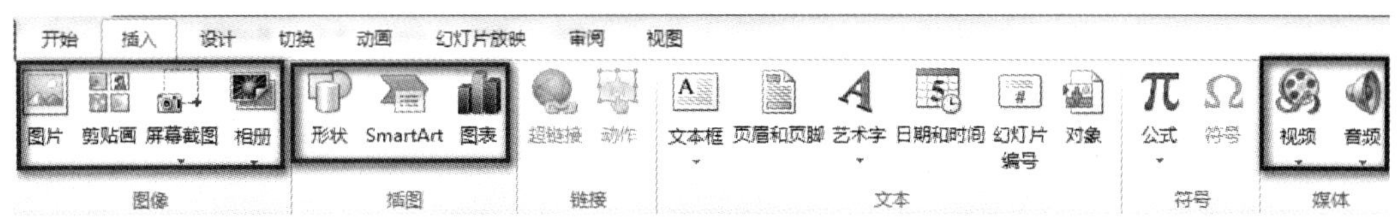

图 5-24 “插入”功能选项卡

2. 插入媒体剪辑

为了让制作的幻灯片给观众带来视觉、听觉上的冲击,PowerPoint 2010 提供了插入声音和视频的功能,并在剪辑管理器中提供了素材。下面以插入声音为例,讲解操作方法。

步骤 1:选中要插入声音的幻灯片,切换到“插入”选项卡。

步骤 2:在“媒体”组中单击“音频”按钮下方的下拉按钮。

步骤 3:在弹出的下拉列表中单击“文件中的音频”选项。

提示：插入声音时，若在下拉列表中单击"剪贴画音频"选项，可插入剪辑管理器中的声音；若单击"录制音频"选项，可自行录制声音，录制完成后便可插入到当前幻灯片。

步骤 4：选择要插入的声音，在弹出的"插入音频"对话框中选择需要插入的声音。单击"插入"按钮。

插入声音后，幻灯片中将出现声音图标，根据操作需要，可对其调整大小。

提示：默认情况下，在幻灯片中插入声音后，放映该幻灯片时，需要单击声音图标才会播放声音。此外，在 PowerPoint 2010 中，选中声音图标后，其下方还会出现一个播放控制条，用于调整播放进度及播放音量等。

插入声音后选中声音图标，功能区中将显示"音频工具/格式"和"音频工具/播放"选项卡，如图 5-25 所示。在"音频工具/格式"选项卡中，可对声音图标的外观进行美化操作；在"音频工具/播放"选项卡中，可对声音进行预览、编辑，以及调整其放映音量、播放方式等操作。

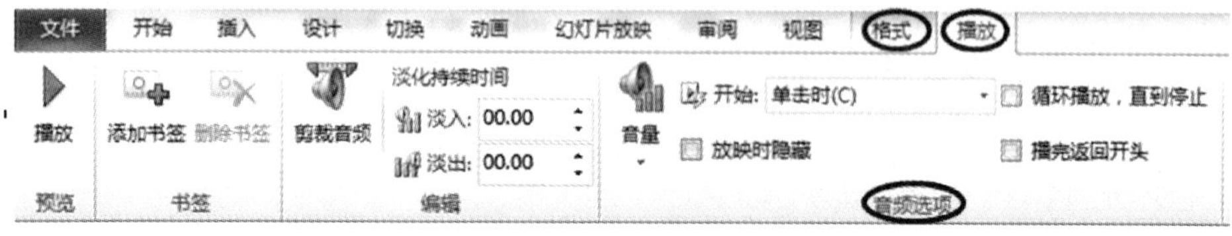

图 5-25 "播放"功能选项卡

在"音频工具/播放"选项卡的"音频选项"组中，若在"开始"下拉列表中选择"跨幻灯片播放"选项，可对声音设置跨幻灯片连续播放，即在放映演示文稿的过程中，当进入下一张幻灯片时，若当前幻灯片中的声音还没播放完毕，可在下一张的幻灯片中继续播放。

5.5 幻灯片的放映

制作演示文稿的最终目的是为了放映，因此对幻灯片编辑完成后，就可以开始放映了，幻灯片放映主要包含 4 个方面的内容：设置放映方式、使用排练计时功能、放映演示文稿和控制放映过程。接下来对这 4 个方面进行讲解。

5.5.1 设置放映方式

在实际放映过程中，演讲者可能会对放映方式有不同的要求，如放映类型、放映范围等，这时可通过设置来控制幻灯片的放映方式，其具体操作步骤：

步骤 1：在演示文稿中切换到"幻灯片放映"选项卡。

步骤 2：单击"设置"组中的"设置幻灯片放映"按钮，如图 5-26 所示。

步骤 3：在弹出的"设置放映方式"对话框中设置放映类型、放映选项、放映范围和换片方式等参数，如图 5-27 所示。

步骤 4:然后单击“确定”按钮即可。

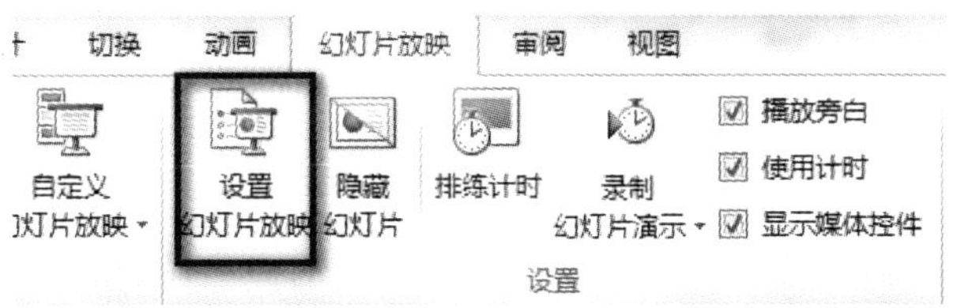

图 5-26 幻灯片放映设置

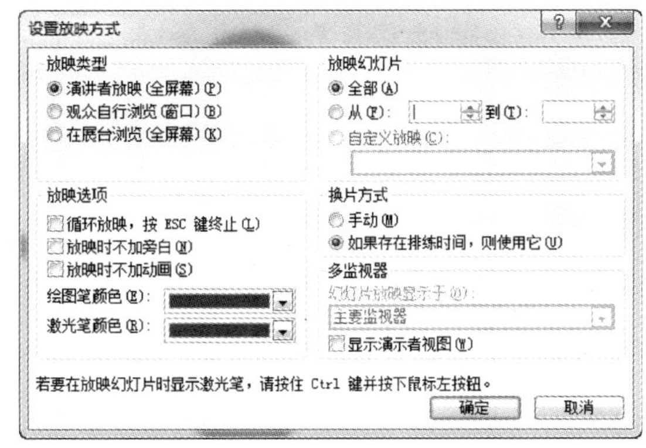

图 5-27 “设置放映方式”选项卡

技巧:在“设置放映方式”对话框的“放映选项”组中,若勾选“循环放映,按 Esc 键终止”复选框,可使当前演示文稿实现循环播放,需要结束放映时按下“Esc”键即可。

5.5.2 使用排练计时功能

默认情况下,在放映演示文稿时需要单击鼠标左键,才会播放下一个动画或下一张幻灯片,这种方式叫手动放映。如果希望当前动画或幻灯片播放完毕后自动播放下一个动画或下一张幻灯片,可利用排练计时功能对幻灯片设置放映时间,其操作步骤如下:

步骤 1:在要进行排练计时的演示文稿中切换到“幻灯片放映”选项卡。

步骤 2:单击“设置”组中的“排练计时”按钮。如图 5-28 所示。

步骤 3:进入全屏放映状态,同时屏幕左上角将打开“录制”工具条进行计时,此时演示者便可开始排练演示时间。当需要对下一个动画或下一张幻灯片进行排练时,可单击“录制”工具条中的“下一项”按钮。如图 5-29 所示。

图 5-28 排练计时

图 5-29 “录制”对话框

步骤 4:保存排练时间,通过这样的方法,依次对每张幻灯片进行排练计时。在排练的过程中,PowerPoint 将每一张幻灯片时间记录下来,排练结束后将弹出提示对话框询问是否保留新的幻灯片排练时间,单击“是”按钮可保存排练时间并结束排练。

保存排练计时后,PowerPoint 将退出排练计时状态,并自动以“幻灯片浏览”视图模式显示各幻灯片的播放时间。

在排练计时过程中,除了通过单击“录制”工具条中的“下一项”按钮以对下一个动画或下一张幻灯片进行排练计时之外,还可进行如下操作:

(1)在排练过程中因故需要暂停排练,可单击“录制”工具条中“暂停”按钮。

(2)在排练计时过程中,可在“幻灯片放映时间”文本框中手动输入当前动画或幻灯片的放映时间,然后按下“Tab”键切换到下一个动画或下一张幻灯片,使手动设置的时间生效。

(3)若因故需要对当前幻灯片重新排练,可单击“重复”按钮,将当前幻灯片的排练时间归零,并重新计时。

提示:在排练计时过程中,“录制”工具条中的“重复”按钮右侧会记录并显示当前演示文稿放映的总时间,但这个总时间不一定是各张幻灯片放映时间的总和,有时可能会有时间误差。

5.5.3 放映演示文稿

完成演示文稿的制作后,切换到“幻灯片放映”选项卡,在“开始放映幻灯片”组中单击某个按钮,便可按相应的方式放映文稿。如图 5-30 所示。

(1)从头开始:从第 1 张幻灯片开始,依次放映演示文稿中的幻灯片。

(2)从当前开始:从当前选中的幻灯片开始放映演示文稿。

(3)广播幻灯片:是 PowerPoint 2010 新增的放映方式,通过该方式放映演示文稿,演示者可以在任意位置通过 Web 与任何人共享幻灯片放映。在放映过程中,演示者可以随时暂停幻灯片放映、向访问群体重新发送观看网站,或者在不中断广播及不向访问群体显示桌面的情况下切换到另一应用程序。

(4)自定义幻灯片放映:针对不同场合或观众群,演示文稿的放映顺序或内容也可能会不同,因此,放映者可以自定义放映顺序及内容。

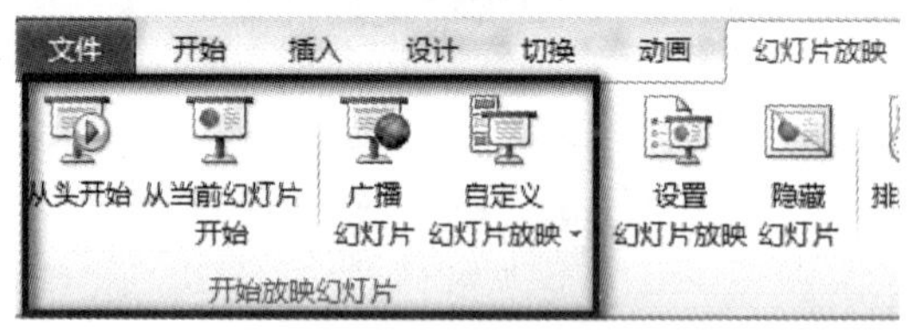

图 5-30 开始放映幻灯片

5.6 演示文稿的保存与打包

在处理演示文稿的过程中，保存演示文稿也是比较重要的一步，通过保存，便可在其他时间再次查看已经编辑好的演示文稿。

5.6.1 保存新建的演示文稿

步骤 1：单击快速访问工具栏中的"保存"按钮，如图 5-31 所示，或单击"文件"按钮下的"保存"按钮，如图 5-32 所示，或用 Ctrl+S 组合键进行保存。

步骤 2：在弹出的"另存为"对话框中设置保存位置、文件名等保存参数，如图 5-33 所示。

步骤 3：单击"保存"按钮进行保存即可。

图 5-31 快速访问工具栏中的"保存"按钮

图 5-32 "文件"按钮下的"保存"按钮

5.6.2 保存已有演示文稿

对已有演示文稿修改后的保存可以分为两种情况：一种情况是保存到原有文件，另一种情况是另存为一个新的文件。

(1)保存到原有文件，其保存方法与"保存新建的演示文稿"的步骤 1 相同，但不会弹出"另存为"对话框。

(2)另存为一个新的文件

步骤 1：单击"文件"按钮下的"另保存"按钮，如图 5-34 所示。

步骤 2：在弹出的"另存为"对话框中设置保存位置、文件名等保存参数。

步骤 3：单击"保存"按钮进行保存即可。

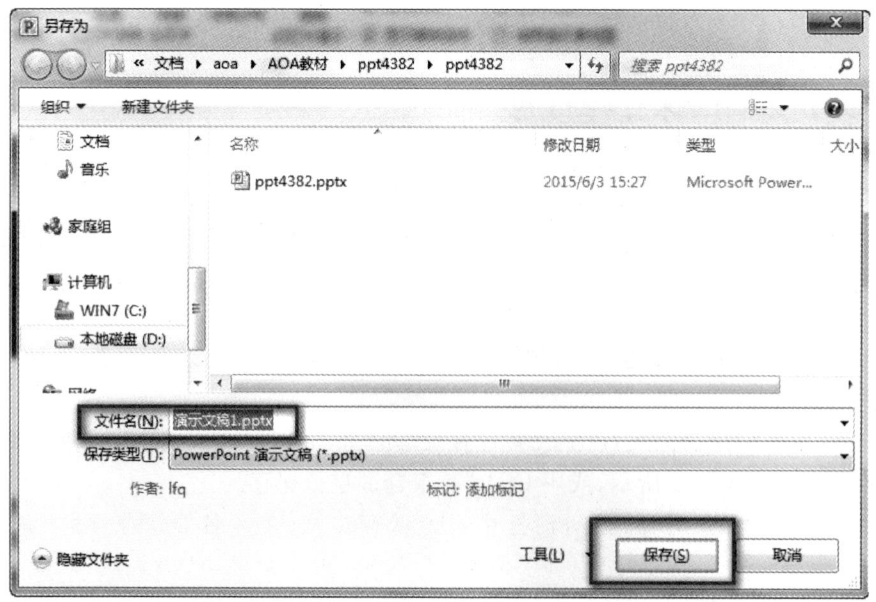

图 5-33 “另存为”对话框

图 5-34 “另存为”按钮

5.6.3 演示文稿的打包

演示文稿可以打包到 CD 光盘(需要刻录机和空白 CD 光盘),也可以打包到磁盘的文件夹。

要将制作好的演示文稿打包,并存放到磁盘某文件夹。操作步骤如下:

步骤 1:打开要打包的演示文稿。

步骤 2:单击“文件”下的“保存并发送”按钮,单击“将演示文稿打包成 CD”按钮,然后单击“打包成 CD”按钮,如图 5-35 所示。弹出一个“打包成 CD”对话框,如图 5-36 所示。

步骤 3:对话框中提示了当前要打包的演示文稿(如演示文稿 1. pptx),若希望将其他演示文稿也在一起打包,则单击“添加”按钮,出现“添加文件”对话框,从中选择要打包的文件,并单击“添加”按钮,如图 5-36 所示。

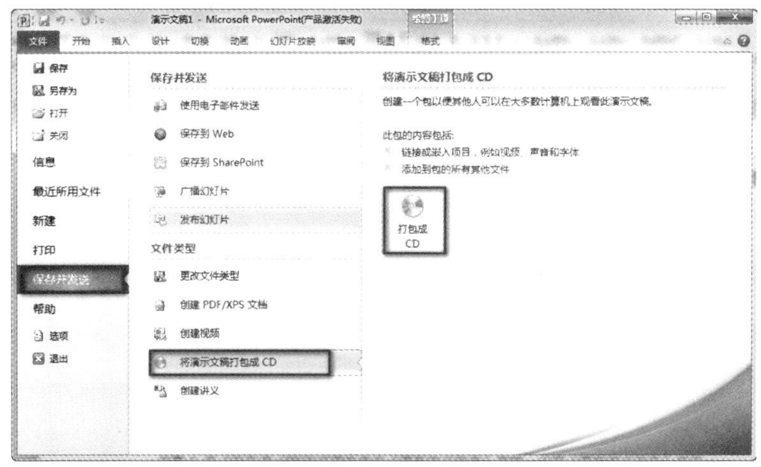

图 5-35 “打包成 CD”按钮

图 5-36 “打包成 CD”对话框

步骤 4:单击“选项”按钮,在弹出的“选项”对话框中设置,如图 5-37 所示。默认情况下,打包应包含与演示文稿有关的链接文件和嵌入的 TrueType 字体。单击“确定”按钮,回到“打包成 CD”对话框。

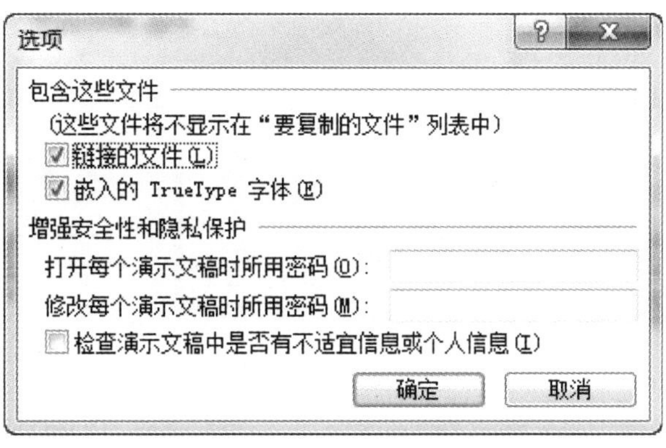

图 5-37 “选项”对话框

步骤5:在“打包成CD”对话框中单击“复制到文件夹”按钮,出现“复制到文件夹”对话框,输入文件夹名称和文件夹的路径位置,并单击“确定”按钮,则系统开始打包并存放到指定的文件夹,如图5-38所示。

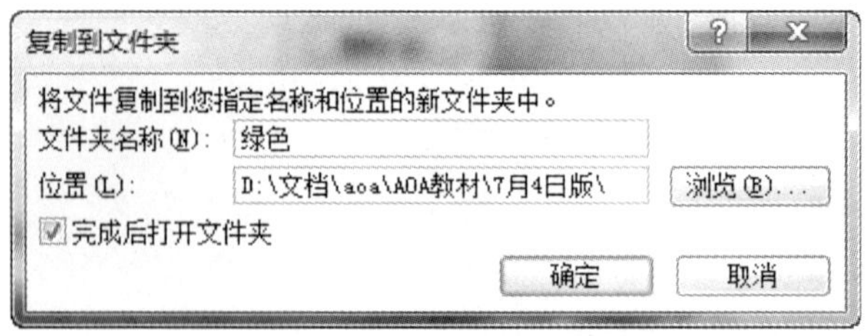

图5-38　“复制到文件夹”对话框

步骤6:若已经安装光盘刻录设备,也可以将演示文稿刻录到CD光盘,即在光驱中放入空白光盘,在“打包成CD”对话框中单击“复制到CD”按钮,出现“正在将文件复制到CD”对话框,提示复制的进度。

5.6.4　运行打包的演示文稿

完成了演示文稿的打包后,就可以在没有安装PowerPoint的情况下,也可以放映演示文稿。操作步骤如下:

步骤1:打开打包的文件夹中的PresentationPackage子文件夹,如图5-39所示。

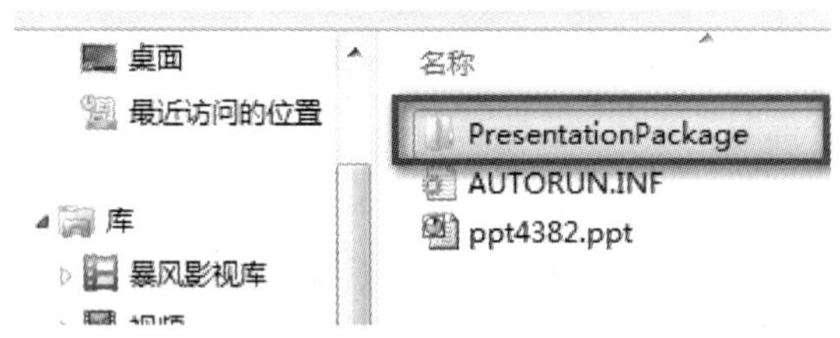

图5-39　PresentationPackage子文件夹

步骤2:在联网情况下,双击该文件夹下的PresentationPackage.html网页文件,如图5-40所示,在打开的网页上单击“Download Viewer”按钮,下载PowerPoint播放器PowerPointViewer.exe并安装。

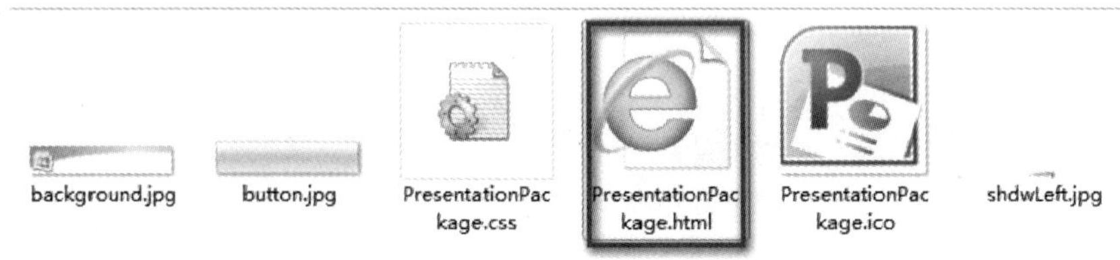

图5-40　PresentationPackage.html网页文件

步骤3:启动PowerPoint播放器,出现“Microsoft PowerPoint Viewer”对话框,定位到打包文件夹,选择某个演示文稿文件,并单击“打开”,即可放映该演示文稿。